기계의 진리
GENERAL MACHINE

01 최신판

공기업 기계직 전공필수

기계공작법 *372제* | 100% 기출문제 수록

기계의 진리

[문제편]

| 공기업 기계직 전공필기 연구소 **장태용** 지음 |

최신 출제경향을 반영한 원샷!원킬! 합격비법서

2017~2022년 다수의
공기업 기출문제 +
출제 예상문제 수록

문제마다
난이도, 출제빈도를
명시하여 중요도 파악

최신 경향 파악 및
상세한 해설
수록

꼭 알아야 할
필수이론
질의응답

3역학 필수
암기 공식
수록

공기업 기계직 전공
문제풀이 및 정보공유
카카오톡 오픈채팅방

BM (주)도서출판 **성안당**

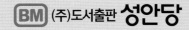

공기업 기계직 전공필수

기계공작법 372제 │ 100% 기출문제 수록

기계의 진리

공기업 기계직 전공필기 연구소 **장태용** 지음

BM (주)도서출판 **성안당**

■ 도서 A/S 안내

이 책을 펴내며

어떤 시험이든 기출문제는 중요합니다. 이 말은 공기업 기계직 전공필기시험에도 적용됩니다. 따라서, 공기업 기계직을 준비하는 사람들이 공기업 기출문제집을 통해 공부해야 하는 것은 당연하다고 할 수 있습니다.

[공기업 기출문제의 중요성]

1. 여러 공기업에서 반복적으로 출제되고 있는 개념 및 문제 유형은 정해져 있습니다. 즉 기출문제는 돌고 돕니다.
   ▶똑같은 문제가 출제(단, 계산문제일 경우는 수치가 달라짐)
   ▶거의 유사하게 출제
   ▶문제는 다르지만 같은 이론 개념을 요구

2. 기출문제를 풀어봐야 자주 나오는 개념이나 문제 유형을 파악할 수 있고, 그럼으로써 방향 설정과 부족한 점을 개선할 수 있습니다. 또한, 기본 문제를 틀렸다면 해당 개념에 대한 부족함을 깨닫고 해설을 보며 리마인드할 수 있습니다. 즉, 기출문제를 풀면서 시험 대비를 위한 최종 마무리 이론을 정리할 수 있습니다.

3. 처음 입문하는 과정에서 무엇이 중요한지 파악하고 방향성이 확실한 효과적인 공부를 할 수 있습니다.

4. 이론학습을 어느 정도 마무리하였다고 해서 그 이론과 관련된 모든 문제를 풀 수 있는 것은 아닙니다. 같은 이론이라도 보기의 내용에 따라 문제의 난이도가 달라지기 때문에 실제 100% 기출문제는 매우 중요합니다. 따라서, 문제가 어떤 형식으로 출제가 되는지 다양한 기출문제를 통해 연습해야 하는 과정은 필수입니다.

5. 일반기계기사 수준을 넘어서는 문제가 출제되는 경우가 매우 많습니다. 이러한 부분까지 학습하려면 많은 시간이 소요되므로 이러한 문제는 해당 기출문제집을 통해 **빠르게** 학습하여 시간을 절약할 수 있습니다.

이와 같이 기출문제를 많이 풀어보고 경험해보고 틀려도 보고, 이 과정을 수없이 거친다면 여러분들의 전공 실력은 매우 단단해질 것입니다.

필자는 2016년부터 공기업 기계직 시험을 직접 응시하고 있고, 기출문제 분석에 많은 시간을 투자하며 연구하고 있습니다. 제가 축적한 데이터와 노하우 등을 여러분과 공유하여 여러분들이 합격이라는 목적지까지 빠른 시간 안에 도착할 수 있도록 내비게이션 역할을 하겠습니다.

이 책은 단원별로 각 공기업의 기출문제를 수록하였으며, 난이도와 출제빈도를 표시해 두어 방향성과 중요성을 확인할 수 있도록 구성했습니다. 또한, 해설집은 어떤 이론서보다도 상세하고 이해하기 쉽게 풀이했습니다.

이제 이 기출문제집을 통해 초심을 잃지 않고 기본문제부터 심화문제까지 모두 학습하길 권합니다. 이 책의 모든 내용을 하나씩 모두 자신의 것으로 만들면서, 합격의 목적지까지 한 걸음씩 나아가길 바랍니다. 어렵지 않습니다. 여러분은 할 수 있습니다.

필자는 시험을 준비하는 여러분의 노력이 헛된 시간이 되어서는 안 된다는 사명감으로 이 책을 썼습니다. 이 책을 통해 반드시 자신의 목표를 이루어 국가와 사회에 기여하는 사람이 될 수 있기를 진심으로 응원합니다.

지은이 장태용

이 책의 특징

최신 경향 반영

- 시중에 나와 있는 어떠한 문제집보다 공기업 기계직 전공필기 시험에 최적화되어 있는 문제집이다. 이 문제집을 풀면서 중요도, 방향성, 빈출 이론, 빈출 개념, 빈출 계산 문제, 빈출 공식 등에 대해 알아가는 자신을 발견하게 될 것이다.

난이도와 출제빈도

- 각 문제마다 난이도와 출제빈도를 표시하였다. 따라서 난이도가 낮은 문제를 틀렸거나, 출제빈도가 높은 문제를 틀렸을 때 자신의 부족한 부분과 개선해야 할 부분을 찾을 수 있어 실력 향상에 도움이 된다.
- 난이도가 다소 높은 문제를 푼 경우 자신의 실력을 검증할 수 있으므로 자신의 실력을 스스로 파악할 수 있는 문제집이다.

문제의 특징

- "기계의 진리 시리즈"는 실제 공기업 기계직 시험지 100% 수준의 문제를 제공하며, 문제들이 매우 공기업스럽다.

해설의 특징

- 단순한 해설이 아니라, 초보자도 이해할 수 있도록 원리적으로 쉽게 설명하여 한 문제를 풀더라도 많은 지식을 얻어 실력 향상에 큰 도움이 될 것이다.
- 중요도가 높은 내용을 가독성 좋게 구성한 해설을 담았다.
- 각 문제와 관련된 해설만 있는 것이 아니라, 공기업 기계직 전공필기 시험에서 출제되었던 중요한 관련 내용, 빈출되는 내용 및 이론, 타 기본서 및 문제집에는 없지만 자주 출제되는 내용에 대한 풍부한 해설이 담겨 있다.
- 이 문제집을 풀 때, 단순히 문제만을 푸는 것이 아니라 상세한 해설과 함께 이해하는 과정으로 공부하고 숙지한다면 다음과 같은 기대효과를 볼 수 있다.
  - → 향후 면접에서 도움이 될 것이다.
  - → 이 문제집을 마스터하면 한 단계 발전한 자신을 발견할 수 있을 것이다.

중앙공기업 vs. 지방공기업

저자는 과거 중앙공기업에 입사하여 근무했지만 개인적으로 가치관 및 우선순위가 맞지 않아 퇴사하고 다시 지방공기업에 입사했습니다. 중앙공기업과 지방공기업을 직접 경험해 보았기 때문에 각각의 장단점을 명확하게 파악하고 있습니다.

중앙공기업과 지방공기업의 장단점은 다음과 같이 명확합니다.

중앙공기업(메이저 공기업 기준)	지방공기업(서울시 및 광역시 산하)

[장점]
• 대기업에 버금가는 고연봉
• 높은 연봉 상승률
• 사기업 대비 낮은 업무 강도
  (다만 부서마다 업무 강도가 다름)
• 지방 근무는 대부분 사택 제공
	[장점]
	• 연고지 근무에 따른 만족감 상승
	• 평균적으로 낮은 업무 강도 및 워라벨
	  (다만 부서 및 업무에 따라 다름)
	• 지방 근무는 대부분 사택 제공

[단점] • 순환 근무 및 비연고지 근무	**[단점]** • 중앙공기업에 비해 낮은 연봉 • 중앙공기업에 비해 낮은 연봉 상승률

어떤 회사든 자신이 원하는 가치관을 모두 보장할 수는 없지만, 우선순위를 3~5개 정도 파악해서 가장 근접한 회사를 찾아 그에 맞는 목표를 설정하는 것이 매우 중요합니다.

66

가치관과 우선순위에 맞는 목표 설정!!

99

점수 올리기

1 시험에 대한 자세와 습관

쉽지만 틀리는 경우가 다반사입니다. 실제로 저자도 코킹과 플러링 문제를 틀린 적이 있습니다. 기밀만 보고 바로 코킹으로 답을 선택했다가 틀렸습니다. 따라서 쉽더라도 문제를 천천히 꼼꼼하게 읽는 습관을 길러야 합니다.

그리고 단위는 항상 신경써서 문제를 풀어야 합니다. 문제가 요구하는 답이 mm인지 m인지, 주어진 값이 지름인지 반지름인지 문제를 항상 꼼꼼하게 읽어야 합니다.

이러한 습관만 잘 기르면 실전에서 전공점수를 올릴 수 있습니다.

2 암기 과목 문제부터 풀고 계산 문제로 넘어가기

보통 시험은 대부분 암기 과목 문제와 계산 문제가 순서에 상관없이 혼합되어 출제됩니다. 그래서 보통 암기 과목 문제를 풀고 그 다음 계산 문제를 풉니다. 실전에서 실제로 이렇게 문제를 풀면 "아~ 또 뒤에 계산 문제가 있네" 하는 조급한 마음이 생겨 쉬운 암기 과목 문제도 틀릴 수 있습니다.

따라서 암기 과목 문제를 풀면서 계산 문제는 별도로 ○ 표시를 해 둡니다. 그리고 암기 과목 문제를 모두 푼 다음, 그때부터 계산 문제를 풀면 됩니다. 이 방법으로 문제 풀이를 하면 계산 문제를 푸는 데 속도가 붙을 것이고, 정답률도 높아질 것입니다.

위의 두 가지 방법은 저자가 수많은 시험을 응시하면서 시행착오를 겪고 얻은 노하우입니다. 위의 방법으로 습관을 기른다면 분명히 좋은 시험 성적을 얻을 수 있으리라 확신합니다.

시험의 난이도가 어렵든 쉽든 항상 90점 이상을 확보할 수 있도록 대비하면 필기시험을 통과하는 데 큰 힘이 될 것입니다. 꼭 열심히 공부해서 90점 이상 확보하여 좋은 결과 얻기를 응원하겠습니다.

차 례

- 이 책을 펴내며
- 이 책의 특징
- 목표 설정
- 점수 올리기

Truth of Machine

PART

I

문제편

01 주조(목형, 주조)

→ 정답과 해설은 p. 78에 있습니다.

난이도 ●○○○○ | 출제빈도 ★★☆☆☆
[다수의 공기업 기출]

01 다음 중 금속과 비교한 목재의 특징으로 옳지 못한 것은?

① 가벼우며 인성이 크다.
② 치수정밀도가 떨어진다.
③ 가공면이 거칠다.
④ 열의 불량도체이며 팽창계수가 크다.

난이도 ●○○○○ | 출제빈도 ★★☆☆☆
[다수의 공기업 기출]

02 다음 중 목재의 수축을 방지하는 방법으로 가장 옳지 못한 것은?

① 많은 목편을 사용 및 조합하여 만든다.
② 여름에 벌채한다.
③ 건조재를 사용한다.
④ 도장을 한다.

난이도 ●●○○○ | 출제빈도 ★★★☆☆
[2019년 상반기 한국중부발전 기계직 기출]

03 주조법에서 쇳물의 주입속도 V를 4배 증가시키려고 한다. 이때, 탕구계의 높이를 어떻게 설계해야 하는가? [단, 중력가속도와 유량계수(C)는 변하지 않는 고정된 값이다.]

① 4배 높게 설계한다.
② 16배 높게 설계한다.
③ 0.25배 낮게 설계한다.
④ 0.0625배 낮게 설계한다.

난이도 ●●○○○ | 출제빈도 ★★★★☆
[2020년 상반기 인천교통공사 기계직 기출]

04 목형 제작 시 고려 사항으로 옳지 못한 것은?

① 수축여유
② 목형구배
③ 가공여유
④ 목형의 무게
⑤ 코어 프린트

난이도 ●●○○○ | 출제빈도 ★★★☆☆
[다수의 공기업 기출]

05 아래 〈보기〉 중에서 주물사의 구비조건으로 옳은 것만을 모두 고르면 몇 개인가?

> ㉠ 주형 제작이 용이하고 적당한 강도를 가질 것
> ㉡ 내열성 및 신축성이 있을 것
> ㉢ 열전도성이 크고 보온성이 있을 것
> ㉣ 내화성이 크고, 화학반응을 일으키지 않을 것

① 1개   ② 2개
③ 3개   ④ 4개

난이도 ●○○○○ | 출제빈도 ★★★★☆
[다수의 공기업 기출]

06 다음 중 목재 방부법의 종류로 옳지 못한 것은?

① 도포법
② 자비법
③ 침재법
④ 침투법

---

07 주물가공 시 주물의 체적을 4배로 늘리고 표면적을 0.5배로 줄인 경우, 응고시간은 몇 배가 되는가?

① 8배가 된다.　　② 1/8배가 된다.

③ 64배가 된다.　④ 1/64배가 된다.

08 다음 중 탕구계와 관련된 설명으로 옳지 않은 것은?

① 탕구계는 쇳물받이 → 탕구 → 탕도 → 주입구로 구성되어 있다.

② 탕구계의 크기는 단위시간당 주입량에 따라 결정된다.

③ 탕구에서 가까운 곳부터 응고하도록 온도구배를 가져야 한다.

④ 쇳물의 온도가 낮을수록 단위시간당 주입량을 많게 한다.

⑤ 탕도는 용융금속을 주형 내부의 각 부분으로 유도 배분해주는 역할을 한다.

09 다음 중 영구주형의 특징으로 옳지 못한 것은?

① 냉각속도가 빠르기 때문에 가스배출이 용이하다.

② 소형주물의 대량생산에 적합하며 생산속도가 빠르다.

③ 주물의 결정립이 미세화되며, 표면이 깨끗하고 치수의 정밀도가 우수하다.

④ 주형의 반복사용이 가능하며 코어를 사용할 수 있다.

⑤ 철강의 경우에는 흑연주형을 사용한다.

10 주형이 대형 또는 대칭일 때 사용하는 것으로 주로 대형 기어, 톱니바퀴, 프로펠러를 만들 때 사용하는 목형의 종류로 가장 적절한 것은?

① 현형

② 골격목형

③ 부분목형

④ 회전목형

⑤ 고르개목형

11 주물의 변형과 균열의 방지책으로 가장 옳지 못한 것은?

① 주물을 급랭하지 않는다.

② 각이 진 부분을 둥글게 한다.

③ 각부의 온도 차이를 작게 한다.

④ 주물의 두께 차이를 작게 한다.

⑤ 주형의 통기성을 좋게 하여 주형에서 가스의 발생을 방지한다.

12 목형재료의 종류 중 박달나무의 특징으로 옳은 것은?

① 재질이 연하고 값이 싸며, 구하기 쉬운 장점이 있다.

② 재질이 치밀하고 견고하며, 균열이 적은 특징이 있다.

③ 질이 단단하고 질겨서 작고 복잡한 형상의 목형 제작에 사용된다.

④ 조직이 치밀하고 강하며, 건·습에 대해 신축성이 작고, 비교적 값이 비싸다.

난이도 ●○○○○ | 출제빈도 ★★★★☆
[다수의 공기업 기출]

13 회전하고 있는 주형에 쇳물을 주입하고 그 원심력으로 중공주물을 제작하는 주조방법은?

① 다이캐스팅
② 인베스트먼트법
③ 원심주조법
④ 셸주조법
⑤ 칠드주조법

난이도 ●●○○○ | 출제빈도 ★★☆☆☆
[다수의 공기업 기출]

14 목재의 수분 함유량은 A~B%이며, 사용할 때에는 C% 이하로 건조시켜 사용한다. A+B+C는 얼마인가?

① 60
② 70
③ 80
④ 90

난이도 ●●○○○ | 출제빈도 ★★★★☆
[한국가스공사, 서울시설공단 등 다수의 공기업 기출]

15 다음 중 영구주형을 사용하는 주조법으로 옳지 못한 것은?

① 원심주조법
② 가압주조법
③ 인베스트먼트법
④ 슬러시주조법

난이도 ●●○○○ | 출제빈도 ★★★☆☆
[다수의 공기업 기출]

16 주물제품의 결함 중 기공의 발생 원인으로 가장 옳지 못한 것은?

① 용탕에 흡수된 가스
② 주형과 코어에서 발생하는 수증기
③ 쇳물의 응고로 인한 수축
④ 주형 내부의 공기

난이도 ●●○○○ | 출제빈도 ★★★★☆
[2019년 상반기 한국가스안전공사 기계직 기출]

17 다음 〈보기〉에서 설명하는 것으로 가장 적절한 것은?

> ㉠ 주물의 두께 차이로 인한 냉각속도 차이를 줄이기 위해 설치한다.
> ㉡ 수축공을 방지하기 위해 설치한다.

① 콜드셧
② 냉각쇠
③ 덧붙임
④ 코어 프린트

난이도 ●●●○○ | 출제빈도 ★★☆☆☆
[다수의 공기업 기출]

18 모형을 발포 폴리스티렌으로 만들고 이것을 용탕의 열에 의하여 기화 및 소실시키는 점은 폴몰드법과 같으나, 모래입자 대신에 강철입자를 사용하며 점결제 대신에 자력을 이용하는 방법은?

① 고압응고주조법
② 마그네틱주형법
③ 감압주형주조법
④ 진공주조법

난이도 ●○○○○ | 출제빈도 ★★★★☆
[2018년 하반기 인천국제공항공사 기계직 기출]

19 특수주조법 중 피스톤링이나 실린더 라이너를 제작하기 위해 사용되는 것으로 가장 적절한 것은?

① 다이캐스팅법
② 인베스트먼트법
③ 원심주조법
④ 진공주조법

▶▶

20 다음 중 주물사의 주성분으로 사용되는 재료는?

① MnO
② Al_2O_3
③ SiO_2
④ CO_2

21 다음 중 영구주형을 사용하는 주조방법의 종류로 옳지 못한 것은?

① 다이캐스팅
② 원심주조법
③ 세라믹주조법
④ 가압주조법

22 주물의 결함 중 수축공이 생기는 원인으로 옳지 않은 것은?

① 큰 수축공은 응고온도 구간이 짧은 합금에서 압탕량이 부족할 때 발생한다.
② 수축공은 흑연과 같은 주형의 도포제에서 발생하는 가스에 의해 발생한다.
③ 수축공이 결정립 사이에 널리 분포되는 수축공은 응고온도 구간이 긴 합금에서 발생한다.
④ 중심에 직선으로 생기는 수축공은 응고온도 구간이 짧은 합금에서 온도 구배가 부족할 때 발생한다.

23 사형주조에서 응고 중에 수축으로 인한 용탕의 부족분을 보충하는 곳은?

① 라이저
② 게이트
③ 탕구
④ 탕도

24 주물사의 구비조건으로 옳지 않은 것은?

① 내화성이 크고 열에 의한 화학적 변화가 일어나지 않아야 한다.
② 성형성이 있어야 한다.
③ 통기성이 좋아야 한다.
④ 열전도성이 우수해야 한다.

25 정확하게 기계가공된 강재의 금형에 용융금속을 주입하여 필요한 주조 형상과 똑같은 주물을 얻는 정밀주조방법은?

① 원심주조법
② 셸주조법
③ 다이캐스팅
④ 칠드주조법

26 다음 보기는 모두 목재의 처리방법에 관한 것이다. 이들 중 처리의 목적이 다른 것은?

① 자재법
② 도포법
③ 침투법
④ 자비법
⑤ 충전법

27 다음 중 품질 좋은 주물을 얻기 위해 주형에 주입하는 표준온도가 가장 낮은 금속은?

① 주철
② 경합금
③ 황동
④ 청동
⑤ 주강

PART I
문제편

난이도 ●●●●○ | 출제빈도 ★★☆☆☆
[2019년 하반기 서울시설공단 기계직 기출]

28 주물사 중 생형사에 사용되는 점토 함유량의 일반적인 범위는?

① 5~13%　　② 10~25%

③ 20~30%　　④ 30~40%

⑤ 40~50%

난이도 ●●●○○ | 출제빈도 ★★★★☆
[2019년 하반기 한국동서발전 기계직 기출]

29 다음 중 냉각쇠에 대한 설명으로 가장 옳지 않은 것은?

① 주물 두께 차이에 따른 응고속도 차이를 줄이기 위해 사용하며 수축공을 방지할 수 있다.

② 냉각쇠는 주물의 두께가 두꺼운 부분에 설치한다.

③ 냉각쇠는 주물의 응고속도를 증가시킨다.

④ 냉각쇠는 가스 배출을 고려하여 주형의 하부보다는 상부에 부착해야 한다.

난이도 ●●○○○ | 출제빈도 ★★★☆☆
[2019년 하반기 한국서부발전 기계직 기출]

30 다음 〈보기〉에서 설명하는 특수 주조법으로 가장 적절한 것은 무엇인가?

> ㉠ 치수의 정밀도를 보장 받을 수 있는 대표적인 주조법이다.
> ㉡ 복잡한 형상의 코어 제작에 적합하여 정밀도가 높은 주형을 만들 수 있다.

① 진공주조법

② 이산화탄소 주조법

③ 인베스트먼트법

④ 다이캐스팅법

난이도 ●●○○○ | 출제빈도 ★★★★☆
[2020년 상반기 부산교통공사 기계직 기출]

31 주형 내에서 이미 응고된 금속과 용융금속이 만나 응고속도 차이로 먼저 응고된 금속면과 새로 주입된 용융금속의 경계면에서 발생하는 결함, 즉 서로 완전히 융합되지 않고 응고된 결함을 뜻하는 것은?

① 수축공

② 미스런

③ 콜드셧

④ 핀

⑤ 기공

난이도 ●●○○○ | 출제빈도 ★★★★☆
[2020년 하반기 인천교통공사 기계직 기출]

32 목형 제작 시 고려사항으로 옳지 않은 것은?

① 냉각 수축에 대비하기 위한 수축여유

② 정밀도를 위한 가공여유

③ 통기성을 비교하기 위한 통기도

④ 코어를 주형 내부에서 지지하기 위한 코어 프린트

⑤ 내부 응력에 의한 변형, 휨을 방지하기 위한 덧붙임

난이도 ●●○○○ | 출제빈도 ★★★★☆
[2021년 상반기 파주도시관광공사 기계직 기출]

33 다음 중 인베스트먼트 주조법에 대한 특징으로 가장 옳지 않은 것은?

① 다른 일반 주조법에 비해서 가격이 저렴하다.

② 특수합금 주조에 적합하다.

③ 소량에서 대량 생산까지 가능하다.

④ 모양이 복잡하고 치수정밀도가 우수한 주물을 제작할 수 있다.

난이도 ●●●●○ | 출제빈도 ★★☆☆☆
[2021년 상반기 서울교통공사 9호선 기계직 기출]

34 다음 중 주물사의 종류·용도와 성분 특성에 대한 설명으로 옳지 않은 것은?

① 표면사(facing sand)는 용탕과 접촉하는 주형의 표면 부분에 사용하는 것으로 내화성이 커야 하며 주물 표면의 정도를 고려하여 입자가 작아야 하므로 석탄 분말이나 코크스 분말을 점결제와 배합하여 사용한다.

② 생형사(green sand)는 성형된 주형에 탕을 주입하는 주물사로 규사 75~85%, 점토 5~13%, 알칼리성 토류 2.5% 이하, 철분 6% 이하 등과 적당량의 수분이 들어가 있으며 주로 일반 주철주물과 비철주물의 주조에 사용된다.

③ 건조사(dry sand)는 건조형에 적합한 주형사로 생형사보다 수분, 점토, 내열제를 많이 첨가하며 균열방지용으로 코크스 가루나 숯가루, 톱밥을 배합한다.

④ 롬사(loam sand)는 주로 회전모형에 의한 주형제작에 많이 사용되는 것으로 내화도는 건조사보다 높지만 경도는 생형사보다 낮으며 통기도 향상을 위해 톱밥, 볏집, 쌀겨 등을 첨가한다.

⑤ 분리사(parting sand)는 상형과 하형의 경계면에 사용하며 점토분이 없는 원형의 세립자를 사용한다.

난이도 ●●○○○ | 출제빈도 ★★★★☆
[2019년 상반기 한국가스공사 기계직 기출]

35 다음 중 영구주형을 사용하는 주조방법으로 옳지 못한 것은?

① 다이캐스팅 주조법 ② 슬러시 주조법
③ 가압 주조법   ④ 원심 주조법
⑤ 인베스트먼트 주조법

난이도 ●●●○○ | 출제빈도 ★☆☆☆☆
[2021년 상반기 서울교통공사 9호선 기계직 기출]

36 다음 중 고온균열(hot cracking)에 대한 설명으로 가장 옳은 것은?

① 쇳물의 응고 시 쇳물의 부족으로 인해 발생한다.

② 용접부에 잔류하고 있는 수소가 주요 발생 원인이며 약 −150~150℃ 사이에서 발생한다.

③ 용접구조물 사용 중 200℃ 부근의 비교적 저온에서 취성파괴 또는 피로파괴가 발생하는 현상이다.

④ 용접 금속의 응고 시에만 발생하는 균열로 비교적 고온에서 일어난다.

⑤ 온도 경사가 높고 용접 온도가 550℃ 이상의 고온일 때 용접이음매 근처에 생기는 틈 및 균열이다.

난이도 ●○○○○ | 출제빈도 ★★☆☆☆
[2021년 상반기 서울물재생시설공단 기계직 기출]

37 다음 중 주물사 재사용을 위해 실시하는 주물사시험법 종류만을 모두 고른 것은?

㉮ 점착력시험	㉯ 통기도시험
㉰ 내화도시험	㉱ 크리프시험
㉲ 피로시험	

① ㉮, ㉯   ② ㉮, ㉯, ㉰
③ ㉮, ㉯, ㉰, ㉱   ④ ㉮, ㉯, ㉲

난이도 ●●○○○ | 출제빈도 ★★★☆☆
[다수의 공기업 기출]

38 주물 표면 불량의 한 종류로 주형 강도가 부족하거나 쇳물과 주형의 충돌로 발생하는 것은?

① 스캡   ② 와시
③ 버클   ④ scar

난이도 ●●●○○ | 출제빈도 ★★☆☆☆
[2016년 상반기 서울주택도시공사 기계직 기출]

39 다음 중 탕구계의 순서로 가장 옳은 것은?

① 쇳물받이 → 탕구 → 탕도 → 탕류 → 주입구
② 쇳물받이 → 탕류 → 탕구 → 탕도 → 주입구
③ 쇳물받이 → 탕구 → 탕류 → 탕도 → 주입구
④ 쇳물받이 → 탕도 → 탕구 → 탕류 → 주입구
⑤ 쇳물받이 → 주입구 → 탕류 → 탕구 → 탕도

난이도 ●●●○○ | 출제빈도 ★☆☆☆☆
[2017년 하반기 서울시설공단 기계직 기출]

40 주물의 모서리 부분에 생기는 인(P)과 황(S)의 편석으로 불순물이 긴 띠로 나타나는 현상은?

① 미스런   ② 수축공
③ 고스트라인   ④ 콜드셧

난이도 ●●●●○ | 출제빈도 ★★☆☆☆
[2017년 하반기 서울시설공단 기계직 기출]

41 다음 중 ICFTA에서 지정한 7가지 주물 표면 결함의 종류로 옳지 못한 것은?

① scar
② 표면 겹침
③ 금속 돌출
④ 콜드셧

난이도 ●●○○○ | 출제빈도 ★★☆☆☆
[다수의 공기업 기출]

42 주물 체적에 대한 수축률은 길이 방향의 몇 배인가?

① 2배   ② 3배   ③ 4배   ④ 5배

난이도 ●●○○○ | 출제빈도 ★★★★☆
[2017년 하반기 서울시설공단 기계직 기출]

43 다음 중 냉각쇠와 관련된 설명으로 옳지 않은 것은?

① 주물 두께 차이에 따른 응고속도 차이를 줄이기 위해 사용된다.
② 수축공을 방지하기 위해 사용한다.
③ 주물의 응고속도를 증가시킨다.
④ 냉각쇠는 주물 두께가 얇은 부분에 설치한다.

난이도 ●●○○○ | 출제빈도 ★★☆☆☆
[다수의 공기업 기출]

44 입도를 고르게 갖춘 주물사에 흑연, 레진, 점토, 석탄가루 등을 첨가해서 혼합 반죽처리를 한 후에 첨가물을 고르게 분포시켜 강도, 통기성, 유동성을 좋게 하는 혼합기는?

① 그릿 블라스트
② sand mill
③ 하이드로 블라스트
④ 브러싱

난이도 ●○○○○ | 출제빈도 ★★★★☆
[다수의 공기업 기출]

45 다음 중 주조에서 덧쇳물의 역할로 옳지 못한 것은?

① 주형 내 공기를 제거해 주입량을 알 수 있다.
② 주형 내 쇳물에 압력을 주어 조직이 치밀해진다.
③ 주형 내 가스를 배출시켜 수축공을 방지한다.
④ 주형 내 불순물을 밖으로 내보낸다.
⑤ 금속이 응고할 때 체적 증가로 인한 쇳물 부족을 보충한다.

46 주형상자를 이용한 주형제작법 중 회전 임펠러에 의해 주형상자에 고르게 투사시켜 주형을 제작하는 방법은?

① 스퀴즈법   ② 졸트법
③ 슬링거법   ④ 스트립법

47 다음 중 용탕에 압력을 가하는 주조법으로 옳지 못한 것은?

① 스퀴즈주조법   ② 다이캐스팅법
③ 슬러시주조법   ④ 원심주조법

48 주형에 쇳물을 주입하면 쇳물의 부력으로 인해 위 주형틀이 들리게 되는 힘을 압상력이라고 한다. 이때, 압상력에 의해 위 주형틀이 들리는 것을 방지하기 위해 위 주형틀에 올려놓는 것을 중추라고 하는데, 중추의 무게는 압상력의 몇 배로 하는가?

① 2배   ② 3배
③ 4배   ④ 5배

49 탕구계에서 주형의 상형에 설치하여 가스빼기 및 슬래그나 모래 알갱이 등 혼합물을 밖으로 내보내는 역할을 하며, 주입할 때 용탕이 주형에 다 채워졌는지 확인할 수 있는 역할을 하는 것으로 가장 적절한 것은?

① runner   ② feeder
③ flow off   ④ pouring cup

50 아래 〈보기〉에서 설명하는 특수 주조법으로 가장 옳은 것은?

> 원형을 왁스나 합성수지와 같이 용융점이 낮은 재료로 만들어 그 주위를 내화성 재료로 피복 매몰한 다음, 원형을 용해 및 유출시킨 주형으로 하고 용탕을 주입하여 주물을 만든다.

① 인베스트먼트법   ② 다이캐스팅법
③ 셸주조법   ④ 원심주조법
⑤ 진공주조법

51 주물 결함 중 기공 방지책에 대한 설명으로 옳지 못한 것은?

① 덧쇳물을 붙여서 쇳물의 부족을 보충한다.
② 쇳물 아궁이를 크게 한다.
③ 주형의 통기성을 좋게 한다.
④ 쇳물 주입 온도를 필요 이상으로 높게 하지 않는다.

52 인베스트먼트 주조법에 대한 설명 중 옳지 않은 것은?

① 복잡하고 세밀한 제품을 주조할 수 있다.
② 패턴은 왁스, 파라핀 등과 같이 열을 가하면 녹는 재료로 만든다.
③ 고온합금으로 제품을 제작할 때는 세라믹으로 주형을 만든다.
④ 제작공정이 단순하여 비교적 저비용의 주조법이다.

02 소성가공

⟶ 정답과 해설은 p. 96에 있습니다.

난이도 ●○○○○ | 출제빈도 ★★★★★
[2019년 상반기 한국중부발전 기계직 기출]

01 다이에 소재를 넣고 통과시켜 기계의 힘으로 잡아당겨 단면적을 줄이고 길이 방향으로 늘리는 가공방법은?

① 인발　　　　② 압출
③ 압연　　　　④ 전조

난이도 ●●○○○ | 출제빈도 ★★★☆☆
[다수의 공기업 기출]

02 다음 중 열간단조의 종류로 옳지 못한 것은?

① 프레스단조
② 압연단조
③ 콜드헤딩
④ 업셋단조

난이도 ●●●○○ | 출제빈도 ★★★☆☆
[다수의 공기업 기출]

03 소재의 옆면이 볼록해지는 불완전한 상태인 배럴링 현상에 대한 설명으로 옳지 못한 것은?

① 마찰에 기인한 배럴링은 초음파로 압축판을 진동시켜 최소화시킬 수 있다.
② 고온의 소재를 가열된 금형으로 업세팅할 때 발생한다.
③ 열간가공 시 가열된 금형을 사용하여 배럴링을 감소시킬 수 있다.
④ 열간가공 시 금형과 소재 간의 접촉면에 열차폐물을 사용하여 배럴링을 줄일 수 있다.

난이도 ●●○○○ | 출제빈도 ★★★☆☆
[다수의 공기업 기출]

04 다음 중 압연가공에 대한 설명으로 옳지 못한 것은?

① 작업속도가 빠르며 조직의 미세화가 일어난다.
② 재질이 균일한 제품을 얻을 수 있다.
③ $\mu \geq \tan\rho$이면 스스로 압연이 가능하다.
④ non slip point에서 최소압력이 발생한다.

난이도 ●●●○○ | 출제빈도 ★★★☆☆
[2019년 상반기 서울주택도시공사 기계직 기출]

05 다음 〈보기〉 중 압출결함의 종류로 옳게 묶인 것은?

콜드셧, 솔기 결함, 파이프 결함, 셰브론 결함, 표면 균열

① 콜드셧, 솔기 결함, 파이프 결함
② 솔기 결함, 파이프 결함, 세브론 결함
③ 파이프 결함, 세브론 결함, 표면 균열
④ 솔기 결함, 세브론 결함, 표면 균열
⑤ 콜드셧, 파이프 결함, 세브론 결함

난이도 ●●○○○ | 출제빈도 ★★★☆☆
[다수의 공기업 기출]

06 다음 중 자유단조의 특징으로 옳지 않은 것은?

① 금형을 사용하지 않는다.
② 제품의 형태가 간단하다.
③ 정밀한 제품에 적합하다.
④ 업셋팅은 자유단조의 작업 중 하나이다.

07 다음 중 압연에 대한 설명으로 옳지 못한 것은?

① 롤러의 중간 부위는 열간압연에서는 오목하게, 냉간에서는 볼록하게 제작한다.

② 중립점에서는 롤러의 압력이 최대이다.

③ 중립점을 경계로 압연재료와 롤러의 마찰력 방향이 반대가 된다(바뀐다).

④ 마찰이 증가하면 중립점은 출구 쪽에 가까워지고, 마찰이 줄어들면 입구 쪽에 가까워진다.

⑤ 출구 쪽에서는 소재의 통과속도가 롤러의 회전속도보다 빠르다.

08 자유단조의 기본 작업에 속하지 않는 것은?

① 축박기   ② 절단

③ 단짓기   ④ 구멍뚫기

⑤ 형단조

09 소성가공법 중 압연과 인발에 대한 설명으로 옳지 않은 것은?

① 압연제품의 두께를 균일하게 하기 위하여 지름이 작은 작업롤러의 위아래에 지름이 큰 받침롤러를 설치한다.

② 압하량이 일정할 때 직경이 작은 작업롤러를 사용하면 압연하중이 증가한다.

③ 연질재료를 사용하여 인발할 경우에는 경질재료를 사용할 때보다 다이(die) 각도를 크게 한다.

④ 직경이 5mm 이하의 가는 선 제작방법으로는 압연보다 인발이 적합하다.

10 소성이 큰 재료에 압력을 가하여 다이의 구멍으로 밀어내는 작업으로 일정한 단면의 제품을 만드는 가공방법은?

① 단조   ② 전조

③ 압연   ④ 압출

11 다음 중 블랭킹(blanking)과 펀칭(punching)에 대한 설명으로 옳지 않은 것은?

① 블랭킹은 판재에 필요한 형상의 제품을 잘라낸다.

② 블랭킹은 펀치면에 쉬어를 부착한다.

③ 펀칭은 잘라낸 쪽은 폐품이 되고, 구멍이 뚫리고 남은 쪽이 제품이 된다.

④ 펀칭은 펀치 쪽을 소요 치수 형상으로 다듬는다.

12 다음 중 전단가공 종류에 대한 설명으로 가장 옳지 못한 것은?

① 블랭킹은 공구에, 펀칭은 다이에 전단각을 준다.

② 트리밍은 판금공정에서 판재에 펀칭작업을 한 후에 불필요한 부분은 제외시켜 버리고 남은 부분을 제품으로 만드는 작업이다.

③ 노칭은 재료의 일부분을 다양한 모양으로 따내어 제품을 가공하는 작업이다.

④ 셰이빙은 가공된 제품의 각진 부분을 깨끗하게 다듬질하는 방법이다.

난이도 ●●●○○ | 출제빈도 ★★☆☆☆
[다수의 공기업 기출]

13 두 개나 그 이상으로 나란히 연속된 롤러에 의해 연속적으로 금속판재를 넣어 원하는 형상으로 성형하는 가공법으로 순차적으로 생산하므로 제품의 외관이 좋으며 대량생산이 가능한 방법은 무엇인가?

① 롤포밍
② 로터리 스웨이징
③ 플랜징
④ 게링법

난이도 ●○○○○ | 출제빈도 ★★★☆☆
[다수의 공기업 기출]

14 1차로 가공된 가공물의 안지름보다 다소 큰 강구(steel ball)를 압입 통과시켜서 가공물의 표면을 소성변형으로 가공하는 방법은?

① 버니싱(burnishing)
② 리밍(reaming)
③ 스폿페이싱(spotfacing)
④ 그라인딩(grinding)

난이도 ●●○○○ | 출제빈도 ★★★★☆
[2019년 하반기 서울시설공단 기계직 기출]

15 압연가공에서 압하율을 크게 하기 위한 조건으로 적절하지 않은 것은?

① 지름이 큰 롤러를 사용한다.
② 압연재를 앞에서 밀어준다.
③ 압연재의 온도를 높여준다.
④ 롤러의 회전속도를 늦춘다.
⑤ 롤러축에 평행인 홈을 롤러 표면에 만들어 준다.

난이도 ●●●●○ | 출제빈도 ★☆☆☆☆
[2019년 하반기 서울시설공단 기계직 기출]

16 스테인리스강의 최고 단조 온도와 구리의 단조 완료 온도의 차이는 다음 보기 중 어느 것인가?

① 100℃
② 200℃
③ 400℃
④ 600℃
⑤ 800℃

난이도 ●○○○○ | 출제빈도 ★★★★☆
[2019년 하반기 서울시설공단 기계직 기출]

17 프레스가공을 전단가공, 굽힘·성형가공, 그리고 압축가공으로 분류하는 경우 다음 보기 중 압축가공에 포함되지 않는 것은?

① 압인(coining)
② 엠보싱(embossing)
③ 시밍(seaming)
④ 스웨이징(swaging)
⑤ 버니싱(burnishing)

난이도 ●●○○○ | 출제빈도 ★★★★★
[2019년 하반기 서울주택도시공사 기계직 기출]

18 다음 중 소성가공에 대한 설명으로 옳지 않은 것은?

① 소성가공은 다시 원래로 돌아오지 못하는 상태를 의미한다.
② 소성가공의 종류로 단조, 압연, 인발, 압출 등이 있다.
③ 냉간가공과 열간가공은 재결정온도를 기준으로 나뉜다.
④ 소성가공은 균일한 제품을 대량생산이 가능하고 재료의 손실량을 최소화시킬 수 있다.
⑤ 열간가공은 치수정밀도가 좋으며 매끄러운 표면을 얻을 수 있다.

난이도 ●●○○○ | 출제빈도 ★★★☆☆
[2019년 하반기 한국동서발전 기계직 기출]

19 업세팅 공정 시, 소재의 옆면이 볼록해지는 불완전한 상태를 배럴링 현상이라고 한다. 다음 〈보기〉 중 배럴링 현상을 방지하는 방법으로 옳은 것을 모두 고르면 몇 개인가?

> ㉠ 열간가공 시 다이(금형)를 예열한다.
> ㉡ 금형과 제품 접촉면에 윤활유나 열차폐물을 사용한다.
> ㉢ 초음파로 압축판을 진동시킨다.
> ㉣ 고온의 소재를 냉각된 금형으로 업세팅한다.

① 1개   ② 2개
③ 3개   ④ 4개

난이도 ●●○○○ | 출제빈도 ★★★☆☆
[한국가스공사 기계직 등 다수의 공기업 기출)

20 소성가공의 특징으로 옳지 않은 것은?

① 금속의 조직이 치밀해진다.
② 복잡한 형상을 만들기 쉽다.
③ 제품의 치수가 정확하다.
④ 대량생산으로 균일한 제품을 얻을 수 있다.

난이도 ●●○○○ | 출제빈도 ★★★★★
[2020년 상반기 인천교통공사 기계직 기출]

21 다음 〈보기〉에서 설명하는 가공방법은 무엇인가?

> 회전하는 2개의 롤러 사이에 재료를 넣어 가압함으로써 재료의 두께와 단면적을 감소시키는 가공방법이다.

① 인발가공   ② 압출가공
③ 전조가공   ④ 압연가공
⑤ 단조가공

난이도 ●○○○○ | 출제빈도 ★★★☆☆
[2020년 상반기 부산교통공사 기계직 기출]

22 오목 및 볼록 형상의 롤러 사이에 판을 넣고 롤러를 회전시켜 홈을 만드는 공정으로 긴 돌기를 만드는 가공은?

① 코이닝   ② 스웨이징
③ 스피닝   ④ 비딩
⑤ 시밍

난이도 ●●●○○ | 출제빈도 ★★☆☆☆
[출제 예상 문제]

23 압출과정에서 속도가 너무 크거나 온도 및 마찰이 클 때 제품 표면의 온도가 급격하게 상승하여 표면에 균열이 발생하는 결함은?

① 대나무 균열   ② 심결함
③ 파이프 결함   ④ 셰브론 결함

난이도 ●●●○○ | 출제빈도 ★★☆☆☆
[다수의 공기업 기출]

24 다음 〈보기〉가 설명하는 것은 어떤 가공인가?

> 뚫려 있는 구멍에 그 안지름보다 큰 지름의 펀치를 이용하여 구멍의 가장자리를 판면과 직각으로 구멍 둘레에 테를 만드는 가공

① 비딩(beading)
② 로터리 스웨이징(rotary swaging)
③ 버링(burling)
④ 버니싱(burnishing)

난이도 ●○○○○ | 출제빈도 ★★★★★
[2020년 하반기 한국중부발전 기계직 기출]

25 다음 중 가공의 종류가 서로 다른 하나는 무엇인가?

① 노칭   ② 시밍
③ 트리밍   ④ 펀칭

난이도 ●○○○○ | 출제빈도 ★★★★☆
[2020년 하반기 인천교통공사 기계직 기출]

26 소성가공에 대한 설명으로 옳지 않은 것은?

① 압연은 회전하는 2개의 롤러 사이에 판재를 통과시켜 두께를 줄이고 폭은 증가시키는 가공이다.

② 전조는 나사와 기어를 만든다.

③ 압출은 금속 봉이나 관을 다이 구멍에 축방향으로 통과시켜 외경을 줄이는 가공이다.

④ 냉간가공은 치수정밀도가 우수하고 표면이 깨끗한 제품을 얻을 수 있다.

⑤ 제관법은 관을 만드는 방법으로 이음매 있는 관으로는 접합방법에 따라 단접관과 용접관이 있다.

난이도 ●○○○○ | 출제빈도 ★★★★☆
[2021년 상반기 한국서부발전 기계직 기출]

27 다음 중 단조에 대한 설명으로 가장 옳은 것은 무엇인가?

① 금속 봉이나 관 등을 다이에 넣고 축방향으로 잡아당겨 지름을 줄임으로써 가늘고 긴 선이나 봉재 등을 만드는 가공방법이다.

② 상온 또는 가열된 금속을 용기 내의 다이를 통해 밀어내어 봉이나 관 등을 만드는 가공방법이다.

③ 금속재료를 소성유동하기 쉬운 상태에서 금형이나 공구(해머 따위)로 압축력 또는 충격력을 가해 성형하는 가공방법이다.

④ 열간, 냉간에서 재료를 회전하는 두 개의 롤러 사이에 통과시켜 두께를 줄이는 가공방법이다.

난이도 ●●○○○ | 출제빈도 ★★★★☆
[2021년 상반기 한국남동발전 기계직 기출]

28 프레스가공을 전단가공, 굽힘ㆍ성형가공, 압축가공으로 분류하는 경우, 압축가공에 포함되지 않는 가공은?

① 코이닝(압인가공)

② 셰이빙

③ 스웨이징

④ 엠보싱

난이도 ●●●○○ | 출제빈도 ★★★☆☆
[2019년 상반기 한국가스공사 기계직 기출]

29 다음의 〈보기〉에서 설명하는 가공방법으로 옳은 것은?

> 주축과 함께 회전하며 반지름 방향으로 왕복운동하는 다수의 다이로 선, 관, 봉재 등의 재료를 타격하여 지름을 줄이는 가공이다.

① 스웨이징

② 인발

③ 압연

④ 전조

⑤ 압출

난이도 ●●○○○ | 출제빈도 ★★★☆☆
[다수의 공기업 기출]

30 다음 중 간접압출과 비교한 직접압출의 특징으로 옳지 못한 것은?

① 램과 소재가 같은 방향으로 이루어진다.

② 재료의 손실이 많다.

③ 마찰저항이 크므로 동력소모가 많다.

④ 압출재의 길이에 제한을 받는다.

난이도 ●●○○○○ | 출제빈도 ★★★★☆
[다수의 공기업 기출]

31 다음 〈보기〉에서 설명하는 소성가공의 방법으로 가장 적절한 것은?

> 다이나 롤러 사이에 소재를 넣고 회전시켜 제품을 만드는 방법으로 주로 나사 및 기어 등을 제작한다.

① 단조   ② 압연
③ 압출   ④ 전조

난이도 ●○○○○○ | 출제빈도 ★★★★★
[다수의 공기업 기출]

32 다음 중 재료를 회전하는 2개의 롤러 사이에 넣어 판의 두께를 줄이는 가공방법은?

① 인발   ② 압출
③ 전조   ④ 압연
⑤ 프레스가공

난이도 ●●●○○○ | 출제빈도 ★★★☆☆
[2020년 하반기 한국중부발전 기계직 기출]

33 다음 〈보기〉의 설명에 가장 적합한 가공방법으로 옳은 것은?

> 주조조직을 파괴하고 재료 내부의 기포를 압착하여 제거하기 위한 목적을 가짐

① 제관   ② 단조
③ 압연   ④ 압출

난이도 ●●○○○○ | 출제빈도 ★★★★☆
[2019년 상반기 서울주택도시공사 기계직 기출]

34 다음 중 판재를 접어 접합시키는 공정은?

① 해밍   ② 코깅
③ 벌징   ④ 시밍
⑤ 웰시코깅

난이도 ●●●○○○ | 출제빈도 ★☆☆☆☆
[다수의 공기업 기출]

35 다음 중 인발가공의 4단계를 가장 옳게 설명한 보기는?

① 벨 → 어프로치 → 베어링 → 릴리프
② 벨 → 베어링 → 어프로치 → 릴리프
③ 베어링 → 어프로치 → 벨 → 릴리프
④ 베어링 → 벨 → 어프로치 → 릴리프

난이도 ●●○○○○ | 출제빈도 ★★★☆☆
[다수의 공기업 기출]

36 박판성형가공법의 하나로 선반의 주축에 다이를 고정하고 심압대로 소재를 밀어서 소재를 다이와 함께 회전시키면서 외측에서 롤러로 소재를 성형하는 가공법은?

① 스피닝(spinning)
② 벌징(bulging)
③ 비딩(beading)
④ 컬링(curling)

난이도 ●●○○○○ | 출제빈도 ★★★☆☆
[다수의 공기업 기출]

37 소성가공 중에서 주전자, 물통, 드럼통 등의 주름 형상을 제작하는 데 가장 적합한 가공은?

① 플랜징   ② 벌징
③ 비딩   ④ 컬링

난이도 ●●○○○○ | 출제빈도 ★★★☆☆
[다수의 공기업 기출]

38 딥드로잉된 컵의 두께를 더욱 균일하게 만들기 위한 후속공정으로 옳은 것은?

① 이어링   ② 아이어닝
③ 비딩   ④ 스피닝
⑤ 스프링백

난이도 ●●○○○ | 출제빈도 ★★★☆☆
[다수의 공기업 기출]

39 다음 〈보기〉에서 설명하는 작업으로 가장 적합한 것은?

> 튜브 형상의 소재를 금형에 넣고 유체의 압력을 이용하여 소재를 변형시켜 가공하는 작업으로 자동차산업 등에서 많이 활용하는 기술이다.

① 아이어닝   ② 엠보싱
③ 하이드로 포밍   ④ 스피닝
⑤ 비딩

난이도 ●●○○○ | 출제빈도 ★★★★☆
[다수의 공기업 기출]

40 소성변형 후에 하중을 제거하면 탄성 현상에 의해 일부 탄성복원이 일어나는 현상을 스프링백이라고 한다. 이때, 스프링백의 양을 크게 하는 방법으로 옳지 못한 것은?

① 경도를 크게 한다.
② 두께를 얇게 한다.
③ 굽힘반지름을 크게 하고, 굽힘각도를 작게 한다.
④ 탄성계수를 크게 한다.
⑤ 항복강도를 크게 한다.

03 측정기와 수기가공

→ 정답과 해설은 p. 108에 있습니다.

난이도 ●○○○○ | 출제빈도 ★★★★★
[다수의 공기업 기출]

01 다음 중 비교측정기에 속하는 것은?

① 하이트 게이지
② 삼침법
③ 마이크로미터
④ 다이얼 게이지
⑤ 버니어캘리퍼스

난이도 ●○○○○ | 출제빈도 ★★★★☆
[다수의 공기업 기출]

02 다음 중 높이 측정 및 금긋기에 사용되는 것은?

① 와이어 게이지
② 센터 게이지
③ 틈새 게이지
④ 반지름 게이지
⑤ 하이트 게이지

난이도 ●●●○○ | 출제빈도 ★★★☆☆
[다수의 공기업 기출]

03 다음 〈보기〉 중 진원도를 측정하는 방법으로 옳은 것만을 모두 고르면 몇 개인가?

㉠ 3점법	㉡ 반경법
㉢ 삼침법	㉣ 직경법
㉤ 활줄	

① 1개
② 2개
③ 3개
④ 4개
⑤ 5개

난이도 ●●○○○ | 출제빈도 ★★☆☆☆
[다수의 공기업 기출]

04 다음 중 가죽 및 목재 등을 다듬질할 때 사용하는 줄날의 형식은?

① 두줄날
② 홑줄날
③ 라스프줄날
④ 곡선줄날

난이도 ●●○○○ | 출제빈도 ★★★★★
[다수의 공기업 기출]

05 다음 중 모양공차의 종류가 아닌 것은?

① 진원도
② 경사도
③ 평면도
④ 진직도
⑤ 원통도

난이도 ●●○○○ | 출제빈도 ★★★☆☆
(다수의 공기업 기출 유형)

06 다음 중 여러 공구에 대한 용도와 특징으로 옳지 못한 것은?

① 하이트 게이지: 높이 측정 및 금긋기에 사용하며, 종류로는 HT, HA, HM형이 있다.
② 스크레이퍼: 더욱 정밀한 평면으로 다듬질할 때 사용한다.
③ 서피스 게이지: 금긋기 및 중심내기에 사용한다.
④ 블록 게이지: 길이 측정의 기준으로 사용한다.

난이도 ●●○○○○ | 출제빈도 ★★★★☆
[2019년 하반기 인천교통공사 기계직 기출]

07 다음 중 길이를 측정할 수 없는 측정기는?

① 블록 게이지
② 다이얼 게이지
③ 오토콜리메이터
④ 버니어캘리퍼스
⑤ 마이크로미터

난이도 ●●●○○ | 출제빈도 ★★☆☆☆
[다수의 공기업 기출]

08 다음 중 표면거칠기에 대한 설명으로 옳지 않은 것은?

① 표면거칠기에 대한 의도를 제조자에게 전달하는 경우 일반적으로 삼각기호를 사용한다.
② 표면거칠기는 제품의 표면에 생긴 가공 흔적이나 무늬로 형성된 오목하거나 볼록한 차를 의미한다.
③ $R_{\max}$, R_a, R_z의 표면거칠기 표시 중에서 R_a의 값이 가장 작다.
④ 10점 평균거칠기 R_z는 표면거칠기곡선의 상위 3개 값과 하위 3개 값을 이용하여 표시한다.

난이도 ●○○○○ | 출제빈도 ★★★★☆
[2019년 하반기 서울시설공단 기계직 기출]

09 다음 보기 중 수나사의 유효지름을 계산하기 위한 방법은 어느 것인가?

① 편위법
② 영위법
③ 치환법
④ 삼침법
⑤ 촉진법

난이도 ●●○○○ | 출제빈도 ★★☆☆☆
[2019년 하반기 서울시설공단 기계직 기출]

10 끼워맞춤의 종류 중 최대 틈새는 어떻게 표현되는가?

① 구멍의 최소허용치수 – 축의 최대허용치수
② 구멍의 최대허용치수 – 축의 최소허용치수
③ 축의 최대허용치수 – 구멍의 최소허용치수
④ 축의 최소허용치수 – 구멍의 최대허용치수
⑤ 축의 최대허용치수 – 구멍의 최대허용치수

난이도 ●●○○○ | 출제빈도 ★★★☆☆
[2019년 하반기 서울주택도시공사 기계직 기출]

11 호칭 치수가 200mm이고 사인바로 20.5°를 만들었을 때, 낮은 쪽 높이가 7mm였다. 이때, 높은 쪽의 높이는 몇 mm인가? [단, sin 20.5°=0.35로 계산한다.]

① 55mm ② 66mm
③ 77mm ④ 88mm
⑤ 99mm

난이도 ●●○○○ | 출제빈도 ★★★☆☆
[2021년 하반기 한국동서발전 기계직 기출]

12 노즈의 반경이 2배, 이송거리가 4배가 된다면 표면거칠기의 최대 높이는 몇 배가 되는가?

① 2배 ② 4배
③ 8배 ④ 변화 없다.

난이도 ●●○○○ | 출제빈도 ★★☆☆☆
[다수의 공기업 기출]

13 사인바의 호칭 치수는 무엇으로 표시하는가?

① 양 롤러 사이의 중심거리
② 사인바의 전장
③ 사인바의 중량
④ 롤러의 직경

14 다음에 주어진 조건을 기반으로 구해진 버니어캘리퍼스의 최소 측정값은?

> 어미자의 눈금이 0.5mm, 아들자의 눈금이 12mm를 25등분 한 버니어캘리퍼스의 최소 측정값

① 0.01mm   ② 0.02mm
③ 0.03mm   ④ 0.04mm
⑤ 0.05mm

15 다음 조건에 따라 최대 죔새를 구하면 얼마인가?

> 기준치수에 대한 구멍의 공차역이
> $\phi 50^{+0.05}_{-0.01}[\text{mm}]$이고, 축의 공차역이
> $\phi 50^{+0.03}_{-0.03}[\text{mm}]$이다.

① 0.03mm   ② 0.04mm
③ 0.06mm   ④ 0.08mm
⑤ 0.10mm

16 다음 중 비교측정기에 대한 설명 중 가장 옳지 않은 것은?

① 옵티미터는 빛 지렛대를 사용한 콤퍼레이터로 측정자의 미세한 움직임을 광학적으로 확대한 장치이다.
② 공기 마이크로미터는 한 번에 여러 치수를 측정할 수 있다.
③ 전기 마이크로미터는 측정 오차가 적고 자동측정이 가능하다.
④ 다이얼 게이지는 측정범위가 넓지만 한 번에 많은 양의 측정을 할 수 없다.

17 다음 〈보기〉 중 여러 측정기에 대한 설명으로 옳은 것을 모두 고르면?

> ㉠ 오토콜리메이터: 금긋기용 공구로 평면도 검사나 금긋기를 할 때 또는 중심선을 그을 때 사용한다.
> ㉡ 블록 게이지: 여러 개를 조합하여 원하는 치수를 얻을 수 있는 측정기로 양 단면의 간격을 일정한 길이의 기준으로 삼은 높은 정밀도로 잘 가공된 단도기이다.
> ㉢ 다이얼 게이지: 측정자의 직선 또는 원호 운동을 기계적으로 확대하여 그 움직임을 지침의 회전변위로 변환하여 눈금으로 읽을 수 있는 길이측정기로 진원도, 평면도, 평행도, 축의 흔들림, 원통도 등을 측정할 수 있다.
> ㉣ 서피스 게이지: 시준기와 망원경을 조합한 광학적 측정기로 미소각을 측정할 수 있다. 또한, 직각도, 평면도, 평행도, 진직도 등을 측정할 수 있다.

① ㉠, ㉡   ② ㉠, ㉢
③ ㉡, ㉢   ④ ㉡, ㉣
⑤ ㉢, ㉣

18 다음 중 비교측정기만을 모두 고르면 몇 개인가?

> ㉠ 다이얼 게이지   ㉡ 버니어캘리퍼스
> ㉢ 옵티미터   ㉣ 마이크로미터
> ㉤ 미니미터

① 1개   ② 2개
③ 3개   ④ 4개

난이도 ●○○○○ | 출제빈도 ★★★★☆
[2021년 상반기 서울물재생시설공단 기계직 기출]

19 다음 보기에 나열된 공차의 종류로 옳은 것은?

> 진원도, 원통도, 선의 윤곽도, 면의 윤곽도

① 자세공차
② 모양공차
③ 위치공차
④ 흔들림 공차

난이도 ●●○○○ | 출제빈도 ★★★★☆
[2021년 상반기 한국서부발전 기계직 기출]

20 다음 〈보기〉 중 비교측정기만을 모두 고르면 몇 개인가?

> ㉠ 공기 마이크로미터 ㉡ 버니어캘리퍼스
> ㉢ 옵티미터 ㉣ 마이크로미터
> ㉤ 다이얼 게이지 ㉥ 전기 마이크로미터

① 2개
② 3개
③ 4개
④ 5개

난이도 ●●○○○ | 출제빈도 ★★☆☆☆
[2021년 상반기 한국가스공사 기계직 기출]

21 삼침법에 의해 미터나사의 유효지름을 측정하고자 할 때, 유효지름(d_e)을 계산하기 위한 식은? [단, M: 3침 삽입 후 바깥지름, d: 와이어의 지름, p: 나사의 피치]

① $d_e = M + 3d + 0.866025p$
② $d_e = M - 3d + 0.866025p$
③ $d_e = M - 3d - 0.866025p$
④ $d_e = M - 3d - 0.766025p$
⑤ $d_e = M - 3d + 0.766025p$

난이도 ●●○○○ | 출제빈도 ★★☆☆☆
[다수의 공기업 기출]

22 다음 〈보기〉에서 설명하는 것과 가장 관련이 있는 것은?

> 표준자와 피측정물은 동일축선상에 있어야 한다.

① 테일러의 원리
② 아베의 원리
③ 삼선법
④ 영위법

난이도 ●●○○○ | 출제빈도 ★★☆☆☆
[다수의 공기업 기출]

23 블록 게이지의 등급 중에서 검사용을 뜻하는 것으로 옳은 것은?

① AA형
② A형
③ B형
④ C형

난이도 ●●○○○ | 출제빈도 ★★★☆☆
[2020년 상반기 한국서부발전 기계직 기출]

24 다음 중 구멍용 한계게이지의 종류로 옳지 못한 것은?

① 판형 플러그 게이지
② 평게이지
③ 링게이지
④ 원통형 플러그 게이지

난이도 ●●○○○ | 출제빈도 ★★★☆☆
[다수의 공기업 기출]

25 다음 중 표면거칠기를 측정하는 방법으로 옳지 못한 것은?

① 촉침법
② 광파간섭법
③ 표준편과의 비교측정법
④ 광절단법
⑤ 삼선법

26 다음 〈보기〉에서 설명하는 것과 가장 관련이 있는 것은?

> 통과측은 전 길이에 대한 치수 또는 결정량이 동시에 검사되고 정지측은 각각의 치수가 따로따로 검사되어야 한다. 즉, 통과 측 게이지는 제품의 길이와 같은 원통상의 것이면 좋고 정지 측은 그 오차의 성질에 따라 선택해야 한다.

① 테일러의 원리　　② 아베의 원리
③ 삼선법　　　　　④ 영위법

27 다음 중 안지름 측정을 위해 사용되는 게이지로 가장 옳은 것은?

① 센터 게이지　　② 반지름 게이지
③ 실린더 게이지　④ 틈새 게이지

28 바이스의 크기는 무엇으로 표시하는가?

① 조(jaw)의 폭으로 표시한다.
② 조(jaw)의 넓이로 표시한다.
③ 조(jaw)의 중량으로 표시한다.
④ 조(jaw)의 개수로 표시한다.

29 다음 보기 중 경강에 사용하는 정(chisel)의 각도의 범위는?

① 5~10°　　　　② 10~20°
③ 20~30°　　　　④ 30~40°
⑤ 60~70°

30 수정 또는 유리로 만들어진 것을 이용한 것으로 광파간섭현상을 이용하여 평면도를 측정한다. 특히, 마이크로미터(micrometer)의 측정면에 대해 평면도 검사가 가능한 기기로 가장 적합한 것은?

① 다이얼 게이지
② 옵티컬플랫(광선정반)
③ 오토콜리메이터
④ 공구현미경

31 다음 중 금긋기 작업에 사용되는 금긋기 공구로 옳지 못한 것은?

① 직각자　　　　② 서피스 게이지
③ V블록　　　　④ 수준기

32 다음 중 줄눈의 크기를 옳게 비교한 것은?

① 황목 > 중목 > 세목 > 유목
② 유목 > 세목 > 중목 > 황목
③ 황목 > 세목 > 중목 > 유목
④ 유목 > 중목 > 세목 > 황목

33 다음 〈조건〉을 보고 탭구멍의 드릴 지름을 계산하라.

$M10 \times 1.5$

① 8.5mm　　　　② 9.5mm
③ 10.5mm　　　④ 11.5mm

난이도 ●●○○○ | 출제빈도 ★★★☆☆
[2019년 상반기 서울주택도시공사 기계직 기출]

34 탭작업 중 탭이 부러지는 원인으로 옳지 못한 것은?

① 구멍이 작을 때
② 탭이 구멍의 바닥에 닿아 충격을 받았을 때
③ 구멍이 바르지 못할 때
④ 구멍이 클 때
⑤ 칩의 배출이 불량할 때

난이도 ●○○○○ | 출제빈도 ★★★☆☆
[한국가스기술공사 기계직 등 다수의 공기업 기출)

35 다음 중 수나사를 가공하는 공구로 옳은 것은?

① 다이스　　② 탭
③ 스크레이퍼　　④ 줄

난이도 ●●●○○ | 출제빈도 ★★☆☆☆
[다수의 공기업 기출]

36 다음 〈보기〉에서 기어의 이두께를 측정하는 방법으로 옳은 것만을 모두 고르면 몇 개인가?

활줄, 반경법, 직경법, 걸치기, 오우버 핀법

① 1개　② 2개　③ 3개　④ 4개

난이도 ●●○○○ | 출제빈도 ★★☆☆☆
[한국가스기술공사 기계직 등 다수의 공기업 기출)

37 KS규정에서 정한 정밀측정 기준으로 가장 옳은 것은?

① 온도: 10℃, 습도: 48%, 기압: 760mmHg
② 온도: 20℃, 습도: 48%, 기압: 760mmHg
③ 온도: 10℃, 습도: 58%, 기압: 760mmHg
④ 온도: 20℃, 습도: 58%, 기압: 760mmHg

난이도 ●●○○○ | 출제빈도 ★★★☆☆
[다수의 공기업 기출]

38 다음 〈보기〉에서 설명하는 각도 측정기의 종류로 옳은 것은?

액체와 기포가 들어 있는 유리관 속에 있는 기포의 위치에 의하여 수평면에서 기울기를 측정하는 액체식 각도 측정기이다.

① 사인바　　② 오토콜리메이터
③ 수준기　　④ 탄젠트바

난이도 ●●○○○ | 출제빈도 ★★☆☆☆
[다수의 공기업 기출]

39 블록 게이지에서 필요로 하는 치수에 2개 이상의 블록 게이지를 밀착 접촉시키는 방법으로 조합되는 개수를 최소로 하여 오차를 방지하는 작업은?

① 사진법　　② 링깅
③ 해밍　　④ 시밍

난이도 ●●○○○ | 출제빈도 ★★☆☆☆
[다수의 공기업 기출]

40 다음 중 리머작업에 사용되는 리머의 종류로 옳지 못한 것은?

① 핸드리머　　② 테이퍼리머
③ 탭리머　　④ 팽창리머
⑤ 셸리머

04 용접

→ 정답과 해설은 p. 119에 있습니다.

난이도 ●●○○○ | 출제빈도 ★★★★☆
[2021년 상반기 한국남동발전 기계직 기출]

01 다음 〈보기〉에서 용접이음의 장점으로 옳은 것은 모두 몇 개인가?

> ㉠ 모재 재질의 변형 없이 이음이 가능하다.
> ㉡ 잔류응력과 응력집중이 발생하지 않는다.
> ㉢ 용접이음에 따른 기밀성이 우수하다.
> ㉣ 용접하는 재료의 두께 제한이 없다.
> ㉤ 용접부의 비파괴검사(결함검사)가 용이하다.
> ㉥ 이음효율이 우수하다.

① 1개 ② 2개 ③ 3개 ④ 4개

난이도 ●○○○○ | 출제빈도 ★★★★☆
[2021년 상반기 한국지역난방공사 기계직 기출]

02 리벳이음과 비교한 용접이음의 장점으로 옳은 것은?

① 진동감쇠 능력이 우수하다.
② 열에 의한 변형이 적고 잔류응력 및 응력집중이 발생하지 않는다.
③ 비파괴검사가 용이하다.
④ 이음효율이 우수하다.
⑤ 구조물 등에서 현장 조립할 때는 리벳이음보다 쉽다.

난이도 ●●○○○ | 출제빈도 ★★★☆☆
[다수의 공기업 기출]

03 다음 중 금속의 용융점 이하의 온도이지만 미세한 조직의 변화가 발생하는 부분은?

① 용착부   ② 용착금속부
③ 용접금속부   ④ 변질부

난이도 ●●○○○ | 출제빈도 ★★★☆☆
[2021년 상반기 한국가스공사 기계직 기출]

04 다음 중 불활성가스 아크용접에 대한 설명으로 옳지 않은 것은?

① 대기 중의 산소로부터 보호하여 산화 및 질화를 방지한다.
② 철 및 비철금속 등 대체로 모든 금속의 용접이 가능하다.
③ 아르곤, 헬륨 등의 불활성가스를 사용하여 용접을 진행한다.
④ 청정작용을 위해 용제를 사용한다.
⑤ 열의 집중이 좋아 용접능률이 높다.

난이도 ●●○○○ | 출제빈도 ★★★☆☆
[2019년 상반기 서울주택도시공사 기계직 기출]

05 다음 중 여러 용접에 대한 설명으로 가장 옳지 못한 것은?

① 업셋용접은 작은 단면적을 가진 선, 봉, 관의 용접에 적합하다.
② 플라스마용접은 발열량의 조절이 쉬워 아주 얇은 박판의 접합에 사용이 가능하다.
③ 일렉트로 슬래그용접은 반지름이 2.5~3.2mm인 와이어전극을 용융슬래그 속에 공급하여 그에 따른 슬래그 전기저항열로 접합을 하는 방법이다.
④ 전자빔용접은 진공 상태에서 용접을 실시한다.
⑤ 프로젝션용접은 판금 공작물을 접합하는데 가장 적합한 용접이다.

난이도 ●●○○○ | 출제빈도 ★★★★☆
[2017년 하반기 서울시설공단 기계직 기출]

06 다음 중 가스용접에 대한 설명으로 옳지 못한 것은?

① 용접 휨은 가스용접이 전기용접보다 크다.
② 가스용접은 아크용접보다 용접속도가 느리다.
③ 열영향부가 좁다.
④ 3mm 이하의 박판에 적용하는 용접이다.

난이도 ●●○○○ | 출제빈도 ★★★★★
[2019년 상반기 서울주택도시공사 기계직 기출]

07 다음 중 테르밋 용접에 대한 설명으로 옳지 못한 것은?

① 알루미늄과 산화철을 혼합하여 발생하는 발생열로 용접을 한다.
② 용접시간이 짧으며 설비비가 싸다.
③ 전력이 필요 없고 반응으로 인한 발생열은 3,000℃이다.
④ 용접변형이 적고 용접접합강도가 크다.
⑤ 보수용접에 사용한다.

난이도 ●●○○○ | 출제빈도 ★★★★☆
[다수의 공기업 기출]

08 다음 중 산소용접의 특징으로 옳지 못한 것은?

① 주로 박판에 적용된다.
② 전력이 필요 없다.
③ 열영향부가 좁다.
④ 변형이 많다.

난이도 ●●○○○ | 출제빈도 ★★☆☆☆
[다수의 공기업 기출]

09 다음 중 용접봉과 관련된 설명으로 옳지 못한 것은?

① 용접봉은 용접할 모재에 대한 보충 재료이다.
② 용접봉은 반드시 건조한 상태로 사용해야 한다.
③ 용접봉은 사용하려면 될 수 있는 한 모재와 같은 성분을 사용한다.
④ 용접봉은 심선과 피복제로 구성되어 있으며, 심선은 탄소의 함유량이 적어야 한다.
⑤ 용접봉과 모재 두께의 관계는 $D = \dfrac{T}{2} + 2\,[\mathrm{mm}]$이다. 단, D는 용접봉의 지름이며 T는 판 두께이다.

난이도 ●●●○○ | 출제빈도 ★★☆☆☆
[다수의 공기업 기출]

10 다음 중 아크용접에서 아크의 길이가 너무 짧을 때 나타나는 현상으로 옳은 것은?

① 아크열의 손실이 많다.
② 용접봉이 비경제적이다.
③ 용착이 얕고 표면이 지저분하다.
④ 용접을 연속적으로 하기 곤란하다.
⑤ 용접부의 금속 조직이 취약하게 되어 강도가 감소된다.

난이도 ●●○○○ | 출제빈도 ★★★☆☆
[다수의 공기업 기출]

11 용접 결함 중 하나인 오버랩의 원인으로 옳지 못한 것은?

① 전류 과소
② 아크 과소
③ 용접속도 과소
④ 용접봉 불량
⑤ 공기 중의 산소 과다

난이도 ●●●○○ ┃ 출제빈도 ★★☆☆☆
[다수의 공기업 기출]

12 다음 중 직류아크용접기에 해당되는 것은?

① 탭전환형 용접기
② 정류기식 용접기
③ 가동철심형 용접기
④ 가동코일형 용접기
⑤ 가포화 리액터형 용접기

난이도 ●○○○○ ┃ 출제빈도 ★★★★☆
[다수의 공기업 기출]

13 다음 중 전기저항용접에서 접합할 모재의 한쪽 판에 돌기를 만들어서 고정전극 위에 겹쳐 놓고 가동전극으로 통전과 동시에 가압하여 저항열로 가열된 돌기를 접합시키는 용접방법은?

① 심용접   ② 플래시용접
③ 업셋용접   ④ 프로젝션용접
⑤ 점용접

난이도 ●●○○○ ┃ 출제빈도 ★★☆☆☆
[다수의 공기업 기출]

14 산소-아세틸렌 가스 용접에서 프랑스식 팁 300번의 1시간당 아세틸렌 소비량은 몇 L 인가?

① 100   ② 150
③ 300   ④ 450

난이도 ●○○○○ ┃ 출제빈도 ★★★★☆
[다수의 공기업 기출]

15 다음 그림이 나타내는 용접방법은?

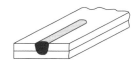

① 전자빔용접   ② 플러그용접
③ 필릿용접   ④ 슬롯용접

난이도 ●○○○○ ┃ 출제빈도 ★★★★☆
[한국가스공사, 한국가스안전공사, 발전사 등 다수의 공기업 기출]

16 다음 그림의 용접기호 중에서 플러그용접을 나타내는 것은?

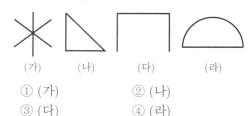

(가)   (나)   (다)   (라)

① (가)   ② (나)
③ (다)   ④ (라)

난이도 ●○○○○ ┃ 출제빈도 ★★★★☆
[2019년 상반기 한국가스안전공사 기계직 기출]

17 다음 용접부의 기본 기호의 의미로 옳은 것은?

① 필릿용접   ② 플러그용접
③ 비드 살돋음   ④ 덧붙임

난이도 ●●○○○ ┃ 출제빈도 ★★☆☆☆
[2019년 상반기 한국가스안전공사 기계직 기출]

18 두 재료를 천천히 가까이 접촉시키면 접촉면에 단락 대전류가 흘러 예열되고 이를 반복하여 접촉면이 적당한 온도로 가열되었을 때, 강한 압력을 주어 압접하는 방법은?

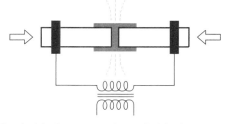

① 업셋용접   ② 플래시용접
③ 퍼커션용접   ④ 점용접

난이도 ●●○○○ | 출제빈도 ★★☆☆☆
[다수의 공기업 기출]

19 다음 중 가스용접에서 사용되는 용융법 중 전진법과 후진법에 대한 설명으로 옳은 것은?

① 전진법의 열이용률이 후진법보다 좋다.
② 전진법의 용접속도가 후진법보다 빠르다.
③ 후진법의 산화 정도가 전진법보다 양호하다.
④ 후진법의 기계적 성질은 전진법보다 나쁘다.

난이도 ●○○○○ | 출제빈도 ★★★★☆
[다수의 공기업 기출]

20 다음 〈보기〉와 같은 특징을 지닌 용접방법으로 가장 옳은 것은?

> ㉠ 용접시간이 비교적 짧다.
> ㉡ 작업이 단순하고 결과의 재현성이 높다.
> ㉢ 알루미늄과 산화철의 분말을 혼합한 것을 점화시켜 발생되는 화학반응열을 이용한다.

① 테르밋용접(termit welding)
② 버트용접(butt welding)
③ 심용접(seam welding)
④ 스폿용접(spot welding)

난이도 ●●○○○ | 출제빈도 ★★☆☆☆
[다수의 공기업 기출]

21 교류 용접기에 대한 설명으로 옳지 않은 것은?

① 소음이 있고 회전부 고장이 많다.
② 전류전압이 교번하므로 아크가 불안정하다.
③ 무부하 전압이 직류보다 크고 전격의 위험이 크다.
④ 가격이 저렴하고 유지·보수·점검에 직류보다 시간이 덜 걸린다.

난이도 ●●●○○ | 출제빈도 ★★☆☆☆
[2019년 하반기 서울시설공단 기계직 기출]

22 용접변형을 방지하기 위한 방법으로 적절하지 않은 것은?

① 억제법(control method)
② 역변형법(predistortion method)
③ 국부 긴장법(local shrinking method)
④ 교정법(reforming method)
⑤ 가열법(heating method)

난이도 ●●○○○ | 출제빈도 ★★★★☆
[2019년 하반기 서울시설공단 기계직 기출]

23 피복 아크용접에서 사용하는 용접봉의 피복제의 역할로 옳지 않은 것은?

① 용착금속의 탈산 정련작용을 한다.
② 스패터링을 크게 한다.
③ 용접금속의 응고와 냉각속도를 줄인다.
④ 용착금속에 필요한 원소를 보충한다.
⑤ 용접을 미세화하고 슬래그 제거를 쉽게 한다.

난이도 ●●○○○ | 출제빈도 ★★★☆☆
[2019년 하반기 한국서부발전 기계직 기출]

24 다음 중 가스 용접에서 용제를 사용하는 이유로 가장 옳은 것은?

① 용접 중 불순물이 용접부에 침입하는 것을 막기 위해서
② 침탄작용을 촉진하기 위해서
③ 용착효율을 높이기 위해서
④ 용융금속의 과냉을 방지하기 위해서

25 다음 중 비소모성 전극 아크용접에 해당하는 것은?

① 가스텅스텐 아크용접(GTAW) 또는 TIG 용접
② 서브머지드 아크용접(SAW)
③ 가스금속아크용접(GMAW) 또는 MIG 용접
④ 피복금속아크용접(SMAW)

26 다음 〈보기〉 중 용접방법에 대한 설명으로 옳은 것을 모두 고르면?

> ㉠ 전자빔용접: 고진공 분위기 속에서 양극으로부터 방출된 전자를 고전압으로 가속시켜 피용접물에 충돌시켜 그 충돌로 인한 발열 에너지로 용접을 실시하는 방법이다.
> ㉡ 고주파용접: 플라스틱과 같은 절연체를 고주파 전장 내에 넣으면 분자가 강하게 진동되어 발열하는 성질을 이용한 용접방법이다.
> ㉢ 테르밋용접: 알루미늄 분말과 산화철 분말을 3:1 비율로 혼합시켜 발생되는 화학반응열을 이용한 용접방법이다.
> ㉣ TIG용접: 텅스텐 봉을 전극으로 하고 아르곤이나 헬륨 등의 불활성가스를 사용하여 알루미늄, 마그네슘, 스테인리스강의 용접에 널리 사용되는 용접방법이다.

① ㄱ, ㄴ   ② ㄱ, ㄷ
③ ㄴ, ㄷ   ④ ㄴ, ㄹ
⑤ ㄷ, ㄹ

27 다음 용접 중에서 융접에 속하지 않는 것은?

① 전자빔용접
② 플라스마용접
③ 서브머지드용접
④ 프로젝션용접
⑤ 테르밋용접

28 다음 그림이 설명하는 용접은 무엇인가?

① 필릿용접
② 플러그용접
③ 점용접
④ 슬롯용접

29 다음 중 서브머지드 아크용접의 장점으로 옳지 않은 것은?

① 열에너지 효율이 좋다.
② 모든 자세의 용접이 가능하다.
③ 강도, 충격치 등의 기계적 성질이 우수하다.
④ 비드 외관이 매끄럽다.
⑤ 용접이음부의 신뢰도가 높다.

난이도 ●●○○○ | 출제빈도 ★★★☆☆
[2021년 하반기 한국철도공사 기계직 기출]

30 다음 〈보기〉 중에서 아크용접에 속하는 용접만을 모두 고르면 몇 개인가?

㉠ 원자수소용접	㉡ 플래시용접
㉢ 업셋용접	㉣ 스터드용접
㉤ 프로젝션용접	

① 1개 ② 2개
③ 3개 ④ 4개
⑤ 5개

난이도 ●●○○○ | 출제빈도 ★★★★☆
[2021년 상반기 한국남동발전 기계직 기출]

31 피복아크용접에서 사용하는 용접봉의 피복제의 역할로 옳지 않은 것은?

① 용착금속에 필요한 합금원소를 보충하여 기계적 강도를 높인다.
② 대기 중의 산소와 질소로부터 모재를 보호하여 산화 및 질화를 방지한다.
③ 슬래그를 제거하며 스패터링을 작게 한다.
④ 용착금속의 냉각속도를 빠르게 한다.

난이도 ●●○○○ | 출제빈도 ★★★★☆
[2021년 상반기 한국남동발전 기계직 기출]

32 다음 〈보기〉는 전기저항 용접의 종류를 나열한 것이다. 이 중에서 겹치기 용접에 해당하는 것을 올바르게 고른 것은?

㉠ 프로젝션용접	㉡ 플래시용접
㉢ 업셋용접	㉣ 점용접
㉤ 퍼커션용접	㉥ 맞대기심용접
㉦ 심용접	

① 퍼커션용접, 프로젝션용접, 점용접
② 심용접, 플래시용접, 업셋용접
③ 점용접, 맞대기심용접, 프로젝션용접
④ 점용접, 심용접, 프로젝션용접

난이도 ●●○○○ | 출제빈도 ★★★★☆
[2021년 상반기 한국서부발전 기계직 기출]

33 다음 〈보기〉는 전기저항 용접법의 종류를 나열해 놓은 것이다. 이 중 맞대기용접의 종류에 해당되는 것만을 모두 고르면 몇 개인가?

| ㉠ 심용접 | ㉡ 업셋용접 |
| ㉢ 점용접 | ㉣ 퍼커션용접 |

① 1개 ② 2개
③ 3개 ④ 4개

난이도 ●○○○○ | 출제빈도 ★★★☆☆
[2019년 상반기 한국가스공사 기계직 기출]

34 다음 중 전자빔 용접의 특징으로 옳은 것은?

① 장비가 저렴하다.
② 용입이 얕다.
③ 열영향부가 작다.
④ 변형이 많다.
⑤ 용점이 높은 금속에 적용할 수 없다.

난이도 ●○○○○ | 출제빈도 ★★★★☆
[2019년 상반기 한국가스공사 기계직 기출]

35 아래 그림의 용접 기본기호가 의미하는 용접의 명칭은?

① 플러그용접
② 점용접
③ 필릿용접
④ 프로젝션용접
⑤ 심용접

난이도 ●●○○○ | 출제빈도 ★★☆☆☆
[다수의 공기업 기출]

36 고상용접 중에서 표면이 더러워지는 것을 방지하기 위하여 적당한 내산화막을 만들거나 진공 중에서 작업하는 용접방법은?

① 롤용접   ② 마찰용접
③ 초음파용접   ④ 확산용접

난이도 ●●○○○ | 출제빈도 ★★★☆☆
[다수의 공기업 기출]

37 다음 중 고상용접의 종류로 옳지 못한 것은?

① 마찰용접
② 초음파용접
③ 롤용접
④ 폭발용접
⑤ 테르밋용접

난이도 ●○○○○ | 출제빈도 ★★★☆☆
[한국가스공사, 서울시설공단 등 다수의 공기업 기출)

38 선반과 비슷한 구조로 금속의 상대운동에 의한 열로 접합을 실시하는 용접은?

① 초음파용접
② 고주파용접
③ 마찰용접
④ 테르밋용접
⑤ 불가시용접

난이도 ●●●○○ | 출제빈도 ★★☆☆☆
[다수의 공기업 기출]

39 산소-아세틸렌 용접에서 용접에 실제로 사용되는 불꽃은?

① 겉불꽃   ② 속불꽃
③ 불꽃심   ④ 완원대

난이도 ●○○○○ | 출제빈도 ★★★☆☆
[다수의 공기업 기출]

40 다음 〈보기〉는 용접봉을 표시하는 방법이다. 이때, 용접자세를 의미하는 것은?

$$E43\triangle\square$$

① E   ② 43   ③ △   ④ □

난이도 ●●○○○ | 출제빈도 ★★★★☆
[다수의 공기업 기출]

41 다음 〈보기〉 중 비소모성 전극을 사용하는 용접으로 옳은 것만을 모두 고르면 몇 개인가?

㉠ 플래시용접	㉡ 플라스마 아크용접
㉢ 탄소아크용접	㉣ 원자수소 아크용접
㉤ TIG용접	

① 1개   ② 2개
③ 3개   ④ 4개
⑤ 5개

난이도 ●●●○○ | 출제빈도 ★★★☆☆
[다수의 공기업 기출]

42 양면 홈 그루브 용접의 종류로 옳지 않은 것은?

① K형   ② J형   ③ H형   ④ V형

난이도 ●○○○○ | 출제빈도 ★★★☆☆
[다수의 공기업 기출]

43 다음 중 용접이음의 효율을 구하는 방법으로 옳은 것은?

① 형상계수×용접계수
② 형상계수÷용접계수
③ 형상계수+용접계수
④ 형상계수-용접계수

난이도 ●○○○○ | 출제빈도 ★★★☆☆
[다수의 공기업 기출]

44 다음 중 열영향부를 가장 좁게 할 수 있는 용접으로 가장 옳은 것은?

① 서브머지드 아크용접
② 전자빔용접
③ 테르밋용접
④ 고주파용접
⑤ 마찰용접

난이도 ●●●●○ | 출제빈도 ★★☆☆☆
[2019년 하반기 서울시설공단 기계직 기출]

45 다음 중 납땜 시 사용하는 용제 중 붕사와 혼합하여 주철 납땜에 주로 사용하며 탈탄제로 작용하여 주철면의 흑연을 산화시켜 납땜을 용이하게 하는 것은?

① 염산(HCl)
② 염화아연($ZnCl_2$)
③ 산화제1구리(Cu_2O)
④ 염화나트륨($NaCl$)
⑤ 염화암모늄(NH_4Cl)

난이도 ●○○○○ | 출제빈도 ★★★☆☆
[다수의 공기업 기출]

46 전기저항용접의 3대 요소로 옳지 못한 것은?

① 가압력
② 용접전류
③ 통전시간
④ 용접입열

난이도 ●○○○○ | 출제빈도 ★★★☆☆
[다수의 공기업 기출]

47 다음 〈보기〉에서 설명하는 용접의 종류로 가장 적절한 것은?

> 접합할 모재의 한쪽 판에 돌기를 만들어 전류를 집중시켜 가압함으로써 용접을 실시한다. 이때, 돌기는 열전도율이 크고 두꺼운 판 쪽에 만든다.

① 점용접
② 심용접
③ 플래시용접
④ 프로젝션용접

난이도 ●●○○○ | 출제빈도 ★★★☆☆
[2020년 상반기 한국가스안전공사 기계직 기출]

48 다음 중 열손실이 가장 적은 용접방법으로 옳은 것은?

① 플래시 용접
② 전자빔 용접
③ 피복아크 용접
④ 불가시 용접

난이도 ●○○○○ | 출제빈도 ★★★★☆
[다수의 공기업 기출]

49 다음 중 전기저항 용접법에 속하지 않는 것은?

① 프로젝션용접
② 점용접
③ 심용접
④ 테르밋용접

난이도 ●●○○○ | 출제빈도 ★★★☆☆
[다수의 공기업 기출]

50 다음 중 불활성가스 아크용접에서 일반적으로 사용되는 가스로 옳은 것은?

① 산소, 수소
② 아세틸렌, 수소
③ 네온, 헬륨
④ 아르곤, 수소

05 절삭이론

→ 정답과 해설은 p. 135에 있습니다.

난이도 ●●○○○ | 출제빈도 ★★★★★
[2019년 상반기 서울주택도시공사 기계직 기출]

01 다음 중 구성인선(built-up edge, 빌트업 에지)과 관련된 설명으로 옳지 못한 것은?

① 구성인선은 발생 → 성장 → 분열 → 탈락의 과정을 거친다.
② 구성인선은 공구면을 덮어 보호하는 역할을 한다.
③ 구성인선의 경도값은 공작물이나 정상적인 칩보다 상당히 크다.
④ 공작물의 변형경화지수가 크면 구성인선의 발생률이 커진다.
⑤ 구성인선의 끝단 반경은 실제 공구의 끝단 반경보다 작다.

난이도 ●●○○○ | 출제빈도 ★★★☆☆
[2019년 상반기 서울주택도시공사 기계직 기출]

02 다음 중 테일러의 공구수명식에 대한 설명으로 옳지 못한 것은?

① 공구수명에 가장 큰 영향을 미치는 것은 절삭속도이다.
② 테일러의 공구수명식은 절삭속도와 공구수명과 관련이 있다.
③ $VT^n = C$에서 C는 공구수명 상수로 공구수명을 1초로 할 때의 절삭속도이다.
④ n의 값은 세라믹이 초경합금보다 크다.
⑤ n의 값은 초경합금이 고속도강보다 크다.

난이도 ●●○○○ | 출제빈도 ★★☆☆☆
[다수의 공기업 기출]

03 다음 중 칩브레이커의 종류로 옳지 못한 것은?

① 각도형
② 홈달린형
③ 수직형
④ 평행형

난이도 ●●○○○ | 출제빈도 ★★★☆☆
[2019년 하반기 서울시설공단 기계직 기출]

04 다음 보기 중 연속형 칩이 발생하는 조건과 관계가 먼 것은?

① 극연강, 알루미늄합금 등의 재료를 고속으로 절삭할 때
② 유동성이 있는 절삭유를 사용할 때
③ 공구 상면 경사각이 클 때
④ 절삭속도가 빠를 때
⑤ 절삭깊이가 클 때

난이도 ●●●○○ | 출제빈도 ★★☆☆☆
[2019년 상반기 한국가스안전공사 기계직 기출]

05 티타늄과 같이 열전도도가 낮고 온도 상승에 따라 강도가 급격히 감소하는 금속에서 발생하는 칩은?

① 열단형 칩
② 톱니형 칩
③ 균열형 칩
④ 유동형 칩

난이도 ●●○○○ | 출제빈도 ★★★☆☆
[다수의 공기업 기출]

06 절삭가공에 대한 일반적인 설명으로 옳은 것은?

① 경질재료일수록 절삭저항이 감소하여 표면조도가 양호하다.
② 절삭깊이를 감소시키면 구성인선이 감소하여 표면조도가 양호하다.
③ 절삭속도를 증가시키면 절삭저항이 증가하여 표면조도가 불량하다.
④ 절삭속도를 감소시키면 구성인선이 감소하여 표면조도가 양호하다.

난이도 ●●○○○ | 출제빈도 ★★★☆☆
[다수의 공기업 기출]

07 절삭가공에서 발생하는 플랭크 마모에 대한 설명으로 옳은 것은?

① 공구와 칩 경계에서 원자들의 상호 이동이 주요 원인이다.
② 공구의 여유면과 절삭면과의 마찰로 발생한다.
③ 공구 경사면과 칩 사이의 고온·고압에 의해 발생한다.
④ 공구와 칩 경계의 온도가 어떤 범위 이상이 되면 마모는 급격하게 증가한다.

난이도 ●●○○○ | 출제빈도 ★★★★★
[2019년 하반기 서울시설공단 기계직 기출]

08 다음 설명 중 절삭가공 시 구성인선(빌트업에지)의 방지를 위한 방법과 거리가 먼 것은?

① 절삭깊이를 작게 한다.
② 경사각을 30° 이하로 작게 한다.
③ 윤활성 있는 절삭제를 사용한다.
④ 공구의 인선을 날카롭게 한다.
⑤ 절삭속도를 분당 120m 이상으로 크게 한다.

난이도 ●●○○○ | 출제빈도 ★★★☆☆
[2019년 하반기 한국동서발전 기계직 기출]

09 다음 중 절삭가공의 특징으로 옳지 않은 것은?

① 재료의 낭비가 심하다.
② 우수한 치수정확도를 얻을 수 있다.
③ 대량생산 시 경제적이다.
④ 평균적으로 가공시간이 길다.

난이도 ●●●○○ | 출제빈도 ★★★☆☆
[2019년 하반기 한국서부발전 기계직 기출]

10 다음 전단각에 대한 설명으로 옳지 않은 것은?

① 전단각이 클수록 절삭력이 감소한다.
② 전단각이 작아질수록 가공면의 치수정밀도는 좋아진다.
③ 칩 두께가 커질수록 공구와 칩 사이의 마찰이 커져 전단각이 작아진다.
④ 경사각이 감소하면 전단각이 감소하고 전단변형률이 증가한다.

난이도 ●○○○○ | 출제빈도 ★★★★★
[2019년 하반기 한국서부발전 기계직 기출]

11 다음 중 구성인선 방지법으로 옳지 않은 것은?

① 절삭깊이를 깊게 한다.
② 절삭속도를 크게 한다.
③ 절삭공구의 인선을 예리하게 한다.
④ 윤활성이 좋은 절삭유를 사용한다.

12 다음 중 열단형 칩을 표현한 그림으로 옳은 것은?

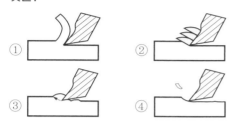

① ② ③ ④

13 구성인선(빌트업 에지, built-up edge)을 방지하는 방법으로 옳지 못한 것은?

① 윤활성이 좋은 절삭유제를 사용한다.
② 공구의 윗면 경사각을 크게 한다.
③ 고속으로 절삭한다.
④ 절삭깊이를 크게 한다.
⑤ 절삭공구의 인선을 예리하게 한다.

14 다음 중 절삭가공의 특징으로 옳지 못한 것은?

① 치수정확도가 우수하며 주조나 소성가공으로는 불가능한 외형 또는 내면을 정확하게 가공할 수 있다.
② 소재의 낭비가 많이 발생하므로 비경제적이다.
③ 주조나 소성가공에 비해 더 많은 에너지와 많은 가공시간이 소요된다.
④ 생산 개수가 많은 대량 생산에 적합하다.

15 다음 중 윤활유에 대한 설명으로 틀린 것은?

① 윤활유는 마찰저감작용, 냉각작용, 응력분산작용, 밀봉작용 등의 역할을 한다.
② 윤활유는 용도에 따라 공업용, 자동차용, 산업용, 선박용 등으로 구분된다.
③ SAE는 오일 점도에 대해 미국 자동차기술협회에서 제정한 규격으로 전 세계 공통적으로 사용되고 있는 규격이다.
④ 다급점도유는 SAE 5W30, SAE 10W40처럼 2가지 숫자 등급이 동시에 표시되는 것으로 W 앞의 숫자가 높을수록 저온에서 더 우수한 유동성을 갖는다.
⑤ 다급점도유는 고온에서의 점도 저하가 단급점도유보다 우수하므로 단급점도유보다 우수한 경제성을 보장한다.

16 구성인선의 발생 원인으로 옳지 못한 것은?

① 절삭깊이가 깊다.
② 바이트의 윗면 경사각이 작다.
③ 마찰계수가 큰 공구를 사용한다.
④ 절삭속도가 크다.

17 다음 중 구성인선(빌트업 에지, built-up edge)을 방지하는 방법으로 옳지 못한 것은?

① 윤활성이 좋은 절삭유제를 사용한다.
② 공구의 윗면 경사각을 크게 한다.
③ 고속으로 절삭한다.
④ 절삭깊이를 크게 한다.

난이도 ●●○○○○ | 출제빈도 ★★★★☆
[2020년 하반기 한국수력원자력 기계직 기출]

18 다음 중 윤활유의 역할로 옳지 못한 것은?

① 냉각작용   ② 밀봉작용
③ 응력분산작용   ④ 보온작용

난이도 ●○○○○ | 출제빈도 ★★★☆☆
[2021년 상반기 한국지역난방공사 기계직 기출]

19 다음 중 절삭유의 구비조건으로 옳지 않은 것은?

① 휘발성이 없고 인화점이 낮아야 한다.
② 마찰계수가 작아야 한다.
③ 냉각성 및 윤활성이 우수해야 한다.
④ 칩의 분리가 용이하여 회수가 쉬워야 한다.
⑤ 화학적으로 안전하고 위생상 해롭지 않아야 한다.

난이도 ●○○○○ | 출제빈도 ★★★★★
[2021년 상반기 한국지역난방공사 기계직 기출]

20 다음 중 구성인선(빌트업 에지, built-up edge) 방지방법으로 옳지 않은 것은?

① 마찰계수가 큰 공구를 사용한다.
② 윤활성이 좋은 절삭유제를 사용한다.
③ 절삭공구의 인선을 예리하게 한다.
④ 절삭깊이를 작게 한다.
⑤ 절삭속도와 윗면 경사각을 크게 한다.

난이도 ●○○○○ | 출제빈도 ★★★★☆
[2021년 상반기 파주도시관광공사 기계직 기출]

21 선반에서 지름이 80mm인 환봉을 회전수 200rpm으로 절삭가공할 때 절삭속도[m/min]는 얼마인가? [단, π는 3으로 계산한다.]

① 36   ② 48   ③ 54   ④ 72

난이도 ●○○○○ | 출제빈도 ★★★★★
[2021년 상반기 한국가스공사 기계직 기출]

22 다음 중 구성인선(빌트업 에지, built-up edge)을 방지하는 방법으로 옳은 것은?

① 절삭깊이를 크게 한다.
② 절삭공구의 인선을 무디게 한다.
③ 절삭속도를 빠르게 한다.
④ 공구의 윗면 경사각을 작게 한다.
⑤ 윤활성이 좋지 않은 절삭유제를 사용한다.

난이도 ●●○○○ | 출제빈도 ★★☆☆☆
[2021년 상반기 한국가스공사 기계직 기출]

23 다음 중 테일러의 공구수명식으로 옳은 것은? [단, V는 절삭속도, T는 공구수명, n은 공구와 공작물에 의한 지수, C는 공구수명 상수로 공구수명을 1분으로 했을 때의 절삭속도를 말한다.]

① $VT = C$
② $TV^n = C$
③ $VT^{-n} = C$
④ $VT^{n-1} = C$
⑤ $VT^n = C$

난이도 ●●○○○ | 출제빈도 ★★☆☆☆
[다수의 공기업 기출]

24 다음 〈보기〉 중 절삭온도를 측정하는 방법으로 옳은 것만을 모두 고르면 몇 개인가?

ⓐ 열전대에 의한 측정
ⓑ 복사 고온계에 의한 측정
ⓒ 시온도료에 의한 측정
ⓓ Pbs광전지를 이용한 측정

① 1개   ② 2개   ③ 3개   ④ 4개

25 절삭비는 가공의 용이한 정도를 나타내는 것으로 일반적으로 1보다 작으며 1에 가까울수록 절삭성이 좋다. 이때, 절삭비에 대한 정의로 옳은 것은?

① 칩의 두께에 대한 절삭깊이의 비이다.
② 절삭깊이에 대한 칩의 두께의 비이다.
③ 칩의 두께＋절삭깊이
④ 칩의 두께×절삭깊이

06 선반

→ 정답과 해설은 p. 143에 있습니다.

난이도 ●○○○○ | 출제빈도 ★★★★☆
[다수의 공기업 기출]

01 공작물(일감)을 회전시키고, 공구의 직선이동운동을 통해 가공하는 방법으로 가장 적합한 것은?

① 밀링가공　　　② 래핑가공
③ 플레이너가공　④ 선반가공

난이도 ●●○○○ | 출제빈도 ★★★☆☆
[다수의 공기업 기출]

02 지름이 매우 작은 봉 형태의 공작물(일감)을 고정시키며, 일반적으로 터릿선반에서 대량생산을 하기 위해 사용되는 척은?

① 연동척　　　　② 단동척
③ 마그네틱척　　④ 콜릿척

난이도 ●●○○○ | 출제빈도 ★★★☆☆
[2019년 상반기 서울주택도시공사 기계직 기출]

03 다음 중 심압대에 삽입하여 가장 정밀한 작업을 할 때 사용하는 센터는?

① 회전센터　　　② 하프센터
③ 정지센터　　　④ 베어링센터
⑤ 파이프센터

난이도 ●●○○○ | 출제빈도 ★★★★☆
[다수의 공기업 기출]

04 왕복대의 구성요소에 해당되지 않는 것은?

① 새들　　　　　② 에이프런
③ 공구대　　　　④ 복식 공구대
⑤ 척

난이도 ●●○○○ | 출제빈도 ★★★☆☆
[다수의 공기업 기출]

05 다음 중 선반에서 절삭가공할 수 없는 것으로 옳은 것은?

① 나사가공　　　② 외경 절삭
③ 키홈 절삭　　　④ 내경 절삭

난이도 ●●○○○ | 출제빈도 ★★★☆☆
[다수의 공기업 기출]

06 다음 〈보기〉에서 설명하는 선반의 종류로 가장 적합한 것은?

> 여러 가지의 절삭공구를 방사형으로 공정에 맞게 설치하여 볼트, 작은 나사 및 핀과 같은 작은 일감을 대량으로 생산하거나 능률적으로 가공할 때 주로 사용된다.

① 탁상 선반　　　② 정면 선반
③ 터릿 선반　　　④ 수직 선반

난이도 ●●○○○ | 출제빈도 ★★★★☆
[다수의 공기업 기출]

07 다음 〈보기〉 중 선반의 크기 표시방법으로 옳은 것만을 모두 고르면 몇 개인가?

> ㉠ 양 센터 사이의 최소 거리
> ㉡ 베드의 길이
> ㉢ 베드 위의 스윙
> ㉣ 왕복대 위의 스윙

① 1개　② 2개　③ 3개　④ 4개

08 다음 중 선반의 주축을 중공축으로 하는 이유로 가장 옳지 못한 것은?

① 굽힘과 비틀림 응력의 강화를 위해
② 긴 가공물의 고정을 편리하게 하기 위해
③ 지름이 큰 재료의 테이퍼를 깎기 위해
④ 주축의 무게를 줄이기 위해
⑤ 주축 베어링에 작용하는 하중을 줄이기 위해

09 선삭가공에서 공작물의 회전수가 200rpm, 공작물의 길이가 100mm, 이송량이 2mm/rev일 때 절삭시간은?

① 4초 ② 15초 ③ 30초 ④ 60초

10 선반에 지름 100mm의 재료를 이송 0.25mm/rev, 길이 60mm로 2회 가공한 시간이 90초일 때, 선반의 회전수는 얼마인가?

① 320rpm ② 22rpm
③ 420rpm ④ 520rpm
⑤ 62rpm

11 선반의 부속장치 중 척으로 고정할 수 없는 큰 공작물이나 불규칙한 공작물을 고정시킬 때 이용하는 장치는?

① 센터(center)
② 면판(face plate)
③ 맨드릴(mandrel)
④ 돌림판(driving plate)

12 다음 중 가공물이 회전운동하고 공구가 직선 이송운동을 하는 공작기계는?

① 니블링   ② 보링머신
③ 플레이너   ④ 선반

13 1인치에 4산의 리드스크루를 가진 선반으로 피치 4mm의 나사를 깎고자 할 때, 변환기어의 잇수를 구하면? [단, A: 주축기어의 잇수, B: 리드스크루의 잇수이다.]

① A: 80, B: 137
② A: 40, B: 127
③ A: 80, B: 127
④ A: 40, B: 227
⑤ A: 80, B: 40

14 선반에서 다음 그림과 같이 테이퍼가공을 할 때 필요한 심압대의 편위량(mm)은 얼마인가?

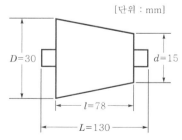

[단위 : mm]

① 10.5   ② 11.5
③ 12.5   ④ 13.5
⑤ 14.5

15 다음 중 나사 절삭 시 두 번째 이후의 절삭시기를 알려주는 것은?

① 하프너트
② 센터 게이지
③ 체이싱 다이얼
④ 스플릿너트

16 선반에서 사용되는 척의 종류 중 연동척에 대한 설명으로 가장 옳은 것은?

① 4개의 조가 각각 단독으로 움직이며 공작물의 바깥지름이 불규칙하거나 중심이 편심되어 있을 때 사용한다.
② 척 내부에 전자석을 설치한 것으로 얇은 일감을 변형시키지 않고 고정할 수 있다.
③ 공기의 압력을 이용하여 공작물을 고정한다.
④ 3개의 조를 가지고 있으며 중심잡기가 편리하나, 조임력이 약하다.

17 다음 중 바이트의 앞면 및 측면과 공작물의 마찰을 방지하기 위해 만든 것으로 너무 크면 날이 약하게 되는 것을 무엇이라 하는가?

① 경사각
② 여유각
③ 끝각
④ 절단각
⑤ 이직각

18 다음 중 선반에서 사용되는 부속기구 중 아래 〈보기〉의 설명에 해당하는 것으로 가장 옳은 것은?

> 가늘고 긴 공작물(일감)을 가공할 때 발생하는 진동을 방지하거나 휨 또는 처짐을 방지하기 위해 사용되는 부속기구이다. 일반적으로 공작물의 길이가 지름의 20배 이상일 때 사용한다.

① 면판
② 심봉(맨드릴)
③ 방진구
④ 센터
⑤ 척

19 방진구의 종류에는 고정방진구와 이동방진구가 있다. 이때, 이동방진구는 몇 개의 조(jaw)를 사용하는가?

① 1개
② 2개
③ 3개
④ 4개
⑤ 5개

20 센터는 선반에 쓰이는 부속장치로 공작물을 지지한다. 이때, 대형 공작물일 경우 센터의 선단각으로 옳은 것은?

① 45°
② 60°
③ 75°
④ 105°

21 다음 〈보기〉 중 선반가공에서 외면을 테이퍼 가공하는 방법으로 옳은 것만을 모두 고르면 몇 개인가?

> ㉠ 복식공구대를 활용하여 가공한다.
> ㉡ 테이퍼 부속장치를 사용하여 가공한다.
> ㉢ 심압대를 조정하여 가공한다.
> ㉣ 수치제어선반(NC선반)을 활용하여 가공한다.
> ㉤ 이송 방향 이송속도 제어를 활용하여 가공한다.

① 1개 ② 2개
③ 3개 ④ 4개
⑤ 5개

22 센터는 선반에 쓰이는 부속장치로 공작물을 지지한다. 이때, 여러 센터에 대한 설명으로 옳지 않은 것은?

① 회전 센터는 주축에 삽입한다.
② 정지 센터는 심압대에 삽입하여 가장 정밀한 작업에 사용된다.
③ 파이프 센터는 구멍이 큰 일감작업에 사용된다.
④ 베어링 센터는 대형 공작물, 고속 절삭에 사용되며, 센터 끝이 공작물과 별개로 회전하여 공작물과의 회전 마찰이 발생하지 않는다.

07 밀링

→ 정답과 해설은 p. 151에 있습니다.

난이도 ●●○○○ | 출제빈도 ★★★★☆
[다수의 공기업 기출]

01 밀링작업에 대한 설명으로 옳지 않은 것은?

① 하향 절삭은 CNC 공작기계에서 공구수
명을 최대로 사용하고자 할 때 사용된다.

② 상향 절삭은 공작물 표면에 부착된 산화
물 또는 불순물 층이 공구수명에 영향을
주지 않는다.

③ 하향 절삭에서는 절삭력의 하향 성분이 공
작물을 고정시키는 방향으로 작용한다.

④ 상향 절삭은 칩의 가장 두꺼운 위치에서
절삭이 시작되고, 하향 절삭은 칩의 가장
두꺼운 위치에서 절삭이 끝난다.

난이도 ●●○○○ | 출제빈도 ★★★★☆
[2020년 상반기 한국산업단지공단 기계직 등 다수의 공기업 기출]

02 상향 절삭과 하향 절삭을 비교한 설명으로 옳
지 못한 것은?

① 상향 절삭은 밀링커터의 날이 공작물을
들어 올리는 방향으로 작용하므로 기계
에 무리를 주지 않는다.

② 상향 절삭은 절삭을 시작할 때 날에 가해
지는 절삭 저항이 점차 작아지므로 날이
부러질 염려가 없다.

③ 하향 절삭은 커터의 절삭 방향과 이송 방
향이 같으므로 날 하나마다의 날자리 간
격이 짧고 가공면이 깨끗하다.

④ 하향 절삭은 절삭을 시작할 때 절삭 저항
이 가장 크므로 날이 부러지기 쉽다.

난이도 ●●○○○ | 출제빈도 ★★☆☆☆
[다수의 공기업 기출]

03 밀링가공에서 밀링 커터의 날(tooth)당 이송이
0.4mm/tooth, 회전당 이송이 0.2mm/rev,
커터의 날이 4개, 커터의 회전속도가 200rpm
일 때, 테이블의 분당 이송속도[mm/min]
는?

① 120   ② 220
③ 320   ④ 420

난이도 ●●○○○ | 출제빈도 ★★★☆☆
[다수의 공기업 기출]

04 주로 "평면"을 가공하는 데 사용되는 가공
방법으로 가장 적절한 것은?

① 선반가공
② 드릴링가공
③ 밀링가공
④ 연삭가공

난이도 ●●●●○ | 출제빈도 ★☆☆☆☆
[한국공항공사 기계직 등 다수의 공기업 기출]

05 호칭번호가 NO.4인 밀링머신의 좌우(테이
블) 이동 거리[mm]는 얼마인가?

① 450   ② 550
③ 850   ④ 1,050

난이도 ●●○○○ | 출제빈도 ★★★★☆
[2019년 하반기 인천교통공사 기계직 기출]

06 다음 〈보기〉에서 설명하는 공작기계로 가장 옳은 것은?

> 원통면에 많은 날을 가진 커터인 다인절삭공구를 회전시키고 공작물을 테이블에 고정시켜 절삭깊이와 이송을 주어 절삭하는 공작기계이다.

① 래핑
② 선반
③ 센터리스 연삭기
④ 드릴링머신
⑤ 밀링머신

난이도 ●●○○○ | 출제빈도 ★★★☆☆
[2019년 하반기 인천교통공사 기계직 기출]

07 다음 중 밀링커터에 대한 설명으로 옳지 않은 것은?

① 총형 커터는 기어 또는 리머를 가공할 때 사용한다.
② 정면커터는 넓은 평면을 가공할 때 사용한다.
③ 볼 엔드밀링커터는 간단한 형상의 곡면 가공에 사용한다.
④ 엔드밀은 키홈을 가공할 때 사용한다.
⑤ 메탈소는 절단하거나 깊은 홈을 가공할 때 사용한다.

난이도 ●●●○○○ | 출제빈도 ★★★☆☆
[2019년 하반기 서울시설공단 기계직 기출]

08 밀링머신의 직접분할판을 사용하여 분할하는 방법 중 분할판의 구멍 수가 30개인 경우, 직접분할법으로 분할 가능한 수로 옳지 못한 것은?

① 2 ② 3 ③ 4
④ 5 ⑤ 6

난이도 ●○○○○ | 출제빈도 ★★★☆☆
[2019년 하반기 서울시설공단 기계직 기출]

09 다음 보기 중 밀링머신의 구성요소와 거리가 먼 것은?

① 칼럼 ② 새들
③ 주축 ④ 심압대
⑤ 오버암

난이도 ●●○○○ | 출제빈도 ★★★☆☆
[2019년 하반기 한국서부발전 기계직 기출]

10 밀링의 부속장치 중 수평 및 수직면에서 임의의 각도로 선회시킬 수 있는 부속장치는?

① 수직밀링장치
② 슬로팅장치
③ 만능밀링장치
④ 레크밀링장치

난이도 ●●●●○ | 출제빈도 ★★☆☆☆
[2020년 상반기 인천교통공사 기계직 기출]

11 기어 등을 절삭할 때, 단식 분할법으로 산출할 수 없는 수를 산출할 때 사용하는 방법은 차동분할법이다. 특히 67, 97, 121 등 61 이상의 소수나 특수한 수의 분할에 사용된다. 변환기어의 수는 24(2개), 28, 32, 40, 44, 48, 56, 64, 72, 86, 100 등 12종이 있다. 그렇다면 원주를 61등분할 때, 기어열 각각의 잇수는 얼마인가?

① a: 32, b: 48
② a: 48, b: 32
③ a: 56, b: 64
④ a: 72, b: 86
⑤ a: 28, b: 32

난이도 ●○○○○ | 출제빈도 ★★★★☆
[2020년 하반기 인천교통공사 기계직 기출]

12 다음 중 밀링가공의 설명으로 옳은 것은?

① 회전하는 절삭공구인 밀링커터를 사용하여 이송되는 가공물을 가공한다.

② 척, 베드, 왕복대, 맨드릴, 심압대 등으로 구성된 공작기계로 가공한다.

③ 입자, 결합도, 결합제 등으로 표시된 숫돌로 연삭한다.

④ 리밍, 보링, 카운터싱킹 등의 가공을 할 수 있다.

⑤ 블록 게이지 및 렌즈 등의 광학유리에 적용되며 건식법과 습식법이 있다.

난이도 ●●●○○ | 출제빈도 ★☆☆☆☆
[2021년 상반기 한국가스공사 기계직 기출]

13 밀링작업에서 브라운 샤프형의 21구멍 분할판을 사용하여 7등분하고자 한다. 이를 행하기 위한 크랭크의 회전수와 구멍의 수로 옳은 것은?

① 7회전하고 40구멍씩 돌린다.

② 5회전하고 15구멍씩 돌린다.

③ 7회전하고 21구멍씩 돌린다.

④ 15회전하고 5구멍씩 돌린다.

⑤ 15회전하고 7구멍씩 돌린다.

난이도 ●●○○○ | 출제빈도 ★★☆☆☆
[다수의 공기업 기출]

14 브로칭작업에서 브로치를 운동 방향에 따라 분류했을 때 해당하지 않는 것은?

① 인발 브로치 ② 압출 브로치

③ 회전 브로치 ④ 전조 브로치

난이도 ●●○○○ | 출제빈도 ★★☆☆☆
[다수의 공기업 기출]

15 다음 중 기어의 제작방법이 나머지와 다른 하나는?

① 래크형 기어 커터 절삭법

② 피니언형 기어 커터 절삭법

③ 기어 셰이퍼 절삭법

④ 총형 커터 절삭법

난이도 ●●○○○ | 출제빈도 ★★☆☆☆
[다수의 공기업 기출]

16 브로치 가공에 대한 설명 중 옳지 않은 것은?

① 가공 홈의 모양이 복잡할수록 느린 속도로 가공한다.

② 절삭깊이가 너무 작으면 인선의 마모가 증가한다.

③ 브로치는 떨림을 방지하기 위하여 피치의 간격을 같게 한다.

④ 절삭량이 많고 길이가 길 때에는 절삭날 수를 많게 한다.

08 드릴링

→ 정답과 해설은 p. 160에 있습니다.

난이도 ●●●○○○ | 출제빈도 ★★★★☆
[다수의 공기업 기출]

01 다음 중 여러 절삭가공법에 대한 설명으로 옳지 않은 것은?

① 선삭: 선반가공으로 일감을 회전시키고, 공구의 직선이동운동을 통해 가공하는 방법이다.
② 밀링: 원주에 많은 절삭날을 가진 공구를 회전절삭운동시키면서 일감에는 직선이송운동을 시켜 평면을 절삭하는 가공법으로 수직밀링머신에서는 엔드밀을 가장 많이 사용한다.
③ 리밍: 내면의 정도를 높이기 위해 내면을 다듬질하는 것으로 가공여유는 1mm당 0.5mm이다.
④ 드릴링: 드릴을 사용하여 회전절삭운동과 회전중심 방향에 직선적인 이송운동을 주면서 가공물에 구멍을 뚫는 가공방법이다.

난이도 ●○○○○ | 출제빈도 ★★★★☆
[2019년 상반기 한국중부발전 기계직 기출]

02 다음 중 보링의 정의로 가장 옳은 것은?

① 드릴로 이미 뚫려 있는 구멍을 넓히는 공정으로 편심을 교정하기 위한 가공이다.
② 이미 드릴로 뚫은 구멍의 내면을 정밀하게 다듬질하는 작업이다.
③ 공작물(일감)을 회전시키고 공구의 수평왕복운동으로 작업을 하는 공정이다.
④ 공작물(일감)을 고정시키고 공구의 수평왕복운동으로 작업하는 공정이다.

난이도 ●○○○○ | 출제빈도 ★★★☆☆
[2022년 상반기 파주도시관광공사 기계직 기출]

03 다음 〈보기〉에서 설명하는 드릴링머신의 종류로 옳은 것은?

> 암이 360°로 회전하며 대형 공작물의 구멍을 가공하는 데 적합하다.

① 다축 드릴링머신
② 탁상 드릴링머신
③ 레이디얼 드릴링머신
④ 다두 드릴링머신

난이도 ●○○○○ | 출제빈도 ★★★☆☆
[2021년 상반기 한국남동발전 기계직 기출]

04 다음 중 보링(boring) 가공에 대한 설명으로 옳은 것은?

① 재료에 암나사를 가공하는 작업이다.
② 볼트나 너트 등을 고정할 때 접촉부가 안정되게 자리를 만드는 작업이다.
③ 재료에 구멍을 뚫는 작업이다.
④ 드릴로 뚫은 구멍의 내경을 정밀하게 넓히는 작업이다.

난이도 ●●●○○ | 출제빈도 ★★☆☆☆
[한국가스기술공사 기계직 등 다수의 공기업 기출)

05 다음 중 지그의 구성 요소로 옳지 못한 것은?

① 로케이터
② 부시
③ 클램프
④ 가이드 플레이트

난이도 ●○○○○ | 출제빈도 ★★☆☆☆
[다수의 공기업 기출]

06 다음의 공작기계 중 위치정밀도가 가장 높은 구멍을 가공할 수 있는 것은?

① 정밀 보링머신
② 레이디얼 드릴링머신
③ 수직 드릴링머신
④ 지그 보링머신

난이도 ●●●○○ | 출제빈도 ★★☆☆☆
[2019년 하반기 서울시설공단 기계직 기출]

07 다음 중 표준 드릴 각도 크기의 관계가 바르게 표현된 것은?

① 치즐 에지각 > 선단각 > 비틀림각 > 선단여유각
② 선단각 > 치즐 에지각 > 비틀림각 > 선단여유각
③ 치즐 에지각 > 비틀림각 > 선단각 > 선단여유각
④ 선단여유각 > 치즐 에지각 > 선단각 > 비틀림각
⑤ 비틀림각 > 치즐 에지각 > 선단각 > 선단여유각

난이도 ●○○○○ | 출제빈도 ★★★☆☆
[2019년 하반기 한국서부발전 기계직 기출]

08 드릴링작업 중 드릴의 지름을 2배 증가시켰을 때 절삭속도는 몇 배가 되는가?

① 2배
② 0.5배
③ 4배
④ 0.25배

난이도 ●●○○○ | 출제빈도 ★★★★☆
[2020년 상반기 부산교통공사 기계직 기출]

09 단조나 주조품의 경우 표면이 울퉁불퉁하여 볼트나 너트를 체결하기 곤란하다. 이때, 볼트나 너트가 닿는 구멍 주위의 부분만을 평탄하게 가공하여 체결이 용이하도록 하는 가공방법은?

① 카운터보링
② 카운터싱킹
③ 스폿페이싱
④ 널링가공
⑤ 보링가공

난이도 ●●○○○ | 출제빈도 ★★★★☆
[다수의 공기업 기출]

10 다수의 날을 가진 다인 공구를 사용하며, 구멍을 더욱 정확한 크기로 가공하거나 다듬질 정도를 개선하기 위해 구멍 내면의 재료를 미소량 깎아 제거하는 가공방법은?

① 스폿페이싱
② 리밍
③ 보링
④ 카운터싱킹

난이도 ●○○○○ | 출제빈도 ★★☆☆☆
[2020년 상반기 하남도시공사 기계직 기출]

11 다음 그림이 나타내는 것은 무슨 나사인가?

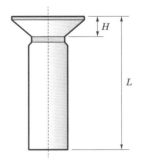

① 둥근머리나사
② 와셔붙이나사
③ 접시머리나사
④ 트러스머리나사

난이도 ●○○○○ | 출제빈도 ★★★★☆
[다수의 공기업 기출]

12 암나사를 가공하는 방법으로 옳은 것은?

① 리밍 ② 태핑
③ 보링 ④ 카운터싱킹

난이도 ●●○○○ | 출제빈도 ★★★☆☆
[다수의 공기업 기출]

13 드릴가공의 절삭속도와 이송을 리머가공과 비교했을 때 옳게 비교한 보기는?

① 드릴가공은 리머가공에 비하여 절삭속도 를 빠르게 하고 이송을 작게 한다.
② 드릴가공은 리머가공에 비하여 절삭속도 를 느리게 하고 이송을 크게 한다.
③ 드릴가공은 리머가공에 비하여 절삭속도 를 빠르게 하고 이송을 크게 한다.
④ 드릴가공은 리머가공에 비하여 절삭속도 를 느리게 하고 이송을 작게 한다.

난이도 ●●○○○ | 출제빈도 ★★★☆☆
[다수의 공기업 기출]

14 다음 중 드릴링에서 대량생산할 때 사용하거 나 복잡한 가공물에 구멍을 뚫을 때 사용하는 지그는?

① 채널 지그
② 템플릿 지그
③ 앵글플레이트 지그
④ 박스 지그

난이도 ●●○○○ | 출제빈도 ★★★☆☆
[2021년 하반기 한국가스안전공사 기계직 기출]

15 가공품이 지그 본체의 2면 사이에 장착되며 생산성 향상을 목적으로 할 때 사용되는 지 그는?

① 박스 지그
② 채널 지그
③ 앵글플레이트 지그
④ 분할 지그
⑤ 리프 지그

난이도 ●●○○○ | 출제빈도 ★★★★☆
[2019년 상반기 한국가스공사 기계직 기출]

16 기계가공법에 대한 설명으로 옳지 않은 것은?

① 리밍은 드릴로 뚫은 구멍의 치수정확도 와 표면정도를 향상시키는 공정이다.
② 보링은 구멍 내면을 확장하거나 마무리 하는 내면선삭 공정이다.
③ 태핑은 탭을 이용하여 구멍에 암나사를 내는 공정이다.
④ 카운터보링은 작은 나사, 둥근 머리 볼트 의 머리 부분이 공작물에 묻힐 수 있도록 단이 있는 구멍을 뚫는 공정이다.
⑤ 브로칭은 회전하는 단인절삭공구를 공구 의 축방향으로 이동하며 절삭하는 공정 이다.

09 연삭가공

→ 정답과 해설은 p. 165에 있습니다.

난이도 ●●○○○ | 출제빈도 ★★★☆☆
[다수의 공기업 기출]

01 연삭가공에 대한 설명 중 옳지 않은 것은?

① 숫돌의 3대 구성요소는 연삭입자, 결합제, 기공이다.
② 마모된 숫돌면의 입자를 제거함으로써 연삭 능력을 회복시키는 작업을 드레싱(dressing)이라고 한다.
③ 숫돌의 형상을 원래의 형상으로 복원시키는 작업을 트루잉이라고 한다.
④ 연삭비는

$$\frac{숫돌의\ 마모\ 체적}{연삭에\ 의해\ 제거된\ 소재의\ 체적}$$

으로 정의된다.

난이도 ●●○○○ | 출제빈도 ★★★☆☆
[2019년 하반기 한국동서발전 기계직 기출]

02 다음 중 연삭가공의 특징으로 옳지 않은 것은?

① 연삭입자는 입도가 클수록 입자의 크기가 작다.
② 연삭속도는 절삭속도보다 빠르며 절삭가공보다 치수효과에 의해 단위체적당 가공에너지가 크다.
③ 연삭점의 온도가 높고 많은 양을 절삭하지 못한다.
④ 연삭입자는 불규칙한 현상을 하고 있으며 평균적으로 양의 경사각을 갖는다.

난이도 ●●○○○ | 출제빈도 ★★☆☆☆
[2019년 상반기 한국중부발전 기계직 기출]

03 숫돌을 사용한 연삭가공을 하려고 한다. 이때, 연삭력은 300N이며 연삭동력은 10kW이다. 연삭가공의 효율이 30% 이상 나오게 하려면 숫돌의 원주속도는 최소 몇 m/s 이상이 되어야 하는가?

① 5   ② 10   ③ 15   ④ 20

난이도 ●●○○○ | 출제빈도 ★★★☆☆
[2019년 상반기 서울주택도시공사 기계직 기출]

04 다음 중 내면연삭에 대한 설명으로 옳지 못한 것은?

① 외경연삭에 비해 정밀도가 떨어진다.
② 외경연삭보다 숫돌의 마모가 적다.
③ 내경연삭은 외경연삭보다 숫돌의 회전수가 빨라야 한다.
④ 가공 중에는 안지름의 측정이 어렵기 때문에 자동치수 측정장치가 사용된다.
⑤ 숫돌의 바깥지름이 구멍의 지름보다 작아야 한다.

난이도 ●●○○○ | 출제빈도 ★★★☆☆
[다수의 공기업 기출]

05 다음 중 글레이징에 대한 설명으로 옳지 못한 것은?

① 숫돌의 원주속도가 빠를 때 발생한다.
② 숫돌의 재질과 일감의 재질이 다를 때 발생한다.
③ 결합도가 클 때 발생한다.
④ 숫돌입자가 탈락하여 마멸에 의해 납작해진 현상을 말한다.

---

06 다음 중 로딩의 원인으로 옳지 못한 것은?

① 조직이 치밀할 때
② 공작물의 경도가 숫돌의 경도보다 높을 때
③ 숫돌의 회전속도가 느릴 때
④ 부적당한 연삭액을 사용할 때

07 다음 연삭가공 중 강성이 크고, 강력한 연삭기로 한 번에 연삭 깊이를 크게 하여 가공능률을 향상시킨 것은?

① 자기연삭
② 성형연삭
③ 크리프피드 연삭
④ 경면연삭

08 다음 중 센터리스 연삭기의 장단점에 대한 설명으로 옳지 않은 것은?

① 센터 구멍을 가공할 필요가 없고, 속이 빈 가공물을 연삭할 때 편리하다.
② 긴 홈이 있는 가공물이나 대형 또는 중량물의 연삭이 가능하다.
③ 연삭숫돌의 폭보다 넓은 가공물을 플랜지 컷 방식으로 연삭할 수 없다.
④ 연삭숫돌의 폭이 크므로 연삭숫돌 지름의 마멸이 적고, 수명이 길다.

09 다음 〈보기〉의 빈칸에 각각 들어갈 말을 순서대로 옳게 나열한 것은?

> ㉠ 나사와 기어의 연삭은 정확한 숫돌 모양이 필요하므로 숫돌의 형상을 수시로 교정해야 하는데, 이 교정작업을 (   )라고 한다.
> ㉡ 연삭숫돌의 결합도가 매우 높으면 자생작용이 일어나지 않아 숫돌의 입자가 탈락하지 않고 마모에 의해 납작하게 무뎌지는 현상을 (   )라고 한다.

① 드레싱, 로딩
② 트루잉, 로딩
③ 드레싱, 글레이징
④ 트루잉, 글레이징

10 다음 중 절삭가공과 연삭가공의 비교로 옳지 않은 것은?

① 절삭가공은 접선 저항이 크지만, 연삭가공은 법선 저항이 크다.
② 절삭가공은 칩이 나오기 쉬운 (+)의 레이크각을 가진 성형날 형태이지만, 연삭가공은 칩이 잘 나오지 않는 (−)의 레이크각을 가진 불규칙한 날끝 형태이다.
③ 절삭가공은 칩 1g당 약 1,000cal의 열량이 발생되지만, 연삭가공은 칩 1g당 약 100cal 이상의 열량이 발생된다.
④ 절삭가공은 발생한 열의 약 80%가 칩에 흡수되지만, 연삭가공은 발생한 열의 약 84%가 공작물에 흡수된다.

난이도 ●●○○○○ | 출제빈도 ★★★☆☆
[다수의 공기업 기출]

11 내면 연삭기에 대한 설명으로 옳지 못한 것은?

① 외경 연삭에 비해 정밀도가 떨어진다.
② 숫돌의 마모가 크다.
③ 가공 중에는 안지름을 측정하기 어렵기 때문에 자동 치수 장치가 사용된다.
④ 숫돌의 회전수가 작아도 된다.

난이도 ●●○○○○ | 출제빈도 ★★★★☆
[다수의 공기업 기출]

12 나사 및 기어를 연삭하기 위해서 정확한 숫돌 형상이 필요하다. 이에 따라 숫돌 모양을 수시로 교정하게 되는데, 이 공정을 무엇이라고 하는가?

① 드레싱   ② 트루잉
③ 글레이징   ④ 로딩

난이도 ●●○○○○ | 출제빈도 ★★☆☆☆
[다수의 공기업 기출]

13 연삭숫돌을 교환할 때, 숫돌을 끼우기 전 숫돌의 파손이나 균열 여부를 판단하기 위한 검사방법이 아닌 것은?

① 음향검사   ② 회전검사
③ 진동검사   ④ 균형검사

난이도 ●●○○○○ | 출제빈도 ★★★★☆
[다수의 공기업 기출]

14 연삭작업 시 로딩이 발생하는 원인으로 옳지 못한 것은?

① 연삭 깊이가 깊을 때
② 조직이 미세하거나 치밀할 때
③ 가공물의 경도가 높을 때
④ 드레싱이 불량할 때

난이도 ●●○○○○ | 출제빈도 ★★★☆☆
[다수의 공기업 기출]

15 다음 중 연삭가공의 특징으로 옳지 않은 것은?

① 경화된 강과 같은 단단한 재료를 가공할 수 있다.
② 가공물과 접촉하는 연삭점의 온도가 비교적 낮다.
③ 정밀도가 높고 표면거칠기가 우수한 다듬질 면을 얻을 수 있다.
④ 숫돌입자는 마모되면 탈락하고 새로운 입자가 생기는 자생작용이 있다.

난이도 ●●○○○○ | 출제빈도 ★★★★☆
[다수의 공기업 기출]

16 다음 중 눈무딤 현상에 대한 설명으로 가장 옳은 것은?

① 연삭숫돌 내부의 예리한 입자를 표면으로 나오게 하는 작업을 말한다.
② 연삭숫돌 형상을 바르게 수정하는 작업을 말한다.
③ 숫돌 표면의 기공이 칩이나 다른 재료로 메워진 상태를 말한다.
④ 입자가 탈락하지 않아 마멸에 의해 납작해지는 현상을 말한다.

난이도 ●○○○○ | 출제빈도 ★★★★☆
[2019년 하반기 서울시설공단 기계직 기출]

17 기호가 WA 46 KmV로 표시된 숫돌바퀴에서 "WA"가 나타내는 것은 다음 보기 중 무엇인가?

① 입도   ② 결합도
③ 조직   ④ 결합제
⑤ 입자

18 다음 중 연삭가공과 관련된 설명으로 옳지 않은 것은?

① 연삭입자는 불규칙한 형상을 하고 있다.
② 연삭입자는 평균적으로 음의 경사각을 가진다.
③ 연삭기의 연삭숫돌을 교체한 후, 시운전은 최소 3분 이상 실시해야 한다.
④ 연삭가공은 모든 입자가 연삭에 참여하지 않는다. 입자들은 각각 3가지 종류의 작용을 하게 되는데, 그 종류는 "절삭, 마찰, 긁음"이다.

19 결합제의 힘이 약해서 작은 절삭력이나 충격에 의해서도 쉽게 입자가 탈락하는 현상은?

① 트루잉
② 글레이징
③ 스필링
④ 로딩

20 다음 중 센터리스 연삭법에 대한 특징으로 가장 옳지 않은 것은?

① 긴 홈이 있는 공작물은 연삭할 수 없다.
② 대형 공작물은 연삭할 수 없다.
③ 연삭숫돌바퀴의 나비보다 긴 공작물도 전·후이송법으로 연삭할 수 있다.
④ 내경뿐만 아니라 외경도 연삭이 가능하다.

21 다음 중 숫돌의 결합제의 종류와 기호를 잘못 짝지은 보기는 무엇인가?

① 셸락 - E
② 비트리파이드 - V
③ 고무 - R
④ 레지노이드 - L
⑤ 실리케이트 - S

22 다음 중 연삭숫돌의 3요소로 옳지 않은 것은?

① 결합제　　　② 숫돌입자
③ 결합도　　　④ 기공

23 다음 중 초경합금을 연삭할 때 사용되는 연삭입자의 종류로 옳은 것은?

① A입자　　　② WA입자
③ GC입자　　　④ C입자

24 다음 중 입도가 고운 것에 속하는 연삭숫돌의 입도로 옳은 것은?

① 24　　　② 60
③ 180　　　④ 280
⑤ 500

난이도 ●○○○○ | 출제빈도 ★★☆☆☆
[다수의 공기업 기출]

25 다음 중 유성형 내면 연삭기의 사용 용도로 가장 적합한 것은?

① 암나사의 연삭에 사용한다.
② 블록 게이지의 끝마무리 가공에 사용한다.
③ 내연기관의 실린더의 내면 연삭에 사용한다.
④ 원통의 바깥면의 연삭에 사용한다.

난이도 ●○○○○ | 출제빈도 ★★★☆☆
[한국가스공사 기계직 등 다수의 공기업 기출)

26 다음 〈보기〉에서 설명하는 결합제의 종류로 옳은 것은?

> 점토와 장석을 주성분으로 하며 이를 연삭입자와 배합하여 약 1,300℃의 고온에서 소결시킨 결합제이다. 특징으로는 거친연삭 및 정밀연삭에 모두 사용이 가능하나 충격에 의해 파괴되기 쉽다.

① 레지노이드   ② 비트리파이드
③ 셀락   ④ 실리케이트

난이도 ●○○○○ | 출제빈도 ★★★☆☆
[다수의 공기업 기출]

27 숫돌의 자생작용과 가장 관련성이 있는 것은?

① 조직   ② 결합제
③ 결합도   ④ 숫돌입자

난이도 ●○○○○ | 출제빈도 ★★★☆☆
[다수의 공기업 기출]

28 단위체적당 입자의 양을 의미하는 것으로 숫돌입자의 밀도를 뜻하는 것은?

① 결합제   ② 결합도
③ 조직   ④ 입도

난이도 ●○○○○ | 출제빈도 ★★★☆☆
[다수의 공기업 기출]

29 연삭 중 숫돌의 떨림 현상이 발생하는 원인으로 가장 거리가 먼 것은?

① 숫돌의 평형상태가 불량할 때
② 연삭기 자체에서 진동이 있을 때
③ 숫돌의 축이 편심되어 있을 때
④ 숫돌의 결합도가 낮을 때

난이도 ●○○○○ | 출제빈도 ★★★☆☆
[다수의 공기업 기출]

30 다음 중 결합도가 높은 숫돌을 사용하는 경우로 옳지 못한 것은?

① 접촉면적이 작을 때
② 연삭의 깊이가 얕을 때
③ 연한 재료를 연삭할 때
④ 숫돌의 원주속도가 빠를 때

10 평삭(셰이퍼, 슬로터, 플레이너)

→ 정답과 해설은 p. 175에 있습니다.

난이도 ●●○○○ | 출제빈도 ★★☆☆☆
[다수의 공기업 기출]

01 가공물의 길이가 400mm인 연강재료를 절삭속도 50m/min으로 절삭할 때 램의 1분간 회전수는? (단, 바이트의 절삭 행정 시간과 1회 왕복하는 시간과의 비 $a = \dfrac{4}{5}$ 이다.)

① 70rpm   ② 80rpm
③ 90rpm   ④ 100rpm

난이도 ●○○○○ | 출제빈도 ★★★☆☆
[다수의 공기업 기출]

02 펠로즈 기어 셰이퍼는 주로 무엇을 가공하기 위한 목적의 공작기계인가?

① 대형 일감의 평면 ② 내접기어
③ 외접 마찰차   ④ 체인

난이도 ●○○○○ | 출제빈도 ★★★★☆
[2020년 상반기 한국산업단지공단 기계직 등 다수의 공기업 기출]

03 셰이퍼를 90° 회전시켜 수직으로 세운 형식의 공작기계로 보통 홈 등을 가공할 때 사용되는 공작기계는?

① 슬로터   ② 플레이너
③ NC선반   ④ 브로칭 머신

난이도 ●○○○○ | 출제빈도 ★★★★☆
[다수의 공기업 기출]

04 평삭기계에 해당하는 것으로 주로 대형 공작물의 평면을 가공할 때 사용되는 것은?

① 슬로터   ② 셰이퍼
③ 브로치   ④ 플레이너

난이도 ●●●○○ | 출제빈도 ★★★☆☆
[다수의 공기업 기출]

05 다음 〈보기〉 중 급속귀환기구를 사용하는 공작기계로 옳은 것을 모두 고르면 몇 개인가?

㉠ 플레이너	㉡ 브로칭 머신
㉢ 셰이퍼	㉣ 슬로터

① 1개   ② 2개
③ 3개   ④ 4개

11 NC

→ 정답과 해설은 p. 177에 있습니다.

난이도 ●●○○○ | 출제빈도 ★★★☆☆
[인천국제공항공사 기계직 등 다수의 공기업 기출]

01 NC 프로그램에서 보조기능인 M코드로 작동되는 기능은 여러 가지가 있다. 이때, M06의 기능은 무엇인가?

① 프로그램 정지
② 주축 정지
③ 프로그램 종료
④ 공구 교환

난이도 ●●●○○ | 출제빈도 ★★★☆☆
[한전KPS 기계직 등 다수의 공기업 기출]

02 NC 프로그램에서 보조기능인 M코드의 기능을 옳게 짝지은 보기는?

① M00 - 프로그램 종료
② M02 - 선택적 프로그램 정지
③ M05 - 주축 정지
④ M98 - 보조 프로그램 종료 후 주 프로그램 회기

난이도 ●●●●○ | 출제빈도 ★★☆☆☆
[2019년 상반기 수도권매립지관리공사 기계직 기출]

03 NC 프로그램에서 사용하는 코드 중 G코드는 준비기능이다. 이때, G04에 포함되지 않는 것은?

① G04 S1
② G04 U1
③ G04 X1
④ G04 P1500

난이도 ●●○○○ | 출제빈도 ★★★☆☆
[다수의 공기업 기출]

04 CNC 공작기계의 서보기구를 제어하는 방식 중 다음 〈보기〉에서 설명하는 것은?

> 위치 검출 정보를 축의 회전각으로부터 얻는 것과 같이 물리량을 직접 검출하지 않고 다른 물리량의 관계로부터 검출하는 방식으로 정밀하게 제작된 구동계에서 사용된다.

① 개방회로 제어방식
② 반폐쇄회로 제어방식
③ 폐쇄회로 제어방식
④ 복합회로 제어방식

난이도 ●●○○○ | 출제빈도 ★★★☆☆
[다수의 공기업 기출]

05 다음 〈보기〉에서 설명하는 자동화 생산방식은 무엇인가?

> 컴퓨터를 이용한 생산시스템으로 CAD에서 얻은 설계데이터로부터 종합적인 생산순서와 규모를 계획해서 CNC공작기계의 가공 프로그램을 자동으로 수행하는 시스템의 총칭이다.

① DNC(Distributed Numerical Control)
② FMS(Flexible Manufacturing System)
③ CAM(Computer Aided Manufacturing)
④ CIMS(Computer Integrated Manufacturing System)

06 다음 NC 공작기계의 특징 중 옳지 않은 것은?

① 다품종 소량생산 가공에 적합하다.
② 가공조건을 일정하게 유지할 수 있다.
③ 공구가 표준화되어 공구 수를 증가시킬 수 있다.
④ 복잡한 형상의 부품 가공 능률화가 가능하다.

07 다음 중 주소의 의미를 잘못 설명한 것은?

① G00 – 위치보간
② M06 – 공구교환
③ M08 – 절삭유 공급 off
④ G32 – 나사절삭기능

08 다음 중 NC 프로그램에서 사용하는 코드에 대한 설명으로 가장 옳은 것은?

① G코드는 NC장치의 보조기능 코드이다.
② S코드는 주축 회전수를 지정하는 코드이다.
③ F코드는 절삭속도를 지정하는 코드이다.
④ N코드는 주어진 공정에 대한 반복 가공 수를 지정하는 코드이다.

09 동작 순서, 위치 조건 및 기타 정보를 주면 그 정보에 따라 작업을 하는 로봇은?

① 플레이백 로봇   ② 겐트리 로봇
③ 매니플레이터   ④ 앤드이펙터

10 다음 중 산업용 로봇에 대한 설명으로 옳지 않은 것은?

① 로봇의 운동 방식으로는 직교좌표형, 원통형, 다관절형, 구형 등이 있다.
② 겐트리 로봇은 공장 바닥에 고정된 로봇이다.
③ 매니퓰레이터는 사람의 팔과 손목에 대응되는 운동을 하는 기구이다.
④ 엔드이펙터는 로봇의 손목 끝에 달려 있는 작업공구를 말한다.

11 CAD(Computer Aided Design)의 효과로 옳지 못한 것은?

① 설계시간 단축
② 가공시간 단축
③ 검증 용이
④ 응력해석 가능
⑤ 구조해석 가능

12 CNC 프로그래밍에서 G00의 주소 의미는 무엇인가?

① 일시정지
② 직선보간
③ 원호보간(시계 방향)
④ 위치보간
⑤ 원호보간(반시계 방향)

PART I

난이도 ●●●○○ | 출제빈도 ★★★☆☆
[다수의 공기업 기출]

13 CNC 프로그래밍에서 좌표계 주소와 관련이 없는 것은?

① X, Y, Z 　　② P, U, X
③ I, J, K 　　④ A, B, C

난이도 ●●○○○ | 출제빈도 ★★★★☆
[2021년 상반기 파주도시관광공사 기계직 기출]

14 직접수치제어 또는 분배수치제어의 약어로 여러 대의 NC기계를 한 대의 컴퓨터에 결합시켜 제어하는 시스템으로 작업성과 생산성을 개선함과 동시에 그것을 조합하여 하나의 CNC 공작기계군으로 운영을 제어·관리하는 것을 의미하는 것은?

① CAM 　　② DNC
③ FA 　　④ CAE

난이도 ●●○○○ | 출제빈도 ★★★☆☆
[다수의 공기업 기출]

15 NC 공작기계의 움직임을 전기적인 신호로 표시하는 일종의 회전피드백 장치로 옳은 것은?

① 슬로팅 장치 　　② 서보모터
③ 컨트롤러 　　④ 리졸버

난이도 ●●○○○ | 출제빈도 ★★★★☆
[다수의 공기업 기출]

16 NC프로그램의 어드레스(address)와 그 기능을 짝지은 것으로 옳지 않은 것은?

① M – 준비기능 　　② F – 주축기능
③ S – 이송기능 　　④ G – 보조기능

12 정밀입자가공 및 특수가공

→ 정답과 해설은 p. 183에 있습니다.

난이도 ●●○○○ | 출제빈도 ★★★☆☆
[2021년 상반기 한국남동발전 기계직 기출]

01 다음 보기 중 절삭과정이 이루어지지 않는 비절삭가공으로 옳지 않은 것은?

① 주조　　　　② 용접
③ 래핑　　　　④ 압출

난이도 ●○○○○ | 출제빈도 ★★★★☆
[2021년 상반기 한국서부발전 기계직 기출]

02 다음 〈보기〉에서 설명하는 가공방법으로 가장 옳은 것은?

입도가 작고 연한 숫돌입자를 공작물 표면에 접촉시킨 후, 낮은 압력과 미세한 진동을 주어 고정밀도의 표면으로 다듬질하는 가공방법이며 원통면, 평면, 구면에 적용시킬 수 있다.

① 래핑　　　　② 슈퍼피니싱
③ 호닝　　　　④ 리밍

난이도 ●●○○○ | 출제빈도 ★★★☆☆
[2021년 상반기 한국가스공사 기계직 기출]

03 다음 중 래핑 가공의 특징으로 옳지 않은 것은?

① 다듬질면이 매끈하고 정밀도가 우수하다.
② 가공면에 랩제가 잔류하지 않아 제품 사용 시 마멸이 발생하지 않는다.
③ 고정밀도의 제품 생산 시 높은 숙련이 요구된다.
④ 자동화가 쉽고 대량생산을 할 수 있다.
⑤ 가공면은 내식성, 내마멸성이 좋다.

난이도 ●●○○○ | 출제빈도 ★★☆☆☆
[2021년 상반기 파주도시관광공사 기계직 기출]

04 다음 중 플라스마 가공에 대한 특징으로 가장 옳지 않은 것은?

① 모든 금속에 적용할 수 있고 절단속도가 느리다.
② 공정의 자동화가 용이하나 초기 시설비가 비싸다.
③ 재료의 변형이 작고 가스절단보다 절단 폭이 크다.
④ 절단면이 수직이 아니고 절단가능두께가 가스절단에 비해 작다.

난이도 ●●○○○ | 출제빈도 ★★★☆☆
[2019년 상반기 서울주택도시공사 기계직 기출]

05 다음 중 방전가공에서 사용되는 전극재료의 조건으로 옳지 못한 것은?

① 융점이 높을 것
② 공작물보다 경도가 높을 것
③ 가공속도가 클 것
④ 방전 시 가공전극의 소모가 적을 것
⑤ 열전도도, 전기전도도가 높을 것

난이도 ●●○○○ | 출제빈도 ★★★★☆
[다수의 공기업 기출]

06 다음 중 내면정밀도가 가장 우수한 가공법은?

① 리밍　　　　② 드릴링
③ 호닝　　　　④ 보링
⑤ 래핑

난이도 ●●●●○○ | 출제빈도 ★☆☆☆☆
[출제 예상 문제]

07 다음 중 방전가공의 종류로 옳지 못한 것은?

① 코로나가공

② 아크가공

③ 기화가공

④ 스파크가공

난이도 ●●○○○ | 출제빈도 ★★★☆☆
[다수의 공기업 기출]

08 여러 공정에 대한 설명으로 옳지 않은 것은?

① 호닝은 내연기관 실린더 내면의 다듬질 공정에 많이 사용한다.

② 래핑은 공작물과 래핑 공구 사이에 존재하는 작은 연마입자들이 섞여 있는 용액을 사용한다.

③ 전해 연마는 전해액을 이용하여 전기 화학적 방법으로 공작물을 연삭하는 데 사용된다.

④ 폴리싱은 천, 가죽, 펠트 등으로 만들어진 폴리싱 휠을 사용하며, 버핑 가공 후 실시한다.

난이도 ●●●○○ | 출제빈도 ★★★☆☆
[2019년 상반기 한국중부발전 기계직 기출]

09 다음 〈보기〉와 가장 관계가 있는 가공공정은?

선삭, 밀링, 드릴링, 평삭, 방전

① 접합 　　　② 소성가공

③ 열처리 　　④ 절삭

난이도 ●●○○○ | 출제빈도 ★★★☆☆
[다수의 공기업 기출]

10 배럴가공의 특징으로 옳지 않은 것은?

① 재료의 제약이 거의 없다.

② 다량의 제품이라도 한 번에 품질이 일정하게 공작될 수 있다.

③ 작업이 간단하며 기계설비가 저렴하다.

④ 형상이 복잡하더라도 각부를 동시에 가공할 수 있다.

난이도 ●●○○○ | 출제빈도 ★★★★☆
[2019년 하반기 서울주택도시공사 기계직 기출]

11 다음 중 비절삭가공으로만 나열된 것은?

① 용접, 호닝, 래핑

② 선반, 용접, 밀링

③ 용접, 주조, 소성

④ 주조, 밀링, 선반

⑤ 소성, 평삭, 밀링

난이도 ●●○○○ | 출제빈도 ★★★★☆
[다수의 공기업 기출]

12 전해연마는 양극(+)에 연마해야 할 금속을 연결하여 전해액 안에서 행해지는 표면다듬질 공정을 말하며 전기도금과 반대되는 개념으로 광활한 면을 얻기 위한 다듬질 방법이다. 다음 중 전해연마의 특징에 대한 설명으로 옳지 않은 것은?

① 가공 표면에 변질층이 생기지 않고 방향성이 없는 깨끗한 면이 만들어진다.

② 광택이 우수하며 내마모성 및 내부식성이 증대된다.

③ 불균일한 조직 또는 두 종류 이상의 재질도 연마가 가능하다.

④ 연마량이 적어 깊은 상처의 제거는 곤란하다.

13 전기에너지를 기계적 진동에너지로 변환시켜 가공하는 가공법으로 물이나 경유에 연삭입자를 혼합한 가공액을 공구의 진동면과 일감 사이에 주입시켜 표면을 다듬는 특수가공법은?

① 방전가공 ② 전해연마
③ 레이저가공 ④ 초음파가공
⑤ 전해가공

14 다음 〈보기〉 중 여러 가공방법에 대한 설명으로 옳은 것을 모두 고르면?

> ㄱ. 슈퍼피니싱: 가공물 표면에 미세하고 비교적 연한 숫돌을 높은 압력으로 접촉시켜 진동을 주어 가공하는 고정밀가공방법이다.
> ㄴ. 전해연마: 전기도금과는 반대로 공작물을 양극으로 하여 적당한 용액 중에 넣어 통전함으로써 양극의 용출작용에 의해 가공하는 방법이다.
> ㄷ. 래핑: 연한 금속이나 비금속재료의 랩(lap)과 일감 사이에 절삭 분말입자인 랩제(abrasives)를 넣고 상대운동을 시켜 공작물을 미소한 양으로 깎아 매끈한 다듬질면을 얻는 정밀가공방법으로, 종류로는 습식래핑과 건식 래핑이 있고 건식 래핑을 먼저 하고 습식 래핑을 실시한다.
> ㄹ. 화학연마: 강한 산, 알칼리 등과 같은 용액에 가공하고자 하는 금속을 담그고 열에너지를 주어 화학반응을 촉진시켜 매끈하고 광택이 나는 평활한 면을 얻는 가공방법이다.

① ㄱ, ㄴ ② ㄱ, ㄷ
③ ㄴ, ㄷ ④ ㄴ, ㄹ
⑤ ㄷ, ㄹ

15 다음 중 정밀입자에 의한 가공법이 아닌 것은?

① 호닝 ② 래핑
③ 버니싱 ④ 버핑

16 다음 중 기계적 특수가공으로 옳지 않은 것은?

① 샌드블라스트 ② 버핑
③ 전해연마 ④ 숏피닝

17 전기분해할 때 양극의 금속 표면에 미세한 볼록 부분이 다른 표면 부분에 비해 선택적으로 용해되는 것을 이용한 금속 연마법으로, 기계 연마에 비해 평활한 면을 얻을 수 있고, 전기도금의 예비 처리에 많이 쓰이는 것은?

① 버핑 ② 슈퍼피니싱
③ 방전가공 ④ 전해연마

18 다음 중 액체호닝의 특징으로 옳지 못한 것은?

① 연마제를 가공액과 혼합한 후, 압축공기를 이용하여 노즐로 고속 분사시켜 고운 다듬질면을 얻는 습식 정밀가공방법이다.
② 단시간에 매끈하고 광택이 없는 다듬질면을 얻을 수 있다.
③ 피닝효과가 있으며 피로한계를 높일 수 있다.
④ 가공면에 방향성이 존재하지 않으며 복잡한 형상의 일감도 다듬질이 가능하다.
⑤ 형상정밀도가 매우 높은 편이다.

난이도 ●●○○○○ | 출제빈도 ★★★☆☆
[다수의 공기업 기출]

19 다음 〈보기〉에서 설명하는 특수가공으로 옳은 것은?

> 높은 경도의 금형가공에 많이 적용되는 방법으로 전극의 형상을 절연성 있는 가공액 중에서 금형에 전사하여 원하는 치수와 형상을 얻는 가공법이다.

① 초음파가공법
② 방전가공법
③ 전자빔가공법
④ 플라스마 아크 가공법

난이도 ●●○○○○ | 출제빈도 ★★★☆☆
[다수의 공기업 기출]

20 방전가공(EDM)과 전해가공(ECM)에 사용하는 가공액에 대한 설명으로 옳은 것은?

① 방전가공과 전해가공 모두 전기의 양도체의 가공액을 사용한다.
② 방전가공과 전해가공 모두 전기의 부도체의 가공액을 사용한다.
③ 방전가공은 부도체, 전해가공은 양도체의 가공액을 사용한다.
④ 방전가공은 양도체, 전해가공은 부도체의 가공액을 사용한다.

난이도 ●●●●● | 출제빈도 ★☆☆☆☆
[2019년 하반기 서울시설공단 기계직 기출]

21 재료가공에 사용되는 레이저의 종류 중 파장이 가장 긴 것은?

① YAG
② CO_2
③ He-Ne
④ Ar
⑤ $CaWO_4$

난이도 ●●●○○ | 출제빈도 ★★★☆☆
[다수의 공기업 기출]

22 다음 중 전해연삭에 대한 특징으로 옳지 못한 것은?

① 경도가 큰 재료일수록 연삭능률은 기계연삭보다 낮다.
② 박판이나 복잡한 형상의 일감을 변형 없이 연삭이 가능하다.
③ 연삭저항이 적어 연삭열의 발생이 적으며 숫돌의 수명이 길다.
④ 정밀도는 기계연삭보다 좋지 못하다.

난이도 ●○○○○ | 출제빈도 ★★★☆☆
[2021년 하반기 한국중부발전 기계직 기출]

23 다음 〈보기〉에서 설명하는 특수가공법의 종류로 옳은 것은?

> ㉠ 공작물(일감)은 양극(+), 전극숫돌은 음극(−)에 접속하며 그 사이에 전기를 통하면서 가공한다.
> ㉡ 초경합금 공구 등의 난삭재료, 인성재료, 열민감재료를 대상으로 가공 능률 향상, 다이아몬드 숫돌의 수명 연장, 가공면 평활을 목적으로 개발된 가공방법이다.

① 방전가공
② 초음파가공
③ 전해연삭
④ 전해연마

난이도 ●○○○○ | 출제빈도 ★★★★☆
[2021년 하반기 성남도시개발공사 기계직 기출]

24 다음 중 비교적 낮은 압력으로 숫돌을 공작물에 접촉하고 진동을 주어 가공하는 방법은?

① 래핑
② 배럴링
③ 슈퍼피니싱
④ 드릴링

25 1차로 이미 가공된 가공물의 안지름보다 큰 강구를 압입 통과시켜 가공물의 표면을 소성 변형시킴으로써 매끈하고 정밀도가 높은 면을 얻는 가공방법으로 옳은 것은?

① 버핑　　　　　② 버니싱
③ 화학연마　　　④ 배럴가공

13 신속조형법(쾌속조형법)

→ 정답과 해설은 p. 191에 있습니다.

난이도 ●●●○○ | 출제빈도 ★★★☆☆
[다수의 공기업 기출]

01 신속조형법의 종류 중에서 가공하고자 하는 단면에 레이저빔을 부분적으로 쏘아 절단하고 종이의 뒷면에 부착된 접착제를 사용하여 아래 층과 압착시키고 한 층씩 적층하는 방법은?

① SLA ② SLS
③ LOM ④ FDM

난이도 ●●●○○ | 출제빈도 ★★★☆☆
[서울시설공단 등 다수의 공기업 기출]

02 다음 〈보기〉 중 초기 재료의 형태가 분말인 신속조형기술을 모두 고른 것은?

선택적 레이저 소결법, 융해융착법, 3차원 인쇄, 박판적층법, 광조형법

① 융해융착법, 3차원 인쇄
② 선택적 레이저 소결법, 3차원 인쇄
③ 박판적층법, 3차원 인쇄
④ 광조형법, 융해융착법

난이도 ●●●○○ | 출제빈도 ★★★☆☆
[다수의 공기업 기출]

03 필라멘트 형태의 액상 열가소성수지를 가열된 노즐로 압출하여 각 층을 형성하는 신속조형법은 무엇인가?

① 박판적층법
② 융해융착법
③ 선택적 레이저 소결법
④ 3차원 인쇄

난이도 ●●●○○ | 출제빈도 ★★★☆☆
[다수의 공기업 기출]

04 분말 가루와 접착제를 뿌리면서 형상을 만드는 방법으로 가장 적절한 것은?

① 박판적층법
② 융해융착법
③ 선택적 레이저 소결법
④ 3차원 인쇄

난이도 ●●●○○ | 출제빈도 ★★★☆☆
[다수의 공기업 기출]

05 신속조형 공정과 적용 가능한 재료가 옳게 연결되지 않은 보기는?

① 박판적층법 – 종이
② 융해융착법 – 열경화성 플라스틱
③ 선택적 레이저 소결법 – 열용융성 분말
④ 광조형법 – 광경화성 액상 폴리머

14 모의고사

→ 정답과 해설은 p. 193에 있습니다.

난이도 ●●○○○ | 출제빈도 ★★★☆☆
[다수의 공기업 기출]

01 방전가공에 대한 설명으로 옳지 않은 것은?

① 절연액 속에서 음극과 양극 사이의 거리를 접근시킬 때 발생하는 스파크 방전을 이용하여 공작물을 가공하는 방법이다.

② 전극 재료로는 구리 또는 흑연을 주로 사용한다.

③ 콘덴서의 용량이 적으면 가공 시간은 빠르지만 가공면과 치수정밀도가 좋지 못하다.

④ 재료의 경도나 인성에 관계없이 전기도체이면 모두 가공할 수 있다.

난이도 ●●●○○ | 출제빈도 ★★★☆☆
[2022년 상반기 성남도시개발공사 기계직 기출]

02 다음 중 바이트에서 칩의 유출 방향에 가장 영향을 미치는 각으로 옳은 것은?

① 측면 여유각
② 앞면 여유각
③ 측면 경사각
④ 윗면 경사각

난이도 ●●●●○ | 출제빈도 ★★★☆☆
[2021년 하반기 성남도시개발공사 기계직 기출]

03 다음 중 용접에서 발생하는 결함 중 내부 결함이 아닌 것은?

① 기공
② 언더컷
③ 인클루전
④ 은점

난이도 ●●○○○ | 출제빈도 ★★★☆☆
[다수의 공기업 기출]

04 선반가공에서 가공면의 미끄러짐을 방지하기 위해 요철형태로 가공하는 소성가공방법은?

① 보링가공
② 내경 절삭가공
③ 외경 절삭가공
④ 널링가공

난이도 ●●○○○ | 출제빈도 ★★★☆☆
[2021년 하반기 한국중부발전 기계직 기출]

05 다음 중 선반가공에 대한 설명으로 옳지 못한 것은?

① 척은 공작물을 고정시키는 부속기기이며 크기는 척의 바깥지름으로 결정한다.

② 선반은 주축에 고정한 공작물의 회전운동과 바이트의 직선운동에 의해 공작물을 절삭가공하는 방법이다.

③ 선반의 크기 표시방법은 베드 위의 스윙, 왕복대 위의 스윙, 베드의 길이, 양 센터 간의 최대거리로 표시한다.

④ 선반의 주축은 비틀림응력과 굽힘응력에 대응하기 위해 중실축으로 만든다.

난이도 ●●○○○ | 출제빈도 ★★☆☆☆
[다수의 공기업 기출]

06 아세틸렌 발생방법이 아닌 것은?

① 주수식
② 침지식
③ 투입식
④ 침재법

난이도 ●●○○○○ | 출제빈도 ★★★★☆
[다수의 공기업 기출]

07 소성가공법에 대한 설명으로 옳지 않은 것은?

① 압출: 상온 또는 가열된 금속을 용기 내의 다이를 통해 밀어내어 봉이나 관 등을 만드는 가공법

② 인발: 금속봉이나 관 등을 다이를 통해 축 방향으로 잡아당겨 지름을 줄이는 가공법

③ 압연: 열간 및 냉간에서 금속을 회전하는 두 개의 롤러 사이를 통과시켜 두께나 지름을 줄이는 가공법

④ 전조: 형을 사용하여 판상의 금속재료를 굽혀 원하는 형상으로 변형시키는 가공법

난이도 ●●●○○○ | 출제빈도 ★★☆☆☆
[다수의 공기업 기출]

08 다음 중 절삭유제에 관한 설명으로 옳지 않은 것은?

① 극압유는 절삭공구가 고온·고압 상태에서 마찰을 받을 때 사용한다.

② 수용성 절삭유제는 윤활작용이 우수하고, 비수용성 절삭유제는 냉각작용이 우수하다.

③ 절삭유제는 수용성, 불수용성, 고체 윤활제로 분류한다.

④ 불수용성 절삭유제는 광물성인 등유, 경유, 스핀들유, 기계유 등이 있으며, 그대로 또는 혼합하여 사용한다.

난이도 ●●●●○○ | 출제빈도 ★★☆☆☆
[출제 예상 문제]

09 세트 나사를 풀고 잠글 때 사용하는 공구는?

① L-렌치
② 링 스패너
③ 갈고리 스패너
④ 박스 스패너

난이도 ●●●○○○ | 출제빈도 ★★☆☆☆
[다수의 공기업 기출]

10 다음 중 가스용접 시 역화가 되는 원인으로 옳은 것은 모두 몇 개인가?

┌─────────────────────────────┐
│ ㉠ 팁 구멍에 불순물이 끼었을 때 │
│ ㉡ 토치가 불량일 때 │
│ ㉢ 아세틸렌의 공급량이 적을 때 │
│ ㉣ 밀폐 구역에서 작업할 때 │
└─────────────────────────────┘

① 1개 ② 2개
③ 3개 ④ 4개

난이도 ●●○○○○ | 출제빈도 ★★★☆☆
[다수의 공기업 기출]

11 가스용접에 사용하는 가연성 가스가 아닌 것은?

① 아세틸렌
② 수소
③ 프로판
④ 산소와 공기의 혼합가스

난이도 ●●○○○○ | 출제빈도 ★★★★☆
[다수의 공기업 기출]

12 선반가공에서 절삭속도를 빠르게 하는 고속 절삭의 가공 특성에 대한 내용으로 옳지 않은 것은?

① 절삭 능률 증대 ② 구성 인선 증대
③ 표면거칠기 향상 ④ 가공 변질층 감소

난이도 ●●○○○○ | 출제빈도 ★★★☆☆
[다수의 공기업 기출]

13 선반작업에서 주철과 같이 취성이 큰 일감을 저속으로 절삭할 때, 가공면에 깊은 홈을 만들어 일감의 표면이 불량하게 되는 칩은?

① 균열형 칩 ② 열단형 칩
③ 유동형 칩 ④ 전단형 칩

난이도 ●●○○○ | 출제빈도 ★★☆☆☆
[다수의 공기업 기출]

14 공작기계의 기본 운동이 아닌 것은?

① 위치조정운동　　② 절삭운동
③ 회전운동　　　　④ 이송운동

난이도 ●●○○○ | 출제빈도 ★★★★☆
[다수의 공기업 기출]

15 다음에서 설명하고 있는 주조법은 무엇인가?

> ⊙ 영구 주형을 사용한다.
> ⊙ 비철금속의 주조에 적용한다.
> ⊙ 고온 체임버식과 저온 체임버식으로 나뉜다.
> ⊙ 용융금속이 응고될 때까지 압력을 가한다.

① die casting
② centrifugal casting
③ sqeeze casting
④ investment casting

난이도 ●●○○○ | 출제빈도 ★★★★☆
[다수의 공기업 기출]

16 소성가공의 종류 중 압출가공에 대한 설명으로 옳은 것은?

① 소재를 용기에 넣고 높은 압력을 가하여 다이 구멍으로 통과시켜 형상을 만드는 가공법
② 소재를 일정 온도 이상으로 가열하고, 해머 등으로 타격하여 모양이나 크기를 만드는 가공법
③ 원뿔형 다이 구멍으로 통과시킨 소재의 선단을 끌어당기는 방법으로 형상을 만드는 가공법
④ 회전하는 한 쌍의 롤 사이로 소재를 통과시켜 두께와 단면적을 감소시키고 길이 방향으로 늘리는 가공법

난이도 ●●○○○ | 출제빈도 ★★★☆☆
[다수의 공기업 기출]

17 다음과 같은 특징을 갖는 압축가공법은?

> ⊙ 원통 내면의 표면 다듬질에 가압법을 응용한 것
> ⊙ 구멍을 뚫은 후 또는 브로치 가공한 후의 다듬질법으로 사용
> ⊙ 구멍의 모양이 직사각형이거나 기어의 키 구멍 등의 다듬질에 적합
> ⊙ 재료로는 특수공구강, 고속도강, 경질합금 등 이용

① coining　　　　② embossing
③ burnishing　　④ swaging

난이도 ●●○○○ | 출제빈도 ★★☆☆☆
[다수의 공기업 기출]

18 다음 중 극압유에 첨가되는 원소로 옳지 못한 것은?

① 황　　　　　　② 염소
③ 크롬　　　　　④ 납

난이도 ●●○○○ | 출제빈도 ★★★☆☆
[다수의 공기업 기출]

19 다음은 사출성형품의 불량원인과 대책에 대한 설명이다. 어떤 현상을 설명한 것인가?

> 딥드로잉가공에서 성형품의 측면에 나타나는 외관 결함으로 제품 표면에 성형재료의 유동궤적을 나타내는 줄무늬가 생기는 성형 불량이다.

① 플로마크(flow mark) 현상
② 싱크마크(sink mark) 현상
③ 웰드마크(weld mark) 현상
④ 플래시(flash) 현상

난이도 ●●○○○ | 출제빈도 ★★★☆☆
[다수의 공기업 기출]

20 선반의 주축에 제품과 같은 형상의 다이를 장착하고 심압대로 소재를 다이와 밀착시킨 후 함께 회전시키면서 강체 공구나 롤러로 소재의 외부를 강하게 눌러서 축에 대칭인 원형의 제품을 만드는 성형가공법은?

① 보링　　　　② 파인블랭킹
③ 스피닝　　　④ 링깅

난이도 ●●●●○ | 출제빈도 ★★☆☆☆
[2019년 하반기 서울시설공단 기계직 기출]

21 다음 중 카바이드를 이용한 아세틸렌가스 제조 시 일어나는 화학반응과 관계없는 화합물은?

① H_2　　　　② CaC_2
③ H_2O　　　④ C_2H_2
⑤ $Ca(OH)_2$

난이도 ●●○○○ | 출제빈도 ★★★☆☆
[2019년 하반기 서울시설공단 기계직 기출]

22 다음 보기의 공작기계 중 절삭운동을 하는 대상이 다른 것은?

① 슬로터　　　　② 셰이퍼
③ 플레이너　　　④ 밀링머신
⑤ 연삭기

난이도 ●●○○○ | 출제빈도 ★★★☆☆
[다수의 공기업 기출]

23 산소 가스 용접의 특징에 대한 설명으로 옳지 못한 것은?

① 작업이 간단하다.
② 가열 조절이 비교적 자유롭다.
③ 절단, 열처리 등에도 적용할 수 있다.
④ 열영향부가 좁다.

난이도 ●●○○○ | 출제빈도 ★★★☆☆
[다수의 공기업 기출]

24 보통 선반의 심압대 대신 여러 개의 공구를 방사상으로 설치하여 공정 순서대로 공구를 차례로 사용할 수 있도록 만들어진 선반은?

① 탁상 선반
② 정면 선반
③ 터릿 선반
④ 수직 선반

난이도 ●●○○○ | 출제빈도 ★★★☆☆
[다수의 공기업 기출]

25 테이블이 수평면 내에서 회전하는 것으로, 공구의 길이 방향 이송이 수직으로 되어 있고, 대형 중량물을 깎는 데 쓰이는 선반은?

① 수직 선반
② 탁상 선반
③ 정면 선반
④ 터릿 선반

난이도 ●●○○○ | 출제빈도 ★★★★☆
[다수의 공기업 기출]

26 기하공차 중에서 데이텀이 필요 없는 것은?

① 직각도　　　② 진직도
③ 평행도　　　④ 경사도

난이도 ●●○○○ | 출제빈도 ★★★★☆
[다수의 공기업 기출]

27 기하공차를 표시하는 기호가 옳지 않은 것은?

① 원통도　②진원도
③ 평면도　④ 동심도

28 치핑에 대한 설명으로 옳은 것은?

① 절삭가공 시 칩이 연속적으로 잘 빠져나
가는 현상이다.

② 절삭공구와 칩의 충돌로 인해 일감에 열
이 전달되는 현상이다.

③ 절삭날의 강도가 절삭 저항에 견디지 못
하고 날끝이 탈락되는 현상이다.

④ 절삭가공의 경사면이 움푹 파이는 현상
이다.

29 다음 중 기계공작법과 관련된 여러 설명 중
옳지 못한 것은?

① 주조란 노(furnace) 안에서 철금속 또는
비철금속 따위를 가열하여 용해된 쇳물
을 거푸집(mold) 또는 주형틀 속에 부어
넣은 후 냉각 응고시켜 원하는 모양의 제
품을 만드는 방법이다.

② 가주성은 재료의 녹는점이 낮고 유동성
이 좋아 녹여서 거푸집(mold)에 부어 제
품을 만들기에 알맞은 성질을 말한다.
즉, 재료를 가열했을 때 유동성을 증가시
켜 주물(제품)로 할 수 있는 성질이다.

③ 금속재료를 담금질(퀜칭, 소입) 처리하
면 금속재료의 가공 및 변형을 용이하게
할 수 있다.

④ 플랜징(flanging) 가공은 소재의 단부를
직각으로 굽히는 작업으로 프레스 가공
법에 포함된다.

30 다음 중 여러 절삭작업에 대한 설명으로 옳지
못한 것은?

① 일반적인 밀링은 공작물의 회전운동과
공구의 직선이송운동으로 절삭이 진행
된다.

② 드릴링은 일반적으로 공구의 회전운동
및 직선이송운동으로 절삭이 진행되며
가공을 정밀하게 하기 위해 공작물이 회
전하기도 한다.

③ 호닝은 공구의 회전운동 및 수평왕복운
동으로 가공이 진행된다.

④ 셰이퍼에 의한 평삭은 공작물의 직선이
송운동과 공구의 직선절삭운동으로 절
삭이 진행된다.

기계의 진리
MANUFACTURING

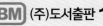
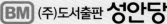

공기업 기계직 전공필수

기계공작법 372제 | 100% 기출문제 수록

기계의 진리

BM Book Media Group

성안당은 선진화된 출판 및 영상교육 시스템을 구축하고
항상 연구하는 자세로 독자 앞에 다가갑니다.

기계의 진리
GENERAL MACHINE

기계공작법 372제

기계의
진리

Truth of Machine

해설편

01 주조(목형, 주조)

01	④	02	②	03	②	04	④	05	③	06	③	07	③	08	③	09	①	10	③
11	⑤	12	③	13	③	14	③	15	③	16	③	17	②	18	②	19	③	20	③
21	③	22	②	23	①	24	④	25	②	26	①	27	②	28	①	29	④	30	②
31	③	32	③	33	①	34	④	35	⑤	36	⑤	37	②	38	③	39	②	40	③
41	③	42	②	43	④	44	②	45	⑤	46	③	47	③	48	②	49	③	50	①
51	①	52	④																

01
정답 ④

[목재의 특징]
- 가벼우며 인성이 크다.
  → 인성이 크다는 것은 취성이 작다는 의미로, 외부의 충격에 의해 잘 깨지지 않으며 재질이 질기다는 뜻이다.
- 가공이 용이하다.
- 열의 불량도체이며 **팽창계수가 작다**.
- 값이 저렴하며 구하기 쉽다.
- 가공면이 거칠다.
- 기계적 강도 및 치수정밀도가 불량하다.
- 수분이 함유되면 변형이 된다.

02
정답 ②

[목재의 수축을 방지하는 방법]
- 목편을 많이 조합하여 만든다.
- 도료와 도장을 한다.
- 건조재를 사용한다.
- 수분을 10% 이하로 건조시켜 사용한다.
- 겨울철에 벌채를 한다.
  → 겨울철에 수분이 적기 때문이다.

03
정답 ②

[탕구계에서 쇳물의 주입속도]

$$V = C\sqrt{2gh}$$

여기서, C: 유량계수, g: 중력가속도, h: 탕구의 높이

- 주어진 조건에서 중력가속도와 유량계수는 고정값이다.
- 따라서, 주입속도(V)를 4배로 증가시키려면 탕구의 높이를 16배 증가시키면 된다.

$$\rightarrow V' = C\sqrt{2g(16h)} = 4C\sqrt{2gh}$$

04

정답 ④

[목형 제작 시 고려사항]

수축여유	쇳물이 응고할 때 수축되기 때문에 실제 만들고자 하는 크기보다 더 크게 만들어야 한다. 이것이 수축여유이다. **[재료에 따른 수축여유]** <table><tr><td>주철</td><td>8mm/1m</td></tr><tr><td>황동, 청동</td><td>15mm/1m</td></tr><tr><td>주강, 알루미늄</td><td>20mm/1m</td></tr></table> 참고 주물자: 주조할 때 쇳물의 수축을 고려하여 크게 만든 자로, '주물의 재질'에 따라 달라진다. 그리고 주물자를 이용하여 만든 도면을 '현도'라고 한다.
가공여유 (다듬질여유)	다듬질할 여유분(절삭량)을 고려하여 미리 크게 만드는 것이다. 즉, 표면거칠기 및 정밀도 요구 시 부여하는 여유이다.
목형구배(기울기여유, 구배여유, 테이퍼)	주물을 목형에서 뽑기 쉽도록 또는 주형이 파손되는 것을 방지하기 위해 약간의 기울기(구배)를 준 것이다. 보통 목형구배는 제품 1m당 1~2°(6~10mm)의 기울기를 준다.
코어 프린트	속이 빈 주물제작 시에 코어를 주형 내부에서 지지하기 위해 목형에 덧붙인 **돌기 부분**을 말한다. 목형 제작 시 현도에만 기재하고 도면에는 기재하지 않는다.
라운딩	용융금속이 응고할 때 주형의 직각 방향에 수상정(樹狀晶, dendrite)이 발생하여 균열이 생길 수 있다. 이를 방지하기 위해 **모서리 부분을 둥글게** 하는데 이것을 **라운딩**이라고 한다.
덧붙임 (stop off)	주물의 냉각 시 내부응력에 의해 변형되기 때문에 이를 방지하고자 설치하는 보강대이다. 즉, 내부응력에 의한 변형이나 휨을 방지하기 위해 사용한다. 주물을 완성한 후에는 잘라서 제거한다.

05

정답 ③

[주물사의 구비조건]

- 주형 제작이 용이하고 적당한 강도를 가질 것
- 내열성 및 신축성이 있을 것
- 열전도성이 불량할 것(=보온성이 있을 것)
- 내화성이 크고 화학반응을 일으키지 않을 것
- 주물 표면에서 이탈이 용이할 것(붕괴성이 우수할 것)
- 알맞은 입도 조성과 분포를 가질 것

06

[목재의 건조법]

- **자연건조법**: 야적법(외부에 방치하여 자연건조), 가옥적법(판재 건조에 적합)
- **인공건조법**: 침재법, 자재법, 증재법, 훈재법, 열풍건조법 등
- **침수시즈닝(침재법)**: 벌레가 꼬이는 것을 방지하기 위해 수중에 10일 정도 담가 양분을 빼낸 후 건조하는 방법이다.
- **자재법**: 용기에 넣고 쪄서 건조하는 방법이다.
- **증재법**: 스팀으로 건조하는 방법이다.
- **훈재법**: 연기로 건조하는 방법이다.

[목재의 방부법]

- **도포법**: 목재 표면에 페인트를 도포하거나 크레졸유를 주입하는 방법이다.
- **충전법**: 목재에 구멍을 뚫어 방부제를 넣어 놓는 방법이다.
- **자비법**: 방부제를 끓여 목재에 침투시키는 방법이다.
- **침투법**: 목재에 염화아연, 황산동 수용액을 흡수시키는 방법이다.

[**필독**] 목재의 일반적인 수분 함유량은 30~40%이며, 건조해서 10% 이하로 사용하게 된다. 또한, 목재는 수분이 적어야 하므로 건조한 겨울철에 벌채한다.

> **참고**
>
> '재'가 들어가면 모두 목재의 건조법으로 분류하면 된다.

07

응고시간 $\propto \left(\dfrac{체적}{표면적}\right)^2$ 이다.

> **풀이**
>
> - 주물가공 시 주물의 체적을 4배로 늘리고 표면적을 0.5배로 줄이면 응고시간은 다음과 같다.
> - 응고시간 $\propto \left(\dfrac{4}{0.5}\right)^2 = 8^2 = 64$배가 된다.

08

[탕구계 설계 고려사항]

- 크기는 단위시간당 주입량에 따라 결정되며, 단면은 원형으로 한다.
- **탕구에서 먼 곳부터 응고해 가도록 온도구배를 가져야 탕구가 막히지 않는다.**
- 쇳물온도가 낮을수록 빨리 응고되어 통로를 막게 할 수 있으므로 단위시간당 주입량을 많게 한다.

> **용어설명**
>
> ※ 탕구: 주형에 쇳물이 유입되는 통로
> ※ 탕도: 용융금속을 주형 내부의 각 부분으로 유도 배분해 주는 통로

09

정답 ①

[영구주형법의 가스배출이 불량한 이유]
금속형 주형을 사용하기 때문에 표면이 차가워서 급랭되므로 용탕에서 발생된 가스가 주형에서 배출되기 전에 급랭으로 인해 응축되어 가스응축액이 생긴다. 따라서 가스배출이 불량하고, 이 가스응축액이 용탕 내부로 흡입되어 결함을 발생시킬 수 있으며, 내부가 거칠게 된다.

> **참고**
>
> [소모성 주형]
> • 사형주조라고 하며, 모래 및 석고를 사용한 주형이다.
> • 용융점이 높은 금속을 주조할 때 사용하고, 부분적으로 마무리 공정이 필요하다.

10

정답 ③

① **현형**: 제품과 동일한 모양으로 수축여유와 가공여유를 고려해야 한다.
② **골격목형**: 큰 곡관을 제작할 때 사용한다.
③ **부분목형**: 주형이 대형 또는 대칭일 때 사용하는 것으로, 주로 대형 기어·톱니바퀴·프로펠러를 만들 때 사용한다.
④ **회전목형**: 풀리 및 단차를 제작할 때 사용하는 것으로, 회전체 형상의 물체를 제작할 때 사용한다.
⑤ **고르개목형**: 가늘고 긴 굽은 파이프를 제작할 때 사용한다.

11

정답 ⑤

주형의 통기성을 좋게 하여 주형에서 가스 발생을 방지하는 것은 기공 방지법이다.

[주물의 균열과 변형 방지법]
• 주물의 두께 차이를 작게 할 것
• 각부의 온도 차이를 적게 할 것
• 각진 부분을 둥글게 라운딩 처리할 것
• 주물을 급랭하지 않을 것

> **용어설명**
>
> • 기공: 주형 내 가스 배출의 불량으로 인해 발생
> • 수축공: 쇳물의 부족으로 인해 발생(냉각쇠를 설치하여 수축공을 방지한다.)

12

정답 ③

[목형 재료]
• **소나무**: 재질이 연하고 가공하기 쉬우며, 값이 싸고 수축이 크며, 변형되기 쉽다.
• **전나무**: 조직이 치밀하고 강하며, 건습에 대한 신축성이 작고, 비교적 값이 저렴하다.
• **미송**: 재질이 연하고 값이 싸며, 구하기 쉽다.
• **벗나무**: 재질이 치밀하고 견고하며, 균열이 적다.
• **박달나무**: 질이 단단하고 질겨, 작고 복잡한 형상의 목형용으로 적합하다.
• **홍송**: 정밀한 목형 제작 시 사용된다.

13

정답 ③

[원심주조법]
용융된 금속을 주입하여 응고시킬 때, **주형을 고속으로 회전시켜 발생하는 원심력을 이용하는 주조방법**으로, 특징은 다음과 같다.
• 영구주형과 비영구주형을 함께 사용하나, 일반적으로 영구주형방법에 속한다.
• 높은 압력이 걸려 용융금속의 주물은 조직이 치밀하며 기공이 잘 나타나지 않는다.
• 원통형 주물의 경우에는 코어가 필요하지 않다.
• 작업시간이 짧고 대량생산이 용이하다.
• 용도로는 주로 피스톤링, 실린더 라이너 등의 중공주물을 제작할 때 사용된다.

14

정답 ③

목재의 수분 함유량은 30~40%이며 10% 이하로 건조시켜 사용한다.
$$\therefore \ A+B+C = 30+40+10 = 80$$

15

정답 ③

영구주형을 사용하는 주조법	소모성 주형을 사용하는 주조법
다이캐스팅, 가압주조법, 슬러시주조법, 원심주조법, 스퀴즈주조법, 반용융성형법, 진공주조법	인베스트먼트법, 셸주조법(크로닝법)

16

정답 ③

쇳물의 응고로 인한 수축이 발생하여 쇳물의 부족으로 수축공이 발생한다. 즉, 쇳물의 응고로 인한 수축은 수축공의 원인이다.

[주물의 기공 발생 원인]
• 용탕에 흡수된 가스
• 주형과 코어에서 발생하는 수증기
• 주형 내부의 공기
• 가스 배출의 불량 등

17

정답 ②

냉각쇠(chiller)는 주물 두께에 따른 응고속도 차를 줄이기 위해 사용한다. 주물을 주형에 넣어 냉각시킬 때 주물 두께가 다른 부분이 있다면 두께가 얇은 쪽이 먼저 응고되면서 수축하게 되고, 그 부분은 쇳물이 부족하여 수축공이 발생한다. 따라서 **주물 두께가 두꺼운 부분에 냉각쇠를 설치하여 두꺼운 부분의 응고속도를 증가시켜서** 주물 두께 차이에 따른 응고속도 차이를 줄여 수축공을 방지할 수 있다.

냉각쇠의 종류로는 핀, 막대, 와이어가 있으며 주형보다 열흡수성이 좋은 재료를 사용한다. 그리고 고온부와 저온부가 동시에 응고되거나, 두꺼운 부분과 얇은 부분이 동시에 응고되도록 하는 목적으로 설치한다. 여기서 가장 중요한 것은, **냉각쇠는 가스배출을 고려하여 주형의 상부보다는 하부에 부착해야 한다는 것이**

다. 만약, 상부에 부착한다면 가스가 주형 위로 배출되어 상부에 부착된 냉각쇠에 의해 빠르게 냉각되면서 응축하여 가스액이 되고, 그 가스액이 주물 내부로 떨어져 결함을 발생시킬 수 있다.

18

정답 ②

[마그네틱주형법(magnetic molding process)]
풀몰드법의 한 응용법으로, 모형을 발포 폴리스티렌으로 만들고 이것을 용탕의 열에 의하여 기화·소실시키는 점은 풀몰드법과 같으나 모래입자 대신에 강철입자를 사용하고 점결제 대신에 자력을 이용하는 방법이 다르다. 특징은 다음과 같다.
• 모래, 점토, 물을 배합하여 조형하던 종래의 모래 주형과는 개념이 다르다.
• 조형재료는 자성체이면 모두 사용이 가능하므로 강철입자 대신 산화철을 쓸 수 있다.
• 조형이 빠르고 손쉬우며 가격이 저렴하다.
• 주형 재료가 간단하고 내구성을 가지므로 주물사의 처리·보관 등이 용이하다.
• 주형 자체의 통기도가 좋다.

참고

[풀몰드법(full mold process)]
소모성인 발포 폴리스티렌 모형을 쓰며 조형 후 모형을 빼내지 않고 주물사 중에 매몰한 그대로 용탕을 주입하여 그 열에 의하여 모형을 기화시키고 그 자리를 용탕으로 채워 주물을 만드는 방법이다. 특징은 다음과 같다.
• 모형을 분할하지 않는다.
• 모형을 빼내는 작업이 필요 없어 모형에 경사가 불필요하다.
• 코어를 따로 제작할 필요가 없다.
• 모형의 제조나 가공이 용이하며, 변형이나 보수 및 보관이 쉽다.
• 작업공수와 불량률이 적으며 원가가 절감된다.

19

정답 ③

[원심주조법]
용융된 금속을 주입하여 응고시킬 때, 주형을 고속으로 회전시켜 발생하는 원심력을 이용하는 주조방법으로, 특징은 다음과 같다.
• 영구주형과 비영구주형을 함께 사용하나, 일반적으로 영구주형방법에 속한다.
• 높은 압력이 걸려 용융금속의 주물은 조직이 치밀하며 기공이 잘 나타나지 않는다.
• 원통형 주물의 경우에는 코어가 필요하지 않다.
• 작업시간이 짧고 대량생산이 용이하다.
• 용도로는 주로 피스톤링, 실린더 라이너 등의 중공주물을 제작할 때 사용된다.

20

정답 ③

[주물사의 주성분]
SiO_2(규사), 점결제(점토)

21

정답 ③

영구주형을 사용하는 주조법	소모성 주형을 사용하는 주조법
다이캐스팅, 가압주조법, 슬러시주조법, 원심주조법, 스퀴즈주조법, 반용융성형법, 진공주조법	인베스트먼트법, 셸주조법(크로닝법)

22

정답 ②

② 흑연과 같은 주형의 도포제에서 발생하는 가스는 주물의 표면이 불량하거나 결함이 생기는 원인 중의 하나이다. 주물 결함의 종류는 다음과 같다.

[기공(blow hole)]
주형 내의 가스가 배출되지 못하여 주물에 생기는 결함으로, 원인은 다음과 같다.
• 주형 내의 가스원
• 주형과 코어에서 발생하는 수증기
• 용탕에 흡수된 가스가 응고될 때 방출된 것
• 주형 내부의 공기

[수축공(shrinkage cavity)]
주형 내의 용탕이 응고 수축될 때 탕의 부족에 의하여 생기는 공동부로, 원인은 다음과 같다.
• 응고온도 구간이 짧은 합금에서 압탕량이 부족할 때: 큰 수축공
• 응고온도 구간이 짧은 합금에서 온도구배가 부족할 때: 중심에 직선적으로 생기는 수축공
• 응고온도 구간이 긴 합금일 때: 결정립 간에 널리 분포되는 수축공

[편석(segregation)]
주물의 일부분에 불순물이 집중되거나 성분이 국부적으로 치우쳐 있는 것으로, 다음과 같이 구분된다.
• 성분 편석: 주물의 위치에 따라 성분의 차가 있는 것
• 중력 편석: 비중의 차이에 의하여 불균일한 합금이 되는 것으로, 특수원소를 첨가하여 침상 또는 수지상 결정을 생성시켜 침하 또는 부상을 못하도록 하거나 용탕을 급랭하여 방지
• 정상 편석: 응고 방향에 따라 용질이 액체 중에서 이동하여 주물의 중심부에 모이는 것으로, 응고시간이 길수록 그 정도가 커진다.
• 역편석: 용질이 주물 표면으로 스며 나와 성분 함량이 많은 결정이 외측에 생기는 것

[고온 균열]
• 금속이 소량의 용액을 보유하는 고체 영역으로 응고·냉각될 때 인장력을 받으면 용액이 보급될 수 있는 조건이 되지 못하여 영구균열로 남게 된다.
• 황화물·인화물과 같은 용융점이 낮은 불순물이 함유되었을 때 많이 발생

[주물의 표면 불량]
• 흑연과 같은 주형의 도포제에서 발생하는 가스에 의한 것
• 용탕의 압력에 의한 것
• 조대한 사립에 의한 것
• 통기성의 부족에 의한 것
• 사립의 결합력 부족에 의한 것

[치수 불량]
- 주물자 선정의 부적합에 의한 것
- 모형의 변형에 의한 것
- 코어의 변형에 의한 것
- 주형의 상형과 하형의 조립 불량에 의한 것
- 중추의 중량 부족에 의한 것

[변형과 균열]
금속이 고온에서 저온으로 냉각될 때 어느 온도 이상에서는 결정입자 간에 변형저항을 주고받지 않으나, 어느 온도 이하에서는 저항을 주고받게 되는데, 이 경계온도를 천이온도라 하며, 이 온도 이하에서 결정립의 변형을 저지하는 응력을 잔류응력이라 한다. 이상의 원인에 의하여 수축이 부분적으로 다를 때 변형과 균열이 발생한다. 변형과 균열의 방지법은 다음과 같다.
- 단면의 두께 변화를 심하게 하지 말 것
- 각부의 온도 차를 적게 할 것
- 각부는 라운딩할 것
- 급랭을 피할 것

[유동성 불량]
- 주물에 너무 얇은 부분이 있거나 용탕의 온도가 너무 낮을 때 탕이 밑단까지 미치지 못하여 불량주물이 되는 것
- 최소 두께: 주철-3mm, 주강-4mm

[불순물 혼입]
주물에 불순물이 혼입되어 불량주물이 되는 것으로, 다음과 같은 원인에 의해 발생한다.
- 용재의 접착력이 커서 금속탕에서 분리가 잘 되지 않을 경우
- 불순물인 용재가 압탕구나 라이저에서 부유할 여유가 없이 금속탕에 빨려 들어갈 때
- 주형 내의 주형사가 섞여 들어가는 경우

23

정답 ①

① **라이저(압탕)**: 응고 중 용탕의 수축으로 인해 용탕이 부족한 곳을 보충하기 위한 용탕의 추가 저장소이다. 용탕에 압력을 가한다고 하여 압탕, 높이 솟아올라 있다고 하여 라이저(riser)라고 한다.
② **게이트(주입구)**: 탕도에서 용탕이 주형 안으로 들어가는 부분이다. 주입 시 용탕이 주형에 부딪쳐 역류가 일어나지 않으면서 주형 안에 있는 가스가 잘 빠져나가도록 하고 주형의 구석까지 잘 채워지도록 설계한다.
③ **탕구**: 주입컵을 통과한 용탕이 수직으로 자유낙하하여 흐르는 첫 번째 통로이다. 탕구는 보통 수직으로 마련된 유도로이며 탕도에 연결되어 있다. 탕구에서 용탕이 수직으로 낙하할 때 튀어 오르거나 소용돌이 현상을 최소화할 수 있는 모양과 크기로 만들어져야 한다.
④ **탕도(runner)**: 용탕이 탕구로부터 주형 입구인 주입구까지 용탕을 보내는 수평부분으로 용탕을 게이트에 알맞게 분배하며, 용탕에 섞인 불순물이나 슬래그를 최종적으로 걸러 깨끗한 용탕이 주입구를 통해 주형 안으로 충전되도록 한다.

참고 ··

[사형주조(sand casting)]
모래를 사용해서 탕구계를 포함하는 주물모형을 만든 후 이 내부에 용탕을 주입하고 냉각시키면 금속이 응고된 후 모래주형을 깨뜨려 주물을 꺼내는 주조법이다. 공작기계의 받침대나 실린더헤드, 엔진블록, 램프의 하우징을 만들 때 사용하는 주조법으로 현재 가장 많이 사용되고 있다.

24
정답 ④

[주물사의 구비조건]
• 주형 제작이 용이하고 적당한 강도를 가질 것
• 내열성 및 신축성이 있을 것
• 열전도성이 불량할 것(=보온성이 있을 것)
• 내화성이 크고 화학반응을 일으키지 않을 것
• 주물 표면에서 이탈이 용이할 것(붕괴성이 우수할 것)
• 알맞은 입도 조성과 분포를 가질 것

25
정답 ③

[다이캐스팅(die casting)]
용융금속을 금형(영구주형) 내에 대기압 이상의 높은 압력으로 빠르게 주입하여 용융금속이 응고될 때까지 압력을 가하여 압입하는 주조법으로, 다이주조라고도 하며 주물 제작에 이용되는 주조법이다. 필요한 주조형상과 완전히 일치하도록 정확하게 기계가공된 강재의 금형에 용융금속을 주입하여 금형과 똑같은 주물을 얻는 방법으로, 그 제품을 다이캐스트 주물이라고 한다.
• 사용재료: 아연(Zn), 알루미늄(Al), 주석(Sn), 구리(Cu), 마그네슘(Mg), 납(Pb) 등의 합금
  → 고온가압실식: 납(Pb), 주석(Sn), 아연(Zn)
  → 저온가압실식: 알루미늄(Al), 마그네슘(Mg), 구리(Cu)

[특징]
• 정밀도가 높고 주물 표면이 매끈하다.
• 기계적 성질이 우수하며, 대량생산이 가능하고 얇고 복잡한 주물의 주조가 가능하다.
• 기공이 적고 결정립이 미세화되며 치밀한 조직을 얻을 수 있다.
• 기계가공이나 다듬질할 필요가 없으므로 생산비가 저렴하다.
• 다이캐스팅된 주물재료는 얇기 때문에 주물 표면과 중심부 강도는 동일하다.
• 가압 시 공기 유입이 용이하며 열처리하면 부풀어 오르기 쉽다.
• 주형재료보다 용융점이 높은 금속재료에는 적합하지 않다.
• 시설비와 금형제작비가 비싸고 생산량이 많아야 경제성이 있다. 즉, 소량생산에는 적합하지 않다.
• 주로 얇고 복잡한 형상의 비철금속제품 제작에 적합하다.

26
정답 ①

자재법은 목재의 건조법에 해당하며, 나머지는 방부법이다. '재'가 들어가면 모두 건조법으로 알아 두자.

[목재의 건조법]
- **자연건조법**: 야적법(외부에 방치하여 자연건조), 가옥적법(판재 건조에 적합)
- **인공건조법**: 침재법, 자재법, 증재법, 훈재법, 열풍건조법 등
- **침수시즈닝(침재법)**: 벌레가 꼬이는 것을 방지하기 위해 수중에 10일 정도 담가 양분을 빼낸 후 건조하는 방법이다.
- **자재법**: 용기에 넣고 쪄서 건조하는 방법이다.
- **증재법**: 스팀으로 건조하는 방법이다.
- **훈재법**: 연기로 건조하는 방법이다.

[목재의 방부법]
- **도포법**: 목재 표면에 페인트를 도포하거나 크레졸유를 주입하는 방법이다.
- **충전법**: 목재에 구멍을 뚫고 방부제를 넣어 놓는 방법이다.
- **자비법**: 방부제를 끓여 목재에 침투시키는 방법이다.
- **침투법**: 목재에 염화아연, 황산동 수용액을 흡수시키는 방법이다.

[필독] 목재의 일반적인 수분 함유량은 30~40%이며, 건조해서 10% 이하로 사용하게 된다. 또한, 목재는 수분이 적어야 하므로 건조한 겨울철에 벌채한다.

참고
'재'가 들어가면 모두 목재의 건조법으로 분류하면 된다.

27

정답 ②

[쇳물의 주입온도]

경합금	청동	황동	주철	주강
700℃ 내외	약 1,100℃	약 1,000℃	약 1,300℃	약 1,500℃

28

정답 ①

주물사: 주형을 만들기 위해 사용하는 모래로, 원료사에 점결제 및 보조제 등을 배합하여 주형을 만들 때 사용한다.

[주물사의 구비조건]
- 적당한 강도를 가지며 통기성이 좋아야 한다.
- 주물 표면에서 이탈이 용이해야 한다.
- 적당한 입도를 가지며, **열전도성이 불량**하여 보온성이 있어야 한다.
- 쉽게 노후화되지 않고 **복용성(값이 싸고 반복하여 여러 번 사용할 수 있음)**이 있어야 한다.

[주물사의 종류]
- **자연사 또는 산사**: 자연현상으로 생성된 모래로, 규석질 모래와 점토질이 천연적으로 혼합되어 있다. 수분을 알맞게 첨가하면 그대로 주물사로 사용이 가능하다. 보통, 주로 규사로 구성된 모래 중 **점토분이 10~15%**인 것을 많이 사용한다. 또한, 내화도 및 반복 사용에 따른 내구성이 낮다.
- **생형사**: 성형된 주형에 탕을 주입하는 주물사로 규사 75~85%, **점토** 5~13% 등과 적당량의 수분이 들어가 있는 산사나 합성사이다. 주로 일반 주철주물과 비철주물의 분야에 사용된다.

- **건조사**: 건조형에 적합한 주형사로, 생형사보다 수분, 점토, 내열제를 많이 첨가한다. 균열 방지용으로 코크스 가루나 숯가루, 톱밥을 배합한다. 주강과 같이 주입온도가 높고, 가스의 발생이 많으며 응고속도가 빠르고 수축률이 큰 금속의 주조에서는 주형의 내화성·통기성을 요하는 건조형 주물사를 사용한다. 또한, 대형 주물이나 복잡하고 정밀을 요하는 주물을 제작할 때 사용한다.
- **코어사**: 코어 제작에 사용하는 주물사로, 규사에 점토나 다른 점결제를 배합한 모래이다. 성형성·내열성·통기성·강도가 우수하다.
- **분리사**: 상형과 하형의 경계면에 사용하며, 점토분이 없는 원형의 세립자를 사용한다.
- **표면사**: 용탕과 접촉하는 주형의 표면 부분에 사용한다. 내화성이 커야 하며, 주물 표면의 정도를 고려하여 입자가 작아야 하므로 석탄분말이나 코크스 분말을 점결제와 배합하여 사용한다.
- **이면사**: 표면사 층과 주형틀 사이에 충전시키는 모래이다. 강도나 내화도는 그리 중요하지 않다. 다만, 통기도가 크고 우수하여 가스에 의한 결함을 방지한다.
- **규사**: 주성분이 SiO_2이며 점토분이 2% 이하이다. 점결성이 없는 규석질의 모래이다.
- **비철합금용 주물사**: 내화성, 통기성보다 성형성이 좋으며 소량의 소금을 첨가하여 사용한다.
- **주강용 주물사**: 규사와 점결제를 이용하는 주물로, 내화성과 통기성이 우수하다.

참고
✓ **점토의 노화온도**: 약 600°C
✓ **샌드밀**: 입도를 고르게 갖춘 주물사에 흑연, 레진, 점토, 석탄가루 등을 첨가해서 혼합 반죽처리를 한 후에 첨가물을 고르게 분포시켜 강도, 통기성, 유동성을 좋게 하는 혼합기이다.
✓ **노화된 주물사를 재생하는 처리장치**: 샌드밀, 샌드블랜더, 자기분리기 등

29
정답 ④

냉각쇠(chiller)는 주물 두께에 따른 응고속도 차를 줄이기 위해 사용한다. 주물을 주형에 넣어 냉각시킬 때 주물 두께가 다른 부분이 있다면 두께가 얇은 쪽이 먼저 응고되면서 수축하게 되고, 그 부분은 쇳물이 부족하여 수축공이 발생한다. 따라서 **주물 두께가 두꺼운 부분에 냉각쇠를 설치하여 두꺼운 부분의 응고속도를 증가시켜서** 주물 두께 차이에 따른 응고속도 차이를 줄여 수축공을 방지할 수 있다.

냉각쇠의 종류로는 핀, 막대, 와이어가 있으며 주형보다 열흡수성이 좋은 재료를 사용한다. 그리고 고온부와 저온부가 동시에 응고되거나, 두꺼운 부분과 얇은 부분이 동시에 응고되도록 하는 목적으로 설치한다. 여기서 가장 중요한 것은, **냉각쇠는 가스배출을 고려하여 주형의 상부보다는 하부에 부착해야 한다는 것이다.** 만약, 상부에 부착한다면 가스가 주형 위로 배출되어 상부에 부착된 냉각쇠에 의해 빠르게 냉각되면서 응축하여 가스액이 되고, 그 가스액이 주물 내부로 떨어져 결함을 발생시킬 수 있다.

30
정답 ②

이산화탄소(CO_2) 주형법: 규사[SiO_2]에 점결제로 규산소다를 3~6% 첨가하여 혼합시킨 후, 주형에 **이산화탄소를 불어넣어 빠른 시간 내에 경화시키는 방법**
→ 주물을 꺼낼 때, 주형 해체가 어려울 수도 있지만 **치수의 정밀도를 보장** 받을 수 있는 주조법

[주요 특징]
- **복잡한 형상의 코어 제작에 적합**하므로 정밀도가 높은 주형과 강도 높은 주형을 얻을 수 있다.
- 이산화탄소를 단시간 내에 경화시키기 때문에 주형 건조시간의 단축이 가능하다.

31

① **수축공(shrinkage cavity)**: 금속은 대부분 응고 시 수축하게 되는데 이때 수축에 의해 쇳물이 부족하여 발생하는 결함이다.
② **미스런(주탕불량)**: 용융금속이 주형을 완전히 채우지 못하고 응고된 것
③ **콜드셧(쇳물경계)**: 주형 내에서 이미 응고된 금속과 용융금속이 만나 응고속도 차이로 먼저 응고된 금속면과 새로 주입된 용융금속의 경계면에서 발생하는 결함, 즉 서로 완전히 융합되지 않고 응고된 결함이다.
④ **핀(지느러미)**: 주형의 상·하형을 올바르게 맞추지 않을 때 생기는 결함으로, 주로 주형의 분할면 및 코어프린트 부위에 쇳물이 흘러나와 얇게 굳은 것이다.
⑤ **기공(blow hole)**: 가스배출의 불량으로 발생하는 결함이다.

32

[목형 제작 시 고려사항]

수축여유	쇳물이 응고할 때 수축되기 때문에 실제 만들고자 하는 크기보다 더 크게 만들어야 한다. 이것이 수축여유이다. [재료에 따른 수축여유] | 주철	8mm/1m
황동, 청동	15mm/1m
주강, 알루미늄	20mm/1m | 참고 **주물자**: 주조할 때 **쇳물의 수축을 고려**하여 크게 만든 자로, '**주물의 재질**'에 따라 달라진다. 그리고 주물자를 이용하여 만든 도면을 '**현도**'라고 한다.
가공여유 (다듬질여유)	다듬질할 여유분(절삭량)을 고려하여 미리 크게 만드는 것이다. 즉, 표면거칠기 및 정밀도 요구 시 부여하는 여유이다.
목형구배(기울기여유, 구배여유, 테이퍼)	주물을 목형에서 **뽑기 쉽도록** 또는 주형이 파손되는 것을 방지하기 위해 약간의 **기울기(구배)를 준 것**이다. 보통 목형구배는 제품 1m당 1~2°(6~10mm)의 기울기를 준다.
코어 프린트	**속이 빈 주물제작 시**에 코어를 주형 내부에서 지지하기 위해 목형에 덧붙인 **돌기 부분**을 말한다. **목형 제작 시 현도에만 기재하고 도면에는 기재하지 않는다.**
라운딩	용융금속이 응고할 때 주형의 직각 방향에 수상정(樹狀晶, dendrite)이 발생하여 균열이 생길 수 있다. 이를 방지하기 위해 **모서리 부분을 둥글게** 하는데 이것을 **라운딩**이라고 한다.
덧붙임 (stop off)	주물의 냉각 시 내부응력에 의해 변형되기 때문에 이를 방지하고자 설치하는 보강대이다. 즉, **내부응력에 의한 변형이나 휨을 방지하기 위해 사용한다.** 주물을 완성한 후에는 잘라서 제거한다.

33

정답 ①

[인베스트먼트법(로스트왁스법)]

특수주조법의 일종으로, 제품과 동일한 형상의 모형을 왁스(양초)나 파라핀(합성수지)으로 만든 후, 그 주변을 슬러리 상태의 내화재료로 도포한 다음 가열하면 주형은 경화되고 왁스로 만들어진 내부 모형이 용융되어 밖으로 빠짐으로써 주형이 완성된다. 이 주형을 사용하여 용탕을 주입함으로써 주물을 만드는 특수제조법이다(소모성 주형을 사용하는 주조법).

[특징]
• 모양이 복잡하고 치수정밀도가 높은 주물 제작이 가능하다.
• 모든 재질의 적용이 가능하며 특히 특수합금에 적합하다.
• 용융점이 높은 합금의 주조에 적합하다.
• 소량 생산에서 대량 생산까지 가능하다.
• 다른 일반 주조법에 비해서 제조비 및 인건비가 비싼 편이다(특수주조법은 모두 비싸다).
• 대량생산이 가능하나 대형주물은 만들 수 없다.
• 항공 및 선박 부품과 같이 가공이 힘들거나 기계가공이 불가능한 제품을 제작하는 데 사용한다.

34

정답 ④

[롬사(loam sand)]

주로 회전모형에 의한 주형 제작에 많이 사용되는 것으로, **내화도는 건조사보다 낮지만 경도는 생형사보다 높으며** 통기도 향상을 위해 톱밥·볏집·쌀겨 등을 첨가한다.

35

정답 ⑤

영구주형을 사용하는 주조법	소모성 주형을 사용하는 주조법
다이캐스팅, 가압주조법, 슬러시주조법, 원심주조법, 스퀴즈주조법, 반용융성형법, 진공주조법	인베스트먼트법, 셸주조법(크로닝법)

36

정답 ⑤

[용접 균열의 종류]

고온 균열	온도경사가 높고 용접온도가 550℃ 이상의 고온일 때 용접이음매 근처에 생기는 틈 **[특징]** ㉠ 응고 시 및 응고 후에도 진행되며 균열이 결정립계를 통과하며 발생한다(입계균열 발생). ㉡ 열팽창계수가 큰 오스테나이트계 스테인리스강, 알루미늄합금 등의 재료는 용접 변형이 심하여 용접 응고 시 용접금속이나 열영향부(HAZ, Heat Affected Zone)에 발생하기 쉽다. **[방지법]** ㉠ 저수소계 용접봉(E4316)으로 수동 용접을 실시한다. ㉡ 고온균열을 발생시키는 황(S), 인(P) 등의 불순물을 최소화한 용접봉을 사용한다.

고온 균열	[종류]		
	응고균열	• 응고과정에서 성장하는 주상정의 경계면에 잔류하는 용액이 용접금속의 응고 완료 직전에서 수축응력에 의해 개구됨으로써 발생한다. • 대부분의 용융금속이 수지상으로 석출되고 잔류 액체가 수지상과 수지상 사이에 액막으로 존재하는 응고의 마지막 단계에서 용접부에 인장응력 및 변형이 작용하는 경우 발생한다.	
	연성저하 균열	용접 고온균열의 일종으로, 균열의 발생온도 범위는 응고균열 및 액화균열보다 낮은 $600\sim900$℃이며 주로 용접금속 및 열영향부에서 발생한다. 원인은 탄화물의 결정립계 석출, 황(S), 인(P) 등과 같은 불순물 형성 원소의 결정립계 편석 등에 의해 발생한다.	
	액화균열	용접 고온균열의 일종으로 크게는 편석균열에 포함되며 주로 용접열영향부(HAZ)에서 발생된다. 용접 시 열영향부는 먼저 용접금속의 열팽창에 의해 압축응력을 받지만, 아크가 통과한 후에는 온도의 저하와 함께 인장응력을 받는다. 이때 결정립계에 저용점의 성분 또는 화합물이 용융하여 필름상으로 존재하면 액화균열이 발생하기 쉽다.	
저온 균열	• 용접구조물 사용 중 200℃ 부근의 비교적 저온에서 취성파괴 또는 피로파괴가 발생하는 현상이다. • 강용접부가 200℃ 이하의 비교적 저온에서 냉각 후 발생하여 진행, 균열 발생에는 응력과 용착금속의 확산성 수소가 관여한다. [특징] ㉠ 탄소함유량이 증가할수록 모재의 저온균열이 발생한다. ㉡ 용착금속 중의 망간(Mn) 함유량이 증가할수록 발생하며, 고장력강의 용접부에서 쉽게 발생한다. [방지법] ㉠ 용접 시 수소량을 적게 하고 용접봉을 건조시키고 적절한 모재와 용접재료를 선택한다. ㉡ 용접 입열을 적게 하거나 모재의 예열 및 후열을 실시한다.		

참고

※ **수축공**: 쇳물의 응고 시 쇳물의 부족으로 인해 발생한다.

※ **수소취성**: 용접금속 내에는 일반 강재에 비해 수소량이 $1{,}000\sim10{,}000$배로 존재한다. 이 수소로 인해 약 $-150\sim150$℃ 사이에서 일어나는 현상이 수소취성이며 실온보다 약간 낮은 온도에서 취화의 정도가 가장 현저하게 일어난다. 또한, 견고하고 강한 재질일수록 취화의 정도가 현저하며 잠복기간을 거쳐 용접균열이 일어난다.

37

정답 ②

[주물사 시험법의 종류]
강도시험법, 점착력시험법, 내화도시험법, 입도시험법, 통기도시험법

참고

• 피로시험: 재료에 **장시간 반복하중**을 가했을 때 재료가 파단 및 파괴되는 것을 시험하는 방법이다.
• 인장시험: 시편(재료)에 작용시키는 **하중을 서서히 증가**시키면서 여러 가지 기계적 성질[**인장강도(극한 강도), 항복점, 연신율, 단면수축률, 푸아송비, 탄성계수**, 내력, 표점거리, 시편 평행부의 원단면적 등]을 측정하는 시험이다.

※ **필수 내용**: 응력변형률선도에서 알 수 없는 값은 '푸아송비, 안전율, 경도'이다.

[인장시험과 크리프시험의 가장 큰 차이점(★)]

인장시험	시편(재료)에 작용시키는 <u>하중을 서서히 증가</u>시키면서 여러 가지 기계적 성질[<u>인장강도(극한 강도), 항복점, 연신율, 단면수축률, 푸아송비, 탄성계수 등</u>]을 측정하는 시험이다.
크리프시험	<u>연성재료</u>가 <u>고온</u>에서 <u>정하중(일정한 하중, 사하중)</u>을 받을 때 <u>시간</u>에 따라 <u>서서히 점점</u> 증대되는 <u>변형</u>을 측정하는 시험이다.

✓ 인장시험은 하중을 서서히 증가시키므로 일정한 하중(정하중)을 가하는 시험이 아니지만 크리프시험은 일정한 하중(정하중, 사하중)을 가하는 시험이다.

38

정답 ③

[주물의 표면 불량 종류]
① 스캡: 주형의 팽창이 크거나 주형의 일부 과열로 발생
② 와시: 주물사의 결합력 부족으로 발생
③ 버클: 주형의 강도 부족 또는 쇳물과 주형의 충돌로 발생
④ scar: 주물에 생기는 흠집

39

정답 ②

[탕구계의 순서]
쇳물받이 → 탕류 → 탕구 → 탕도 → 주입구
• **쇳물받이(탕류)**: 용탕을 주입할 때 비산을 방지하여 산화를 방지하고, 협잡물 등이 들어가지 않고 조용히 유동시키기 위해 설치된 것이다.
• **탕구**: 주형에 쇳물이 유입되는 통로이다.
• **탕도**: 수직으로 있는 탕구에서 주물이 얻어질 주형 공간으로 이어지는 수평으로 놓은 유로를 말한다. 즉, 용융금속을 주형 내부의 각 부분으로 유도 및 배분해주는 통로이다.

40

정답 ③

[고스트라인]
주물의 모서리 부분에 생기는 인(P)과 황(S)의 편석으로, 불순물이 긴 띠로 나타나는 현상이다.

41

정답 ③

금속 돌출은 ICFTA에서 지정한 주물 결함의 한 종류이다. 즉, 주물의 표면 결함에 들어가는 결함이 아니라는 것이다.

[ICFTA에서 지정한 7가지 주물 결함의 종류]
• 금속 돌출: fin(지느러미)
• 기공
• 불연속

- 표면 결함: 스캡, 와시, 버클, 콜드셧, 표면 굽힘, 표면 겹침, scar
- 충전 불량
- 치수 결함
- 개재물

42

정답 ②

[주물금속의 중량(W_m) 계산 공식]

$$W_m = \frac{W_p}{S_p}(1-3\phi)S_m \fallingdotseq \frac{S_m}{S_p}W_p$$

여기서, W_p: 목형의 중량

S_p: 목형의 비중

W_m: 주물의 중량

S_m: 주물의 비중

3ϕ: 주물 체적에 대한 수축률은 길이 방향의 3배이다.

43

정답 ④

냉각쇠(chiller)는 주물 두께에 따른 응고속도 차를 줄이기 위해 사용한다. 주물을 주형에 넣어 냉각시킬 때 주물 두께가 다른 부분이 있다면 두께가 얇은 쪽이 먼저 응고되면서 수축하게 되고, 그 부분은 쇳물이 부족하여 수축공이 발생한다. 따라서 **주물 두께가 두꺼운 부분에 냉각쇠를 설치하여 두꺼운 부분의 응고속도를 증가시켜서** 주물 두께 차이에 따른 응고속도 차이를 줄여 수축공을 방지할 수 있다.

냉각쇠의 종류로는 핀, 막대, 와이어가 있으며 주형보다 열흡수성이 좋은 재료를 사용한다. 그리고 고온부와 저온부가 동시에 응고되거나, 두꺼운 부분과 얇은 부분이 동시에 응고되도록 하는 목적으로 설치한다. 여기서 가장 중요한 것은, **냉각쇠는 가스배출을 고려하여 주형의 상부보다는 하부에 부착해야 한다는 것이다.** 만약, 상부에 부착한다면 가스가 주형 위로 배출되어 상부에 부착된 냉각쇠에 의해 빠르게 냉각되면서 응축하여 가스액이 되고, 그 가스액이 주물 내부로 떨어져 결함을 발생시킬 수 있다.

44

정답 ②

[sand mill]
입도를 고르게 갖춘 주물사에 흑연, 레진, 점토, 석탄가루 등을 첨가해서 혼합 반죽처리를 한 후 첨가물을 고르게 분포하여 강도, 통기성, 유동성을 좋게 하는 혼합기이다.

45

정답 ⑤

[덧쇳물(압탕, 라이저)의 역할]
- 주형 내 쇳물에 압력을 가해 조직이 치밀해진다.
- 금속이 응고될 때 수축으로 인한 쇳물 부족을 보충해 준다.
- 주형 내 공기를 제거하며, 쇳물 주입량을 알 수 있다.
- 주형 내 가스를 배출시켜 수축공 현상을 방지한다.

• 주형 내 불순물과 용제의 일부를 밖으로 내보낸다.
※ 금속이 응고할 때 수축으로 인한 쇳물의 부족을 보충한다.

46
정답 ③

[주형상자를 이용한 주형제작법]
• **스퀴즈법**: 주물상자를 위로 들어올려 상부의 헤드에 의해 제작한다.
• **졸트법**: 압축공기를 사용하여 주형상자를 상하로 진동시켜 제작한다.
• **슬링거법**: 회전 임펠러에 의해 주형상자에 고르게 투사시켜 제작한다.
• **스트립법**: 주형상자에서 모형을 뽑아 주형상자를 위로 밀어 올려 제작한다.
• **블로우법**: 코어를 제작할 때 사용한다.
• **드로우법**: 분리시킴으로써 모형을 위로 뽑아내는 방법이다.

47
정답 ③

[용탕에 압력을 가하는 주조법]
• 스퀴즈주조법
• 다이캐스팅법
• 원심주조법

48
정답 ②

[압상력]
주형에 쇳물을 주입하면 쇳물의 부력으로 인해 위 주형틀이 들리게 되는 힘을 말한다. 이때, 압상력에 의해 위 주형틀이 들리는 것을 방지하기 위해 위 주형틀에 올려놓는 것을 중추라고 하는데, 중추의 무게는 압상력의 3배로 한다.

49
정답 ③

① Runner(탕도): 수직으로 있는 탕구에서 주물이 얻어질 주형 공간으로 이어지는 수평으로 놓인 유로를 말한다. 즉, 용융금속을 주형 속으로 유도 및 배분해 주는 통로이다.
② Feeder(압탕구): 주형 내에서 쇳물이 응고될 때 수축으로 인한 쇳물 부족 현상이 일어난다. 이 부족한 양을 보충하는 역할을 한다.
③ Flow off(플로 오프): 탕구계에서 주형의 상형에 설치하여 가스빼기 및 슬래그나 모래 알갱이 등 혼합물을 밖으로 내보내는 역할을 하며, 주입할 때 용탕이 주형에 다 채워졌는지 확인할 수 있다.
④ Pouring cup(쇳물받이, 탕류): 용탕을 주입할 때 비산을 방지하여 산화를 방지하고, 협잡물 등을 제거하고 조용히 흘러들어가게 하는 역할을 한다.

50

정답 ①

[인베스트먼트법(로스트왁스법)_특수주조법의 종류]

제품과 동일한 형상의 모형을 왁스(양초)나 파라핀(합성수지)_으로 만든 후, 그 주변을 슬러리 상태의 내화재료로 도포한 다음 가열하면 주형은 경화되면서 왁스로 만들어진 내부 모형이 용융되어 밖으로 빠짐으로써 주형이 완성된다. 이 주형을 사용하여 용탕을 주입함으로써 주물을 만드는 특수제조법이다(<u>소모성 주형을 사용하는 주조법이다</u>).

특징	• 모양이 복잡하고 치수정밀도가 높은 주물 제작이 가능하다. • 모든 재질의 적용이 가능하며 특히 특수합금에 적합하다. • 용융점이 높은 합금의 주조에 적합하다. • 소량생산에서 대량생산까지 가능하다. • 다른 일반 주조법에 비해서 제조비 및 인건비가 비싼 편이다. **(특수주조법이면 다 비싸다)** • 대량생산은 가능하나, 대형주물은 만들 수 없다. • 항공 및 선박 부품과 같이 가공이 힘들거나 기계가공이 불가능한 제품을 제작하는 데 사용한다.

51

정답 ①

• **기공의 원인**: 가스 배출 불량이 원인이다.
• **기공의 방지대책**
  − 쇳물의 주입온도를 너무 높게 하지 말 것
  − 쇳물 아궁이를 크게 하고, 덧쇳물을 붙여 압력을 가할 것
  − 주형의 통기성을 좋게 하여 가스 발생을 억제할 것
  − 주형 내의 수분을 제거할 것
• **수축공 원인**: 쇳물의 부족으로 발생한다.
• **수축공 방지대책**
  − 덧쇳물을 부어서 쇳물 부족을 보충할 것
  − 쇳물 아궁이를 크게 할 것
  − 주물의 두께 차로 인한 냉각속도를 줄이기 위해 냉각쇠를 부착하여 응고속도를 높일 것

✓ 기공의 방지대책에도 덧쇳물을 붓는 것이 있지만, 덧쇳물을 붓는 것은 수축공 방지에 더 적합하기 때문에 ①번이 정답이다.

52

정답 ④

인베스트먼트법은 다른 일반 주조법에 비해서 제조비 및 인건비가 비싼 편이다(<u>특수주조법은 다 비싸다</u>).

상세 해설 50번 해설 참조

02 소성가공

01	①	02	③	03	②	04	④	05	③	06	③	07	④	08	⑤	09	②	10	④
11	②	12	①	13	①	14	①	15	②	16	④	17	③	18	⑤	19	③	20	②
21	④	22	④	23	①	24	③	25	②	26	③	27	③	28	②	29	①	30	④
31	④	32	④	33	②	34	④	35	①	36	①	37	②	38	②	39	③	40	④

01

정답 ①

① **인발**: 다이에 소재를 넣고 통과시켜 기계의 힘으로 잡아당겨 단면적을 줄이고 길이 방향으로 늘리는 가공(구멍의 모양과 같은 단면의 선, 봉, 파이프 등을 만든다.)

② **압출**: 단면이 균일한 긴 봉이나 관을 만드는 작업으로, 소재를 압출 컨테이너에 넣고 램을 강력한 힘으로 밀어 한쪽에 설치된 다이로 소재를 빼내는 가공

③ **압연**: 회전하는 두 롤러 사이에 판재를 통과시켜 두께를 줄이는 작업

④ **전조**: 다이나 금형 사이에 소재를 넣고 소성변형시켜 나사나 기어 등을 만드는 가공

02

정답 ③

[열간단조의 종류]

프레스단조, 업셋단조, 해머단조, 압연단조

[냉간단조의 종류]

• 코이닝: 동전 및 메달 등을 만드는 가공방법으로, 상형과 하형이 서로 다르며 두께의 변화가 있다.

• 콜드헤딩: 볼트 머리를 만드는 성형 가공방법이다.

• 스웨이징: 판재, 봉재의 지름을 축소시키는 가공방법이다.

03

정답 ②

[배럴링]

소재의 옆면이 볼록해지는 불완전한 상태를 말하며, 고온의 소재를 냉각된 금형으로 업세팅할 때 발생할 수 있다.

[배럴링 현상을 방지하는 방법]

• 열간가공 시 다이(금형)를 예열한다.

• 금형과 제품 접촉면에 윤활유나 열차폐물을 사용한다.

• 초음파로 압축판을 진동시킨다.

04

정답 ④

Non Slip Point(중립점)에서는 최대압력이 발생한다.

• 중립점 = 등속점 = Non Slip Point

05

정답 ③

[압출결함]

파이프 결함	압출과정에서 마찰이 너무 크거나 소재의 냉각이 심한 경우 제품 표면에 산화물이나 불순물이 중심으로 빨려 들어가 발생하는 결함이다.
셰브론 균열(중심부 균열)	취성균열의 파단면에서 나타나는 산 모양을 말한다.
표면 균열(대나무 균열)	압출과정에서 속도가 너무 크거나, 온도·마찰이 클 때 제품 표면의 온도가 급격하게 상승하여 표면에 균열이 발생하는 결함이다.

[인발결함]

솔기 결함(심결함)	봉의 길이 방향으로 나타나는 흠집을 말한다.
셰브론 균열(중심부 균열)	인발에서도 셰브론 균열이 발생한다.

06

정답 ③

[단조]

정의		금속재료를 소성유동하기 쉬운 상태에서 금형이나 공구로 압축력 또는 충격력을 가하여 성형하는 가공법이다(재료를 기계나 해머로 두들겨서 성형하는 가공).
특징		• 재료 내부의 기포나 불순물이 제거된다. • 거친 입자가 파괴되어 미세하고 치밀하고도 강인하게 된다. • 한 방향으로 가공하면 섬유상 조직이 나타나 강도가 증대된다. • 산화에 의한 스케일이 발생한다. • 복잡한 구조의 소재 가공에는 적합하지 않다. • 재료 내부의 기포를 압착시켜 균질화하여 기계적·물리적 성질을 개선하며 소재 내부에 존재하는 기공 등의 불량이 압착 및 제거되어 안전성이 높다.
목적		• 주조조직 파괴　　　　　　　　• 기공 압착 • 형상화　　　　　　　　　　　• 조직의 미세화 • 조직의 균질화(재질적 개선)　• 화학성분 균일화 • 섬유상 조직 강화　　　　　　• 기계적 성질 향상
방법에 따른 분류	자유단조	가열된 단조물을 앤빌 위에 놓고 해머나 손공구로 타격하여 목적하는 형상으로 제품을 생산하는 방법으로, 금형을 사용하지 않으며 정밀한 제품에는 곤란하기 때문에 제품의 형태가 간단하고 소량일 때 적합하다. **[자유단조의 기본 작업]** • 업세팅(축박기, 눌러붙이기): 소재를 축방향으로 압축시켜 길이를 짧게 하고 단면적을 늘리는 작업 • 단짓기　　• 굽히기　　• 구멍뚫기　　• 전단　　• 늘리기
	형단조	상하 2개의 단조 다이 사이에 가열된 소재를 놓고 순간적인 타격이나 높은 압력을 가하여 소재를 단조 다이 내부의 형상대로 성형 가공하는 방법이다. 특징으로는 제품을 대량으로 생산할 수 있고 스패너, 렌치, 크랭크 제작에 사용된다.

07

중립점(등속점)은 롤러의 회전속도와 소재의 통과속도가 같아지는 점을 말한다. 이 중립점은 마찰계수가 클수록 입구에 가까워지게 된다.

08

[자유단조]

가열된 단조물을 앤빌 위에 놓고 해머나 손공구로 타격하여 목적하는 형상으로 제품을 생산하는 방법으로, 금형을 사용하지 않으며 정밀한 제품에는 곤란하기 때문에 제품의 형태가 간단하고 소량일 때 적합하다.

[자유단조의 기본 작업]

- 업세팅(축박기, 눌러붙이기) : 소재를 축방향으로 압축시켜 길이를 짧게 하고 단면적을 늘리는 작업
- 단짓기
- 굽히기
- 구멍뚫기
- 전단
- 늘리기

09

압하량이 일정할 경우 직경이 작은 롤러를 사용하면 압연하중이 감소하지만 직경이 큰 롤러를 사용하면 롤러의 자중에 의한 무게의 증가로 압연하중은 증가하게 된다.

10

[소성가공(물체의 영구 변형을 이용한 가공방법)]

- 압연 : 회전하는 2개의 롤러 사이에 판재를 통과시켜 두께를 줄이고 폭은 증가시키는 가공이다.
- 전조 : 다이스 사이에 소재를 끼워 소성변형시켜 원하는 모양을 만드는 가공법이다. 구체적으로 재료와 공구를 각각 또는 함께 회전시켜 재료 내부나 외부에 공구의 형상을 새기는 특수압연법이다. 대표적인 제품으로는 나사와 기어가 있으며 절삭칩이 발생하지 않아 표면이 깨끗하고 재료의 소실이 거의 없다. 또한, 강인한 조직을 얻을 수 있고 가공속도가 빨라서 대량생산에 적합하다.
- **압출** : 단면이 균일한 봉이나 관 등을 제조하는 가공방법으로 선재나 관재, 여러 형상의 일감을 제조할 때 재료를 용기 안에 넣고 램으로 높은 압력을 가해 다이 구멍으로 밀어내면 재료가 다이를 통과하면서 가래떡처럼 제품이 만들어진다.
- 인발 : 금속 봉이나 관을 다이 구멍에 축방향으로 통과시켜 외경을 줄이는 가공이다.
- 제관법 : 관을 만드는 가공방법이다.
  - 이음매 있는 관 : 접합방법에 따라 단접관과 용접관이 있다.
  - 이음매 없는 관 : 만네스만법, 압출법, 스티펠법, 에르하르트법 등

11

종류	블랭킹	펀칭
원하는 형태	판재에서 필요한 형상의 제품을 잘라냄	잘라낸 쪽은 폐품이 되고 구멍이 뚫리고 남은 쪽이 제품
소요 치수 위치	다이 구멍을 소요 치수형상으로 다듬음	펀치 쪽을 소요 치수형상으로 다듬음
쉬어 부착 위치	다이면에 붙임	펀치면에 붙임

12

정답 ①

②~④도 전단가공의 종류이므로 정의를 반드시 알아야 한다.

[블랭킹과 펀칭]

- 블랭킹(blanking)[남폐 뽑제] = 다이에 전단가공

  판재에서 펀치로서 소정의 제품을 뽑아내는 가공('남은 쪽'이 폐품 / '뽑아낸 것'이 제품)

  → 원하는 형상을 뽑아내는 가공법

  → 펀치와 다이를 이용해 판금재료로부터 제품의 '외형을 따내는 가공법'

- 펀칭(punching, piercing = 피어싱) [남제 뽑폐] = 공구에 전단가공

  판재에서 소정의 구멍을 뚫는 가공('뽑아낸 것'이 폐품 / '남는 쪽'이 제품)

종류	블랭킹	펀칭
원하는 형태	판재에서 필요한 형상의 제품을 잘라냄	잘라낸 쪽은 폐품이 되고 구멍이 뚫리고 남은 쪽이 제품
소요 치수 위치	다이 구멍을 소요 치수형상으로 다듬음	펀치 쪽을 소요 치수형상으로 다듬음
쉬어 부착 위치	다이면에 붙임	펀치면에 붙임

13

정답 ①

① 롤포밍: 두 개나 그 이상으로 나란히 연속된 롤러에 의해 연속적으로 금속판재를 넣어 원하는 형상으로 성형하는 가공법으로, 순차적으로 생산하므로 제품의 외관이 좋으며 대량생산이 가능하다.

② 로터리 스웨이징: 금형을 회전시키면서 봉이나 포신과 같은 튜브 제품을 성형하는 회전단조의 일종인 가공방법이다.

③ 플랜징: 금속판재의 모서리를 굽히는 가공법으로 2단 펀치를 사용하여 판재에 작은 구멍을 낸 후 구멍을 넓히면서 모서리를 굽혀 마무리를 짓는 가공법이다.

④ 게링법: 프레스 베드에 놓인 성형 다이 위에 블랭크를 놓고 위틀에 채워져 있는 고무 탄성에 의해 블랭크를 아래로 밀어 눌러 다이의 모양으로 성형하는 가공법이다. 즉, 일감을 다이 위에 놓고 고무펀치로 압입하는 가공법이다.

참고

[인베스트먼트 주조]

제품과 동일하게 왁스(양초)나 파라핀(합성수지)으로 모형을 만든 후 슬러리 상태의 내화재료로 주변을 도포한 다음 가열하면 주형이 경화되면서 왁스로 만들어진 내부 모형이 용융되어 밖으로 빠짐으로써 주형이 완성되는 주조법이다. 로스트왁스법 또는 치수정밀도가 좋아서 정밀주조법으로 불린다.

14

정답 ①

[버니싱(burnishing)]

- 원통의 내면 다듬질 방법으로 안지름보다 약간 큰 지름의 강구를 강제로 통과시켜 면을 매끈하게 다듬질하는 방법이다.
- 구멍의 정밀도를 향상시킬 수 있다.
- 압축응력에 의한 피로강도 상승효과를 얻을 수 있다.

15

$$압하율 = \frac{H_0 - H}{H_0} \times 100\%$$

여기서, H_0: 통과 전 두께, H: 통과 후 두께

[압하율을 크게 하는 방법]

- 지름이 큰 롤러를 사용한다.
- 롤러의 회전속도를 늦춰 롤러의 자중이 그대로 판재에 오래 작용하게끔 한다.
- 소재(압연재)의 온도를 높인다.
- 압연재를 뒤에서 밀어준다.
- 롤축에 평행인 홈을 롤 표면에 만들어준다.
- 마찰계수를 크게 한다.

✓ **중립점(Non Slip Point, 등속점)**은 롤러의 회전속도와 소재의 통과속도가 같아지는 점을 말한다. 중립점은 마찰계수가 클수록 입구에 가까워지게 되며, 중립점에서 최대압력이 발생하게 된다.

16

단조재료	최고단조온도 (℃)	단조완료온도 (℃)	단조재료	최고단조온도 (℃)	단조완료온도 (℃)
STS강	1,300	900	스프링강	1,200	900
Cr-Ni강	1,200	850	니켈청동	850	700
Ni강	1,200	850	인청동	600	400
탄소강	1,100~1,300	800	두랄루민	550	400
탄소강 잉곳	1,200	800	황동	750~850	500~700
고속도강	1,250	950	동(구리)	800	700
특수강 잉곳	1,200	800	크롬강	1,200	850

∴ 스테인리스강의 최고단조온도와 구리의 단조완료온도의 차이 = 1,300 − 700 = 600℃

17

[프레스 가공의 종류]

전단가공	블랭킹, 펀칭, 전단, 트리밍, 셰이빙, 노칭, 정밀블랭킹(파인블랭킹), 분단
굽힘가공	형굽힘, 롤굽힘, 폴더굽힘
성형가공	스피닝, 시밍, 컬링, 비딩, 벌징, 마폼법, 하이드로폼법
압축가공	코이닝(압인가공), 엠보싱, 스웨이징, 버니싱

※ **스웨이징**: 압축가공의 일종으로, 선·관·봉재 등을 공구 사이에 넣고 압축 성형하여 두께 및 지름 등을 감소시키는 공정방법으로, 봉 따위의 재료를 반지름 방향으로 다이를 왕복운동하여 지름을 줄인다. 이에 따라 **스웨이징을 반지름 방향 단조방법**이라고도 한다.

18

[냉간가공과 열간가공의 비교]

구분	냉간가공	열간가공
가공온도	재결정온도 이하에서 가공 (금속재료를 재결정시키지 않고 가공한다.)	재결정온도 이상에서 가공 (금속재료를 재결정시키고 가공한다.)
표면거칠기, 치수정밀도	우수하다. (깨끗한 표면과 치수정밀도가 우수한 제품을 얻을 수 있다.)	냉간가공에 비해 거칠다. (높은 온도에서 가공하기 때문에 표면이 산화되어 정밀한 가공은 불가능하다.)
균일성(표면의 치수정밀도 및 요철의 정도)	크다	작다
동력	많이 든다.	적게 든다.
가공경화	가공경화가 발생하여 가공품의 강도가 증가한다.	가공경화가 발생하지 않는다.
변형응력	높다	낮다
용도	연강, 구리, 합금, 스테인리스강(STS) 등의 가공에 사용한다.	압연, 단조, 압출가공 등에 사용한다.
성질의 변화	인장강도, 경도, 항복점, 탄성한계는 증가하고 연신율, 단면수축률, 인성은 감소한다.	연신율, 단면수축률, 인성은 증가하고 인장강도, 경도, 항복점, 탄성한계는 감소한다.
조직	미세화	초기에 미세화 효과 → 조대화
마찰계수	작다	크다 (표면이 산화되어 거칠어짐)
생산력	대량생산에는 부적합하다.	대량생산에 적합하다.

✔ 열간가공은 재결정온도 이상에서 가공하는 것으로, 금속재료의 재결정이 이루어진다. 재결정이 이루어지면 새로운 결정핵이 생기고 이 결정이 성장하여 연화(물렁물렁)된 조직을 형성하기 때문에 금속재료의 변형이 매우 용이한 상태가 된다. 따라서 가공하기가 쉽고 가공시간이 짧아진다. 즉, 열간가공은 대량생산에 적합하다.

✔ 열간가공은 재결정온도 이상에서 가공하기 때문에 높은 온도에서 가공한다. 따라서 제품이 대기 중의 산소와 높은 온도에서 반응하여 제품의 표면이 산화되기 쉬우므로 표면이 거칠어질 수 있다. 즉, 열간가공은 냉간가공에 비해 치수정밀도와 표면상태가 불량하며 균일성(표면거칠기)이 적다.

19

[배럴링]

소재의 옆면이 볼록해지는 불완전한 상태를 말하며, 고온의 소재를 냉각된 금형으로 업세팅할 때 발생할 수 있다.

[배럴링 현상을 방지하는 방법]
• 열간가공 시 다이(금형)를 예열한다.
• 금형과 제품 접촉면에 윤활유나 열차폐물을 사용한다.
• 초음파로 압축판을 진동시킨다.

20

[소성가공]
물체의 **영구변형(소성)**을 이용한 가공방법으로, "<u>재결정온도 이하로 가공하느냐, 재결정온도 이상으로 가공하느냐</u>"에 따라 냉간가공과 열간가공으로 구분된다.

[소성가공의 특징]
• 보통 주물에 비해 성형된 치수가 정확하다.
• 결정조직이 개량되고, 강한 성질을 가진다.
• 대량생산으로 균일한 품질을 얻을 수 있다.
• 재료의 사용량을 경제적으로 할 수 있으며 인성이 증가한다.

✓ 복잡한 형상의 제품을 만드는 데 적합한 것은 '주조법'이다.

21

① **인발가공**: 금속봉이나 관 등을 다이를 통해 축방향으로 잡아당겨 지름을 줄이는 가공법이다.
② **압출가공**: 소재를 용기에 넣고 높은 압력을 가하여 다이 구멍으로 통과시켜 형상을 만드는 가공법이다. 또한 선재나 관재, 여러 형상의 일감을 제조할 때 재료를 용기 안에 넣고 램으로 높은 압력을 가해 다이 구멍으로 밀어내면 재료가 다이를 통과하면서 가래떡처럼 제품이 만들어진다.
③ **전조가공**: 재료와 공구를 각각 또는 함께 회전시켜 재료 내부나 외부에 공구의 형상을 새기는 특수 압연법이다. 대표적인 제품으로는 나사와 기어가 있으며 절삭칩이 발생하지 않아 표면이 깨끗하고 재료의 소실이 거의 없다. 또한 강인한 조직을 얻을 수 있고 가공속도가 빨라서 대량생산에 적합하다.
④ **압연가공**: 회전하는 한 쌍의 롤 사이로 소재를 통과시켜 두께와 단면적을 감소시키고 길이 방향으로 늘리는 가공법이다.
⑤ **단조가공**: 소재를 일정 온도 이상으로 가열하고 해머 등으로 타격하여 모양이나 크기를 만드는 가공법이다.

22

코이닝	조각된 형판이 붙은 한 조의 다이(die) 사이에 재료를 넣고 압력을 가하여 표면에 조각 도형을 성형시키는 가공법으로, 화폐, 메달, 배지, 문자 등의 제작에 이용된다. 즉, 소재면에 요철을 내는 가공법으로, 상형·하형이 서로 관계가 없는 요철을 가지고 있으며 두께의 변화가 있는 제품을 만들 때 사용된다.
해밍	판재의 끝단을 접어 포개는 공정작업이다.
아이어닝	딥드로잉된 컵의 두께를 더욱 균일하게 만들기 위한 후속공정으로 이어링 현상을 방지한다. 즉, 금속 판재의 딥드로잉 시 판재의 두께보다 펀치와 다이 간의 간극을 작게 하여 두께를 줄이거나 균일하게 하는 공정이다.

비딩	오목 및 볼록 형상의 롤러 사이에 판을 넣고 롤러를 회전시켜 홈을 만드는 공정으로, 긴 돌기를 만드는 가공이다.
시밍	판재를 접어서 굽히거나 말아 넣어 접합시키는 공정이다.

23
정답 ①

[압출결함]
- **파이프 결함**: 압출과정에서 마찰이 너무 크거나 소재의 냉각이 심한 경우 제품 표면에 산화물이나 불순물이 중심으로 빨려 들어가 발생하는 결함이다.
- **셰브론 균열(중심부 균열)**: 취성균열의 파단면에서 나타나는 산 모양을 말한다.
- **표면 균열(대나무 균열)**: 압출과정에서 속도가 너무 빠르거나 온도 및 마찰이 클 때 제품 표면의 온도가 급격하게 상승하여 표면에 균열이 발생하는 결함이다.

[인발결함]
- **솔기결함(심결함)**: 봉의 길이 방향으로 나타나는 흠집을 말한다.
- **셰브론 균열(중심부 균열)**: 인발가공에서도 셰브론 균열(중심부 균열)이 발생한다.

24
정답 ③

① **비딩(beading)**: 오목 및 볼록 형상의 롤러 사이에 판을 넣고 롤러를 회전시켜 홈을 만드는 공정으로, 긴 돌기를 만드는 가공이다.
② **로터리 스웨이징(rotary swaging)**: 금형을 회전시키면서 봉이나 포신과 같은 튜브 제품을 성형하는 회전단조의 일종인 가공이다.
③ **버링(burling)**: 뚫려 있는 구멍에 그 안지름보다 큰 지름의 펀치를 이용하여 구멍의 가장자리를 판면과 직각으로 구멍 둘레에 테를 만드는 가공이다.
④ **버니싱(burnishing)**: 1차로 가공된 가공물의 안지름보다 다소 큰 강구(steel ball)를 압입 통과시켜서 가공물의 표면을 소성변형으로 가공하는 방법이다. 원통의 내면 다듬질 방법으로 구멍의 정밀도를 향상시킬 수 있으며 압축응력에 의한 피로강도 상승효과를 얻을 수 있다.

25
정답 ②

보기 중 노칭, 트리밍, 펀칭은 전단가공에 속하고, 시밍은 성형가공에 속한다.

[프레스 가공의 종류]

전단가공	블랭킹, 펀칭, 전단, 트리밍, 셰이빙, 노칭, 정밀블랭킹(파인블랭킹), 분단
굽힘가공	형굽힘, 롤굽힘, 폴더굽힘
성형가공	스피닝, 시밍, 컬링, 비딩, 벌징, 마폼법, 하이드로폼법
압축가공	코이닝(압인가공), 엠보싱, 스웨이징, 버니싱

※ 스웨이징: 압축가공의 일종. 선·관·봉재 등을 공구 사이에 넣고 압축 성형하여 두께 및 지름 등을 감소시키는 공정방법으로, 봉 따위의 재료를 반지름 방향으로 다이를 왕복운동하여 지름을 줄인다. 따라서 **스웨이징을 반지름 방향 단조방법**이라고도 한다.

26

정답 ③

[소성가공(물체의 영구 변형을 이용한 가공방법)]
- **압연**: 회전하는 2개의 롤러 사이에 판재를 통과시켜 두께를 줄이고 폭은 증가시키는 가공이다.
- **전조**: 다이스 사이에 소재를 끼워 소성변형시켜 원하는 모양을 만드는 가공법이다. 구체적으로 재료와 공구를 각각 또는 함께 회전시켜 재료 내부나 외부에 공구의 형상을 새기는 특수압연법이다. 대표적인 제품으로는 나사와 기어가 있으며 절삭칩이 발생하지 않아 표면이 깨끗하고 재료의 소실이 거의 없다. 또한, 강인한 조직을 얻을 수 있고 가공속도가 빨라서 대량생산에 적합하다.
- **압출**: 단면이 균일한 봉이나 관 등을 제조하는 가공방법으로 선재나 관재, 여러 형상의 일감을 제조할 때 재료를 용기 안에 넣고 램으로 높은 압력을 가해 다이 구멍으로 밀어내면 재료가 다이를 통과하면서 가래떡처럼 제품이 만들어진다.
- **인발**: 금속봉이나 관을 다이 구멍에 축방향으로 통과시켜 외경을 줄이는 가공이다.
- **제관법**: 관을 만드는 가공방법이다.
  - 이음매 있는 관: 접합방법에 따라 단접관과 용접관이 있다.
  - 이음매 없는 관: 만네스만법, 압출법, 스티펠법, 에르하르트법 등

27

정답 ③

① **인발**: 금속 봉이나 관 등을 다이에 넣고 축방향으로 잡아당겨 지름을 줄임으로써 가늘고 긴 선이나 봉재 등을 만드는 가공방법이다.
② **압출**: 상온 또는 가열된 금속을 용기 내의 다이를 통해 밀어내어 봉이나 관 등을 만드는 가공방법이다.
③ **단조**: 금속재료를 소성유동하기 쉬운 상태에서 금형이나 공구(해머 따위)로 압축력 또는 충격력을 가해 성형하는 가공방법이다.
④ **압연**: 열간·냉간에서 재료를 회전시키는 두 개의 롤러 사이에 통과시켜 두께를 줄이는 가공방법이다.

28

정답 ②

셰이빙은 전단가공에 포함된다.

상세 해설 25번 해설 참조

29

정답 ①

[스웨이징]
압축가공의 일종. 선·관·봉재 등을 공구 사이에 넣고 압축 성형하여 두께 및 지름 등을 감소시키는 공정 방법으로, 봉 따위의 재료를 반지름 방향으로 다이를 왕복운동하여 지름을 줄인다. 이에 따라 **스웨이징을 반지름 방향 단조방법**이라고도 한다.

30

정답 ④

[압출]
상온 또는 가열된 금속을 용기 내의 다이를 통해 밀어내어 봉이나 관 등을 만드는 가공방법이다.

[직접압출과 간접압출의 특징]

직접압출(전방압출)	간접압출(후방압출, 역식압출)
램과 소재가 같은 방향으로 실시된다.	램과 소재가 반대 방향으로 실시된다.
재료의 손실이 많다.	재료의 손실이 적다.
마찰저항이 커서 동력의 소모가 많다.	마찰저항이 작아 동력의 소모가 적다.
압출재의 길이에 제한이 없다.	압출재의 길이에 제한을 받는다.

31

정답 ④

[소성가공(물체의 영구 변형을 이용한 가공방법)]

압연	회전하는 2개의 롤러 사이에 판재를 통과시켜 두께를 줄이고 폭은 증가시키는 가공이다.
전조	다이스 사이에 소재를 끼워 소성변형시켜 원하는 모양을 만드는 가공법이다. 구체적으로 재료와 공구를 각각 또는 함께 회전시켜 재료 내부나 외부에 공구의 형상을 새기는 특수압연법이다. 대표적인 제품으로는 나사와 기어가 있으며 절삭칩이 발생하지 않아 표면이 깨끗하고 재료의 소실이 거의 없다. 또한, 강인한 조직을 얻을 수 있고 가공속도가 빨라서 대량생산에 적합하다.
압출	단면이 균일한 봉이나 관 등을 제조하는 가공방법으로 선재나 관재, 여러 형상의 일감을 제조할 때 재료를 용기 안에 넣고 램으로 높은 압력을 가해 다이 구멍으로 밀어내면 재료가 다이를 통과하면서 가래떡처럼 제품이 만들어진다.
인발	금속 봉이나 관을 다이 구멍에 축방향으로 통과시켜 외경을 줄이는 가공이다.
단조	금속재료를 소성유동하기 쉬운 상태에서 금형이나 공구로 압축력 또는 충격력을 가하여 성형하는 가공법이다(재료를 기계나 해머로 두들겨서 성형하는 가공법이다).

32

정답 ④

[압연가공]

회전하는 2개의 롤러 사이에 판재를 통과시켜 두께를 줄이고 폭은 증가시키는 가공이다.

33

정답 ②

[단조]

정의	금속재료를 소성유동하기 쉬운 상태에서 금형이나 공구로 압축력 또는 충격력을 가하여 성형하는 가공법이다(재료를 기계나 해머로 두들겨서 성형하는 가공법이다).
특징	• 재료 내부의 기포나 불순물이 제거된다. • 거친 입자가 파괴되어 미세하고 치밀하고도 강인하게 된다. • 한 방향으로 가공하면 섬유상 조직이 나타나 강도가 증대된다. • 산화에 의한 스케일이 발생한다. • 복잡한 구조의 소재 가공에는 적합하지 않다. • 재료 내부의 기포를 압착시켜 균질화하여 기계적 및 물리적 성질을 개선하며 소재 내부에 존재하는 기공 등의 불량이 압착 및 제거되어 안전성이 높다.

목적	• **주조조직 파괴** • 형상화 • 조직의 균질화(재질적 개선) • 섬유상 조직 강화	• **기공 압착** • 조직의 미세화 • 화학성분 균일화 • 기계적 성질 향상
방법에 따른 분류	자유단조	가열된 단조물을 앤빌 위에 놓고 해머나 손공구로 타격하여 목적하는 형상으로 제품을 생산하는 방법으로, 금형을 사용하지 않으며 정밀한 제품에는 곤란하다. 즉, 제품의 형태가 간단하고 소량일 때 적합하다. **[자유단조의 기본 작업]** • 업세팅(축박기, 눌러붙이기): 소재를 축방향으로 압축시켜 길이를 짧게 하고 단면적을 늘리는 작업 • 단짓기 • 굽히기 • 구멍뚫기 • 전단 • 늘리기
	형단조	상하 2개의 단조 다이 사이에 가열된 소재를 놓고 순간적인 타격이나 높은 압력을 가하여 소재를 단조 다이 내부의 형상대로 성형 가공하는 방법이다. 특징으로는 제품을 대량으로 생산할 수 있고 스패너, 렌치, 크랭크 제작에 사용된다.

34

정답 ④

① 해밍: 판재의 끝단을 접어 포개는 작업
② 코깅: 단조공정의 일종으로, 아래 위의 다이로 두께를 연속적으로 줄이는 공정
③ 벌징: 주름 형상을 만드는 공정
④ 시밍: 판재를 접어서 굽히거나 말아 넣어 접합시키는 공정
⑤ 웰시코깅: 다리가 짧은 가축몰이 개로, 엉덩이가 귀여운 강아지

35

정답 ①

벨(도입부) → 어프로치(안내부) → 베어링(정형부) → 릴리프(안내부)이다. 또한, 정형부는 실제 형태가 만들어지는 곳임을 꼭 기억하기 바란다.

36

정답 ①

[스피닝(spinning)]
선반의 주축에 제품과 같은 형상의 다이를 장착한 후 심압대로 소재를 다이와 밀착시킨 후 함께 회전시키면서 강체 공구나 롤러로 소재의 외부를 강하게 눌러서 축에 대칭인 원형의 제품을 만드는 **박판(얇은 판) 성형가공법**이다. 탄소강 판재로, 이음매 없는 국그릇이나 알루미늄 주방용품을 소량 생산할 때 사용하는 가공법이다. 보통 선반과 작업방법이 비슷하다.

37

정답 ②

① 플랜징: 소재의 단부를 직각으로 굽히는 작업이다.
② 벌징: 소성가공 중에서 주전자, 물통, 드럼통 등의 주름 형상을 제작하는 방법이다.
③ 비딩: 오목 및 볼록 형상의 롤러 사이에 판을 넣고 롤러를 회전시켜 홈을 만드는 공정으로, 긴 돌기를 만드는 가공이다.
④ 컬링: 원통용기의 끝부분을 말아 테두리를 둥글게 만드는 가공이다.

38

정답 ②

[딥드로잉 가공]
금속판재에서 원통 및 각통 등과 같이 이음매 없이 바닥이 있는 용기를 만드는 프레스 가공법이다.
• 이어링(earing): 판재의 평면 이방성으로 인해서 드로잉된 컵의 벽면 끝에 파도 모양이 생기는 현상이다.
• 아이어닝(ironing): 딥드로잉된 컵의 두께를 더욱 균일하게 만들기 위한 후속공정으로 이어링 현상을 방지한다. 즉, 금속 판재의 딥드로잉 시 판재의 두께보다 펀치와 다이 간의 간극을 작게 하여 두께를 줄이거나 균일하게 하는 공정이다.

39

정답 ③

[하이드로포밍]
튜브 형상의 소재를 금형에 넣고 **유체 압력**을 이용하여 소재를 변형시켜 가공하는 작업으로 자동차산업 등에서 많이 활용하는 기술이다.
※ 하이드로(hydro): 수력이라는 원래의 의미에서 변화하여 현재는 **액체 압력을 이용한 기기에 사용하는 접두어**로 쓰인다.

40

정답 ④

[스프링백]
재료를 소성변형한 후에 외력을 제거하면 재료의 탄성에 의해 원래의 상태로 다시 되돌아가려고 하는 현상이다.

[스프링백의 양이 커지는 경우]
• 경도가 클수록
• 두께가 얇을수록
• 굽힘반지름이 클수록
• 굽힘각도가 작을수록
• 탄성한계(탄성한도)가 클수록
• 탄성계수가 작을수록
• 항복강도가 클수록

※ [기계의 진리 블로그]에 스프링백과 관련된 내용을 이해하기 쉽게 글을 올려두었으므로 '스프링백'을 검색하여 추가적으로 학습하길 바란다.

03 측정기와 수기가공

01	④	02	⑤	03	③	04	③	05	②	06	①	07	③	08	④	09	④	10	②
11	③	12	③	13	①	14	②	15	②	16	④	17	③	18	③	19	②	20	③
21	②	22	②	23	③	24	③	25	⑤	26	①	27	③	28	①	29	⑤	30	②
31	④	32	①	33	①	34	④	35	①	36	③	37	④	38	③	39	②	40	③

01

정답 ④

직접측정 (절대측정)	일정한 길이나 각도가 표시되어 있는 측정기구를 사용하여 직접 눈금을 읽는 측정이다. 보통 소량이며 종류가 많은 품목에 적합하다. **직접측정기의 종류:** 버니어캘리퍼스(노기스), 마이크로미터, 하이트 게이지		
	장점	• 측정범위가 넓고 측정치를 직접 읽을 수 있다. • 다품종 소량 측정에 유리하다.	
	단점	• 판독자에 따라 치수가 다를 수 있다(측정오차). • 측정시간이 길며 정밀한 측정기의 경우 측정자의 숙련도와 경험을 요한다.	
비교측정	기준이 되는 일정한 치수와 측정물의 치수를 비교하여 그 측정치의 차이를 읽는 방법이다. **비교측정기의 종류:** 다이얼 게이지, 미니미터, 옵티미터, 전기 마이크로미터, 공기 마이크로미터 등		
	장점	• 비교적 정밀 측정이 가능하다. • 특별한 계산 없이 측정치를 읽을 수 있다. • 길이, 각종 모양의 공작기계의 정밀도 검사 등 사용 범위가 넓다. • 먼 곳에서 측정이 가능하며 자동화에 도움을 줄 수 있다. • 범위를 전기량으로 바꾸어 측정이 가능하다.	
	단점	• 측정범위가 좁다. • 피측정물의 치수를 직접 읽을 수 없다. • 기준이 되는 표준게이지(게이지 블록)가 필요하다.	
간접측정	측정물의 측정치를 직접 읽을 수 없는 경우에 측정량과 일정한 관계에 있는 개개의 양을 측정하여 그 측정값으로부터 계산에 의하여 측정하는 방법이다. 즉, 측정물의 형태나 모양이 나사나 기어 등과 같이 기하학적으로 간단하지 않을 경우에 측정부의 치수를 수학적 혹은 기하학적인 관계에 의해 얻는 방법이다. **간접측정의 종류:** 사인바를 이용한 부품의 각도 측정, 삼침법을 이용하여 나사의 유효지름 측정, 지름을 측정하여 원주길이를 환산하는 것 등		

02

정답 ⑤

[게이지 종류]
- 와이어 게이지: 철강선의 굵기 및 강판의 두께를 측정하는 데 사용
- 센터 게이지: 나사깎기 바이트의 각도를 측정하는 데 사용
- 반지름 게이지: 일감의 모서리 부분에 있는 라운딩 부분을 측정하는 데 사용
- 틈새 게이지: 조립 시 부품 사이의 틈새를 측정하는 데 사용
- 하이트 게이지: 높이 측정 및 금긋기에 사용(종류: HM, HB, HT)

03

정답 ③

[진원도 측정법]
3점법, 반경법, 직경법

[기어의 이두께 측정법]
오우버 핀법, 활줄, 걸치기

04

정답 ③

[줄날의 형식]
- 단목(홑줄날): 납, 주석, 알루미늄 등 연한 금속을 다듬질할 때
- 복목(두줄날): 일반 다듬질용
- 귀목(라스프줄날): 목재, 가죽 등을 다듬질할 때
- 파목(곡선줄날): 특수 다듬질할 때

✏️ **암기법**
난 (일)(복)이 많다. (특)(파)원으로서
※ 귀목은 귀를 생각해서 암기하자. 귀는 가죽처럼 말랑말랑하다. 나머지 단목!

05

정답 ②

모양공차 (형상공차)	진직도, 평면도, 진원도, 원통도, 선의 윤곽도, 면의 윤곽도
자세공차	직각도, 경사도, 평행도
위치공차	위치도, 동심도(동축도), 대칭도
흔들림 공차	원주 흔들림, 온 흔들림

※ **진원도**: 원의 중심에서 반지름이 이상적인 진원으로부터 벗어난 크기를 의미하는 형상 정밀도(모양공차, 형상공차)이다.

※ <u>모양공차(형상공차)는 데이텀 표시가 필요 없고, 자세공차, 위치공차, 흔들림 공차는 데이텀 표시가 필요하다.</u>

06

정답 ①

① 하이트 게이지: 높이 측정 및 금긋기에 사용하며, 종류는 HT형, HB형, HM형이 있다.
② 스크레이퍼: 더 정밀한 평면으로 다듬질할 때 사용한다.
③ 서피스 게이지: 금긋기 및 중심내기에 사용한다.
④ 블록 게이지: 길이의 측정기구로 사용되며, 여러 개를 조합하여 원하는 치수를 얻을 수 있다.
※ 링깅: 블록 게이지에서 필요로 하는 치수에 2개 이상의 블록 게이지를 밀착 접촉시키는 방법으로 조합되는 개수를 최소로 해서 오차를 방지하는 작업

07

정답 ③

오토콜리메이터: 미소각을 측정하는 광학적 측정기로, 수준기와 망원경을 조합한 측정기

[길이를 측정할 수 있는 측정기]
• 블록 게이지: 길이 측정의 기준으로 사용, 스크래치 방지를 위해 천·가죽 위에서 사용
• 다이얼 게이지: 기어장치로 미소한 변위를 확대하여 길이를 정밀하게 측정
• 버니어캘리퍼스: 인벌류트 치형의 피치오차를 측정하는 데 적합하며 길이 측정에 사용
• 마이크로미터: 피치가 정확한 나사의 원리를 이용한 측정기, 길이 측정에 사용

08

정답 ④

• 표면거칠기 표시 중에서 중심선의 평균거칠기값인 R_a값이 가장 작고 R_{max}가 가장 크다.
• 10점 평균거칠기 R_z는 표면거칠기곡선의 상위 5개의 값과 하위 5개의 값을 이용하여 표시한다.

09

정답 ④

[유효지름 측정방법]
• **나사 마이크로미터**: 나사의 유효지름을 측정하는 마이크로미터로, V형 엔빌과 원추형 조 사이에 가공된 나사를 넣고 측정한다.
• **삼침법**: 가장 정밀도가 높은 방법으로, 지름이 같은 3개의 와이어를 나사산에 대고 와이어의 바깥쪽을 마이크로미터로 측정한다. 삼침법이 적용되는 나사는 미터나사, 유니파이나사이다.

[삼침법에 의한 나사의 유효지름 측정 공식]
$$d_e(유효지름) = M - 3d + 0.866025p$$
여기서, M: 마이크로미터 읽음값, d: 와이어의 지름, p: 나사의 피치

[유효지름을 측정할 수 있는 방법]
삼침법, 나사 마이크로미터, 나사게이지, 공구현미경, 나사용 버니어캘리퍼스, 만능측정기, 투영기 등

10

정답 ②

[끼워맞춤]

틈새	**구멍의 치수가 축의 치수보다 클 때** 구멍과 축과의 치수 차를 말한다. → 구멍에 축을 끼울 때 구멍의 치수가 축의 치수보다 커야 틈이 생길 것이다.

죔새	**구멍의 치수가 축의 치수보다 작을 때** 축과 구멍의 치수 차를 말한다. → 구멍에 축을 끼울 때 구멍의 치수가 축의 치수보다 작아야 꽉 끼워질 것이다.

[끼워맞춤의 종류]

헐거운 끼워맞춤	구멍의 크기가 항상 축보다 크며 미끄럼운동이나 회전 등 움직임이 필요한 부품에 적용한다. ※ 구멍의 최소치수 > 축의 최대치수: 항상 틈새가 발생하여 헐겁다.
억지 끼워맞춤	헐거운 끼워맞춤과 반대로 구멍의 크기가 항상 축보다 작으며 분해 및 조립을 하지 않는 부품에 적용한다. 즉, 때려박아 꽉 끼워 고정하는 것을 생각하면 된다. ※ 구멍의 최대치수 < 축의 최소치수: 항상 죔새가 발생하여 꽉 낀다.
중간 끼워맞춤	헐거운 끼워맞춤과 억지 끼워맞춤으로 규정하기 곤란한 것으로, **틈새와 죔새가 동시에 존재하면 '중 간끼워맞춤'이다.** ※ 구멍의 최대치수 > 축의 최소치수: 틈새가 생긴다. ※ 구멍의 최소치수 < 축의 최대치수: 죔새가 생긴다.

최대 틈새	구멍의 최대허용치수 − 축의 최소허용치수
최소 틈새	구멍의 최소허용치수 − 축의 최대허용치수
최대 죔새	축의 최대허용치수 − 구멍의 최소허용치수
최소 죔새	축의 최소허용치수 − 구멍의 최대허용치수

11

정답 ③

[사인바가 이루는 각(θ)]

$$\sin\theta = \frac{H-h}{L}$$

여기서, L: 양 롤러 사이의 중심거리 = 호칭치수

위의 식에 주어진 조건을 대입하면, 사인바의 높은
쪽 높이 $H[\mathrm{mm}]$는

$$0.35 = \frac{H-7}{200} \rightarrow 200 \times 0.35 = H - 7 \rightarrow H = 77\mathrm{mm}$$

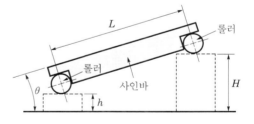

12

정답 ③

[표면거칠기 최대 높이]

$$H = \frac{S^2}{8R} \quad [\text{여기서, } R: \text{노즈의 반경}, S: \text{이송}]$$

$$\rightarrow H \propto \frac{S^2}{R} = \frac{4^2}{2} = 8\text{배}$$

13

정답 ①

사인바: 블록 게이지를 사용하여 삼각함수의 sin에 의해 각도를 측정하는 기구

[사인바의 호칭 치수]
양 롤러 사이의 중심거리로 표시하며 일반적으로 100mm, 200mm가 가장 많이 사용된다.

14

정답 ②

[버니어캘리퍼스(노기스) 눈금 읽기]
어미자의 $(n-1)$개의 눈금을 n등분한 아들자를 조합하여 만들게 되는데, 19mm의 눈금을 20등분하면 어미자와 아들자의 1눈금 차이가 0.05mm가 된다. 즉, 이것이 읽을 수 있는 최소 눈금이 된다.

$$C = \frac{S}{n}$$

여기서, C: 최소 측정값, S: 어미자의 한 눈금 간격, n: 아들자의 등분 수

$$\therefore C = \frac{S}{n} = \frac{0.5}{25} = \frac{1}{50} = 0.02\text{mm}$$

15

정답 ②

[헐거운 끼워맞춤]
항상 틈새가 생기는 끼워맞춤으로 구멍의 최소치수가 축의 최대치수보다 크다.
• **최대 틈새:** 구멍의 최대허용치수−축의 최소허용치수
• **최소 틈새:** 구멍의 최소허용치수−축의 최대허용치수

[억지 끼워맞춤]
항상 죔새가 생기는 끼워맞춤으로 축의 최소치수가 구멍의 최대치수보다 크다.
• **최대 죔새:** 축의 최대허용치수−구멍의 최소허용치수
• **최소 죔새:** 축의 최소허용치수−구멍의 최대허용치수

[중간 끼워맞춤]
구멍, 축의 실 치수에 따라 틈새 또는 죔새의 어떤 것이나 가능한 끼워맞춤이다.
$$\therefore \textbf{최대 죔새} = \text{축의 최대허용치수} - \text{구멍의 최소허용치수} = (50+0.03)-(50-0.01)$$
$$= 0.04\text{mm}$$

16

정답 ④

[다이얼 게이지]
소형·경량이고 측정 범위가 넓으며 지침에 의한 지시로 오차가 적다. 연속된 변위량의 측정이 가능하다. **다원측정(동시에 여러 치수를 측정)이 가능**하다. attachment의 사용방법에 따라 광범위한 사용이 가능하다.

[옵티미터]
빛 지렛대를 사용한 콤퍼레이터로, 측정자의 미세한 움직임을 광학적으로 확대한 장치이며 배율은 약 800배이다.

[공기 마이크로미터]

보통의 측정기로는 측정이 불가능한 미소한 변화를 측정할 수 있는 것으로, 일정압의 공기가 2개의 노즐을 통과해서 대기 중으로 흘러 나갈 때 유출부의 작은 틈새의 변화에 따라서 나타나는 공기의 양(유량, 지시압)의 변화에 의해서 비교 측정이 된다.

〈장점〉
- 고정밀도를 필요로 하는 부품에 사용하며 내경 및 외경 측정이 가능하다.
- 구멍의 진원도, 축간거리, 평행도, 비틀림, 휨, 직각도, 편심 등의 측정에 사용한다.
- 다원 측정이 가능하다(동시에 여러 치수를 측정할 수 있다).
- 자동측정이 가능하다.
- 특수 측정이 가능하다.
- 배율이 250배에서 수만 배로 높으며 정도가 좋다.
- 측정력이 작다.
- 공기의 흐름으로 노즐의 이물질이 제거되어 청결하다.
- 한계게이지와 달리 측정 치수가 표시된다.
- 숙련된 기술이 크게 요구되지 않으므로 측정오차가 작다(미숙련자도 측정 가능).

〈단점〉
- 소량 생산품에는 비용이 비싸다(다량 생산 부품에 적합하다).
- 측정면의 거칠기에 영향을 받는다.
- 2개의 마스터(큰 치수, 작은 치수)를 필요로 한다.
- 포인트(point) 측정이 어렵다.

[전기 마이크로미터]

기계적 변위를 전기량으로 나타내어 지침의 움직임을 나타낸다.
- 공기 마이크로미터보다 응답속도가 우수하다.
- 공기 마이크로미터보다 긴 변위량 측정이 가능하다.
- 오차가 적으며 연산 및 자동측정이 가능하다.

상세 해설 1번 해설 참조

17

정답 ③

ㄱ. **오토콜리메이터**: 시준기와 망원경을 조합한 광학적 측정기로, 미소각을 측정할 수 있다. 또한, 직각도, 평면도, 평행도, 진직도 등을 측정할 수 있다.

ㄴ. **블록 게이지**: 여러 개를 조합하여 원하는 치수를 얻을 수 있는 측정기로, 양 단면의 간격을 일정한 길이의 기준으로 삼은 높은 정밀도로 잘 가공된 단도기이다.

ㄷ. **다이얼 게이지**: 측정자의 직선 또는 원호운동을 기계적으로 확대하여 그 움직임을 지침의 회전변위로 변환하여 눈금으로 읽을 수 있는 길이 측정기로, 진원도, 평면도, 평행도, 축의 흔들림, 원통도 등을 측정할 수 있다.

ㄹ. **서피스 게이지**: 금긋기용 공구로 평면도 검사나 금긋기를 할 때 또는 중심선을 그을 때 사용한다.

참고

금긋기용 공구: 서피스 게이지, 센터펀치, 직각자, V블록, 트롬멜, 캠퍼스 등

18

정답 ③

비교측정기의 종류: 다이얼 게이지, 미니미터, 옵티미터, 전기 마이크로미터, 공기 마이크로미터 등
※ 마이크로미터와 버니어캘리퍼스는 직접측정기의 종류이다.

상세 해설 1번 해설 참조

19

정답 ②

모양공차 (형상공차)	진직도, 평면도, 진원도, 원통도, 선의 윤곽도, 면의 윤곽도
자세공차	직각도, 경사도, 평행도
위치공차	위치도, 동심도(동축도), 대칭도
흔들림 공차	원주 흔들림, 온 흔들림

※ **진원도:** 원의 중심에서 반지름이 이상적인 진원으로부터 벗어난 크기를 의미하는 형상 정밀도(모양공차, 형상공차)이다.
※ **모양공차(형상공차)는 데이텀 표시가 필요 없으며 자세공차, 위치공차, 흔들림 공차는 데이텀 표시가 필요하다.**

20

정답 ③

비교측정기의 종류: 다이얼 게이지, 미니미터, 옵티미터, 전기 마이크로미터, 공기 마이크로미터 등
※ 마이크로미터와 버니어캘리퍼스는 직접측정기의 종류이다.

상세 해설 1번 해설 참조

21

정답 ②

[유효지름(d_e)을 측정하는 방법]
• **삼침법(삼선법)을 이용한 측정:** 정밀도가 가장 우수한 측정방법이다. 삼침법을 이용하여 유효지름(d_e)을 구하는 식은 다음과 같다.

$$d_e = M - 3d + 0.866025p$$

여기서, M: 마이크로미터 읽음값, d: 와이어의 지름, p: 나사의 피치
• **나사 마이크로미터를 이용한 측정:** 가장 일반적으로 많이 사용하는 측정방법이다.
• **공구현미경을 이용한 측정**

22

정답 ②

[아베의 원리]
표준자와 피측정물은 동일축선상에 있어야 한다.
• 아베의 원리가 적용되는 것: 외측 마이크로미터
• 아베의 원리에 위배되는 것: 캘리퍼스형 내측 마이크로미터, 버니어캘리퍼스(노기스)

23

정답 ③

[블록 게이지의 등급]

AA형(00급)	연구소, 참조용으로 표준용 블록 게이지의 점검, 정밀 학술연구용으로 주로 사용된다.
A형(0급)	일반용, 표준용인 고정밀 블록 게이지로, 숙련된 검사원에 의해 관리되는 환경 내에서 사용한다.
B형(1급)	검사용으로 플러그 및 스냅 게이지의 정도를 검증하며 정자 측정장치를 설정하는 용도로 사용된다.
C형(2급)	공작용으로 공구의 설치 및 측정기류의 정도를 조정하기 위한 용도로 사용된다.

※ 블록 게이지의 정밀도 크기 순서

AA형(00급) > A형(0급) > B형(1급) > C형(2급)

24

정답 ③

구멍용 한계게이지	구멍의 최소허용치수를 기준으로 한 측정단면이 있는 부분을 통과측이라고 하며 구멍의 최대허용치수를 기준으로 한 측정단면이 있는 부분을 정지측이라고 한다. • **종류**: 원통형 플러그 게이지, 판형 플러그 게이지, 평게이지, 봉게이지
축용 한계게이지	축의 최대허용치수를 기준으로 한 측정단면이 있는 부분을 통과 측이라고 하며 축의 최소허용치수를 한 측정단면이 있는 부분을 정지 측이라고 한다. • **종류**: 스냅 게이지, 링게이지

25

정답 ⑤

[표면거칠기를 측정하는 방법]

촉침법, 광파간섭법, 표준편과의 비교측정법, 광절단법

※ 삼선법(삼침법)은 나사의 유효지름을 측정하는 방법이다.

26

정답 ①

[테일러의 원리]

통과 측은 전 길이에 대한 치수 또는 결정량이 동시에 검사되고, 정지 측은 각각의 치수가 따로 검사되어야 한다. 즉, 통과 측 게이지는 제품의 길이와 같은 원통상의 것이면 좋고, 정지 측은 그 오차의 성질에 따라 선택해야 한다.

27

정답 ③

[게이지 종류]
• 와이어 게이지: 철강선의 굵기 및 강판의 두께를 측정하는 데 사용
• 센터 게이지: 나사깎기 바이트의 각도를 측정하는 데 사용
• 반지름 게이지: 일감의 모서리 부분에 있는 라운딩 부분을 측정하는 데 사용

- 틈새 게이지: 조립 시 부품 사이의 틈새를 측정하는 데 사용
- 하이트 게이지: 높이 측정 및 금긋기에 사용(종류: HM, HB, HT)

※ 실린더 게이지는 안지름 측정에만 사용된다.

28 　　정답 ①
바이스의 크기는 조(jaw)의 폭으로 표시한다.

29 　　정답 ⑤
정: 자신보다 약한 재질의 금속을 절단하거나 깎아내는 데 사용하는 공구

[정의 날끝 각도]
- 연강일 때: 45~55°
- 주철일 때: 55~60°
- 경강일 때: 60~70°

30 　　정답 ②
① **다이얼 게이지**: 측정자의 직선운동 또는 원호운동을 기계적으로 확대하여 그 움직임을 지침의 회전변위로 변환하여 눈금으로 읽을 수 있는 길이 측정기로, 진원도·평면도·평행도·축의 흔들림·원통도 등을 측정할 수 있다.
② **옵티컬플랫(광선정반)**: 수정 또는 유리로 만들어진 것을 이용한 것으로, 광파간섭현상을 이용하여 평면도를 측정한다. 특히, 마이크로미터(micrometer)의 측정면의 평면도 검사에 사용된다.
③ **오토콜리메이터**: 시준기와 망원경을 조합한 광학적 측정기로, 미소각을 측정할 수 있다. 또한, 직각도·평면도·평행도·진직도 등을 측정할 수 있다.
④ **공구현미경**: 피측정물을 확대관측하여 나사의 호칭지름(바깥지름), 안지름, 골지름, 유효지름, 피치, 각도, 중심거리, 테이퍼 등을 측정한다.

31 　　정답 ④
[금긋기 공구의 종류]
하이트 게이지, 서피스 게이지, 직각자, V블록, 정반, 평형대, 펀치, 스크루잭 등

[각도 측정기의 종류]
사인바, 탄젠트바, 직각자, 콤비네이션 세트, 각도 게이지, 수준기, 광학식 각도계, 오토콜리메이터
※ **수준기**: 액체와 기포가 들어 있는 유리관 속 기포의 위치에 의하여 수평면에서 기울기를 측정하는 액체식 각도 측정기이다.

32 　　정답 ①
[줄눈의 크기]
황목 > 중목 > 세목 > 유목
※ '황중세유'로 암기

33

정답 ①

[탭구멍의 드릴지름(d)]

$$d = D - p$$

여기서, D: 나사의 호칭지름(바깥지름), p: 나사의 피치

풀이

$M10 \times 1.5$에서 M은 미터나사를, 10은 나사의 호칭지름을, 1.5는 나사의 피치를 의미한다.

$$\therefore d = D - p = 10 - 1.5 = 8.5\text{mm}$$

34

정답 ④

[탭이 부러지는 원인]
- 구멍이 작을 때
- 탭이 구멍바닥에 닿아 충격을 받았을 때
- 구멍이 바르지 못할 때
- 핸들에 무리한 힘을 주거나 탭이 구멍바닥에 닿아 충격을 받았을 때
- 작업 중 역회전을 할 때
- 칩의 배출이 불량할 때

35

정답 ①

① **다이스**: 수나사를 가공하는 공구
② **탭**: 암나사를 가공하는 공구
③ **스크레이퍼**: 재료를 더 정밀하게 다듬질하기 위해서 국부적으로 소량씩 재료를 깎아내는 작업

36

정답 ③

[기어의 이두께 측정법]
오우버 핀법, 활줄, 걸치기

[진원도 측정법]
3점법, 반경법, 직경법

37

정답 ④

[KS 규정에서 정한 정밀측정기준]
온도: 20℃, 습도: 58%, 기압: 760mmHg

38

정답 ③

수준기: 액체와 기포가 들어 있는 유리관 속 기포의 위치에 의하여 수평면에서 기울기를 측정하는 액체식 각도 측정기이다.

[각도 측정기의 종류]
사인바, 탄젠트바, 직각자, 콤비네이션 세트, 각도 게이지, 수준기, 광학식 각도계, 오토콜리메이터

39

②

링깅: 블록 게이지에서 필요로 하는 치수에 2개 이상의 블록 게이지를 밀착 접촉시키는 방법으로 조합되는 개수를 최소로 해서 오차를 방지하는 작업

[블록 게이지]
길이 측정의 기구로 사용되며, 여러 개를 조합하여 원하는 치수를 얻을 수 있다.

40

정답 ③

[리머작업]
드릴로 뚫은 구멍의 내면을 더 정밀하게 다듬질하는 작업이다.

[리머의 종류]
핸드리머, 테이퍼리머, 팽창리머, 셀리머, 기계리머, 조정리머 등

01	③	02	④	03	④	04	④	05	③	06	③	07	④	08	③	09	⑤	10	④
11	⑤	12	②	13	④	14	③	15	④	16	③	17	①	18	②	19	③	20	①
21	①	22	③	23	②	24	①	25	①	26	④	27	④	28	①	29	②	30	③
31	④	32	④	33	②	34	③	35	③	36	④	37	⑤	38	③	39	②	40	③
41	⑤	42	④	43	①	44	⑤	45	③	46	④	47	④	48	④	49	④	50	③

01

정답 ③

[용접이음의 특징]

장점	• 이음효율(수밀성, 기밀성)을 100%까지 할 수 있다. • 공정 수를 줄일 수 있다. • 재료를 절약할 수 있다. • 경량화할 수 있다. • 용접하는 재료에 두께 제한이 없다. • 서로 다른 재질의 두 재료를 접합할 수 있다.
단점	• 잔류응력과 응력집중이 발생할 수 있다. • 모재가 용접열에 의해 변형될 수 있다. • 용접부의 비파괴검사(결함검사)가 곤란하다. • 진동을 감쇠시키기 어렵다.

[용접의 효율]

아래보기 용접에 대한 위보기 용접의 효율	80%
아래보기 용접에 대한 수평보기 용접의 효율	90%
아래보기 용접에 대한 수직보기 용접의 효율	95%
공장용접에 대한 현장용접의 효율	90%

※ 용접부의 이음효율 $= \dfrac{\text{용접부의 강도}}{\text{모재의 강도}} =$ 형상계수$(k_1) \times$ 용접계수(k_2)

[용접자세의 종류]

종류	전자세 (All Position)	위보기(상향자세) (Overhead Position)	아래보기(하향자세) (Flat Position)	수평보기(횡향자세) (Horizontal Position)	수직보기(직립자세) (Vertical Position)
기호	AP	O	F	H	V

[리벳이음의 특징]

장점	• 리벳이음은 잔류응력이 발생하지 않아 변형이 적다. • 경합금처럼 용접하기 곤란한 금속을 이음할 수 있다. • 구조물 등에서 현장 조립할 때는 용접이음보다 쉽다. • 작업에 숙련도를 요하지 않으며 검사도 간단하다.
단점	• 길이 방향의 하중에 취약하다. • 결합시킬 수 있는 강판의 두께에 제한이 있다. • 강판 또는 형강을 영구적으로 접합하는 데 사용하는 이음으로 분해 시 파괴해야 한다. • 체결 시 소음이 발생한다. • 용접이음보다 이음효율이 낮으며 기밀·수밀의 유지가 곤란하다. • 구멍가공으로 인하여 판의 강도가 약화된다.

02

정답 ④

[용접이음의 특징]

장점	• 이음효율(수밀성, 기밀성)을 100%까지 할 수 있다. • 공정 수를 줄일 수 있다. • 재료를 절약할 수 있다. • 경량화할 수 있다. • 용접하는 재료에 두께 제한이 없다. • 서로 다른 재질의 두 재료를 접합할 수 있다.
단점	• 잔류응력과 응력집중이 발생할 수 있다. • 모재가 용접열에 의해 변형될 수 있다. • 용접부의 비파괴검사(결함검사)가 곤란하다. • 진동을 감쇠시키기 어렵다.

[리벳이음의 특징]

장점	• 리벳이음은 잔류응력이 발생하지 않아 변형이 적다. • 경합금처럼 용접하기 곤란한 금속을 이음할 수 있다. • 구조물 등에서 현장 조립할 때는 용접이음보다 쉽다. • 작업에 숙련도를 요하지 않으며 검사도 간단하다.
단점	• 길이 방향의 하중에 취약하다. • 결합시킬 수 있는 강판의 두께에 제한이 있다. • 강판 또는 형강을 영구적으로 접합하는 데 사용하는 이음으로 분해 시 파괴해야 한다. • 체결 시 소음이 발생한다. • 용접이음보다 이음효율이 낮으며 기밀·수밀의 유지가 곤란하다. • 구멍가공으로 인하여 판의 강도가 약화된다.

03

정답 ④

[용접부의 명칭]
- 용착부: 모재 일부가 녹아 응고된 부분
- 용접금속부: 용착부 부분의 금속
- 용착금속부: 용접봉에 의한 금속 부분으로 용가재로부터 모재에 용착한 금속의 부분
- 열영향부(변질부, HAZ): 금속의 용융점 이하의 온도이지만 미세한 조직 변화가 일어나는 부분

04

정답 ④

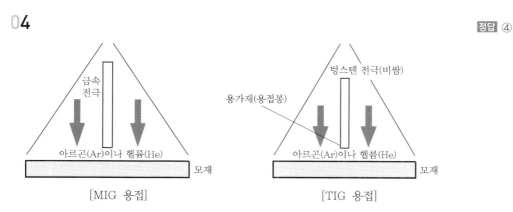

[MIG 용접]   [TIG 용접]

불활성가스 아크용접의 종류에는 MIG와 TIG가 있다. MIG에서 M은 금속(Metal)을 의미한다. 금속은 보통 가격이 싼 금속을 사용한다. 따라서 MIG 용접은 전극을 소모시켜 모재의 접합 사이에 흘러들어가 접합 매개체, 즉 용접봉의 역할을 하는 것과 같다. 따라서 MIG 용접의 경우는 전극이 소모되기 때문에 와이어(wire) 전극을 연속적으로 공급해야만 한다. 그리고 MIG나 TIG 모두 용접 주위에 아르곤이나 헬륨 등을 뿌려 대기 중의 산소나 질소가 용접부에 접촉 반응하는 것을 막아주는 방어막 역할을 한다. 따라서 산화물 및 질화물 등을 방지할 수 있다. 아르곤이나 헬륨 등의 불활성가스가 용제의 역할을 해주기 때문에 불활성가스 아크용접(MIG, TIG 용접)은 용제가 필요 없다.

TIG에서 T는 텅스텐(Tungsten)을 의미한다. 텅스텐은 가격이 비싸기 때문에 텅스텐 전극을 소모성 전극으로 사용하지 않는다. 텅스텐 전극은 비소모성 전극으로 MIG 용접에서의 금속 전극처럼 용접봉의 역할을 하지 못하기 때문에 별도로 사선으로 용가재(용접봉)를 공급하면서 용접을 진행하게 된다.

05

정답 ③

- 업셋용접: 작은 단면적을 가진 선·봉·관의 용접에 적합하다.
- 플라스마용접: 발열량의 조절이 쉬워 아주 얇은 박판의 용접이 가능하다.
- 일렉트로 슬래그 용접: 지름이 2.5~3.2mm 정도인 와이어전극을 용융슬래그 속에 공급하여 그에 따른 슬래그 전기저항열로 용접을 진행한다.
- 전자빔용접: 진공 상태에서 용접을 실시하며, 융점이 높은 금속에 적용이 가능하다. 용입이 깊고 변형이 적지만 장비가 고가이다.
- 플러그용접: 용접하고자 하는 한쪽 모재에 구멍을 뚫고, 다른 판의 표면까지 가득 채우고 용접하는 방법이다.
- 프로젝션용접: 판금 공작물을 접합하는 데 가장 적합하다.

06

정답 ③

[가스용접의 특징]
• 전력이 필요 없다.
• 열영향부가 넓다.
• 변형이 크다.
• 일반적으로 박판에 적용한다.
• 열의 집중성이 낮아 열효율이 낮은 편이기 때문에 용접속도가 느리다.

07

정답 ④

[테르밋용접]
• 알루미늄과 산화철을 혼합하여 발생하는 발생열로 용접을 실시한다.
• 용접시간이 짧고, 설비비가 싸다.
• 전력이 필요 없고, 반응으로 인한 발생열은 3,000℃이다.
• 용접접합 강도가 작으며, 용접변형이 적다.
• 기차레일 접합, 차축, 선박 등의 맞대기용접과 보수용접에 사용된다.
• 알루미늄과 산화철을 1 : 3 비율로 혼합한다.

08

정답 ③

[가스용접의 특징]
• 전력이 필요 없다.
• 열영향부가 넓다.
• 변형이 크다.
• 일반적으로 박판에 적용한다.
• 열의 집중성이 낮아 열효율이 낮은 편이기 때문에 용접속도가 느리다.

09

정답 ⑤

[용접봉과 모재 두께와의 관계식]

$$D = \frac{T}{2} + 1 [\text{mm}]$$

여기서, D : 용접봉의 지름(mm), T : 판의 두께(mm)

10

정답 ④

[아크 길이가 너무 길 때]
• 아크가 불안정해진다.
• 아크열의 손실이 많아진다.
• 용접부의 금속 조직이 취약해져 강도가 감소된다.
• 용착이 얕고 표면이 더러워진다.

[아크 길이가 너무 짧을 때]
• 용접을 연속적으로 하기 곤란해진다.
• 용착이 불량해진다.
• 아크를 지속하기 곤란해진다.

11

정답 ⑤

[오버랩]
전류 부족으로 인해 용접속도가 느려 비드가 겹쳐지는 현상

[오버랩의 원인]
용접전류 과소, 용접속도 과소, 아크 과소, 용접봉 불량

12

정답 ②

[직류 아크용접기, 교류 아크용접기]
• 직류 아크용접기: 정류기식, 발전기식
• 교류 아크용접기: 가동코일형, 가동철심형, 가포화 리액터형, 탭전환형

13

정답 ④

① **심용접**: 점용접을 연속적으로 하는 것으로, 전극 대신에 회전롤러 형상을 한 전극을 사용하여 용접 전류를 공급하면서 전극을 회전시켜 용접하는 방법이다.
② **플래시용접(플래시 버트 용접, 불꽃용접)**
• 두 모재에 전류를 공급하고 서로 가까이 하면 접합할 단면과 단면 사이에 아크가 발생해 고온의 상태로 모재를 길이 방향으로 압축하여 접합하는 용접방법이다. 즉, 철판에 전류를 통전하여 '외력'을 이용해 가압하는 방법으로 비소모식 용접법이다.
• 용접할 재료를 적당한 거리에 놓고 서로 서서히 접근시켜 용접 재료가 서로 접촉하면 돌출된 부분에서 전기회로가 생겨 이 부분에 전류가 집중되어 스파크가 발생하고 접촉부가 백열 상태로 된다. 용접부를 더욱 접근시키면 다른 접촉부에도 같은 방식으로 스파크가 생겨 모재가 가열됨으로써 용융 상태가 되면 강한 압력을 가하여(가압) 압접하는 방법이다.
③ **업셋용접**: 접합할 두 재료를 전극 클램프로 잡고 접합면을 맞대어 가압부에 통전하여 접합부가 가열되었을 때, 압력을 가해 접합하는 방법이다.
④ **프로젝션용접(돌기용접)**: 접합할 모재의 한쪽 판에 돌기를 만들어서 고정전극 위에 겹쳐 놓고 가동전극으로 통전과 동시에 가압하여 저항열로 가열된 돌기를 접합시키는 용접방법이다. 돌기는 열전도율이 크고 두꺼운 판 쪽에 만든다.
⑤ **점용접(스폿용접)**: 전극 사이에 용접물을 넣고 가압하면서 전류를 통하여 그 접촉 부분의 저항열로 가압 부분을 융합시키는 방법이다. 리벳 접합은 판재에 구멍을 뚫고 리벳으로 접합시키나 스폿용접은 구멍을 뚫지 않고 접합할 수 있다.

14

정답 ③

[팁의 능력(규격)]

- 프랑스식(가변압식): 표준불꽃을 사용하여 1시간 동안 용접하는 경우 아세틸렌의 소비량[L]으로 표시한다. 예로 팁 100번, 팁 200번, 팁 300번이라는 것은 1시간 동안에 아세틸렌의 소비량이 100L, 200L, 300L라는 것을 의미한다.
- 독일식(불변압식): 연강판의 용접을 기준으로 하여 용접할 판두께[mm]로 표시한다. 예로 팁 1번, 2번, 3번이라는 것은 연강판의 두께 1mm, 2mm, 3mm에 사용되는 팁을 의미한다.

15

정답 ④

- 플러그용접: 접합하고자 하는 모재의 한쪽에 구멍을 뚫고 용접하여 다른 쪽의 모재와 접합하는 용접방식이다.
- 슬롯용접: 플러그용접의 둥근 구멍 대신 가늘고 긴 홈에 비드를 붙이는 용접법이다.

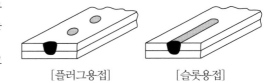

[플러그용접]   [슬롯용접]

16

정답 ③

(가)   (나)   (다)   (라)

(가) 점용접, 심용접, 프로젝션용접
(나) 필릿용접
(다) 플러그용접, 슬롯용접
(라) 비드용접

17

정답 ①

16번 해설 참조

18

정답 ②

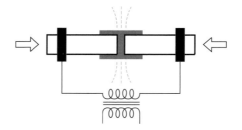

2019년도 상반기 한국가스안전공사 시험에서는 이 문제와 같이 그림과 이에 대한 방법을 설명해주는 형태의 문제가 출제되었다. '플래시용접 = 불꽃용접'임을 안다면, 그림만 보고도 쉽게 문제를 해결할 수 있을

것이다. 플래시용접은 이처럼 두 모재에 전류를 공급하고 서로 가까이 하면 접합할 단면과 단면 사이에 '아크'가 발생해 고온의 상태로 모재를 길이 방향으로 압축하여 접합하는 용접이다. 즉, 철판에 전류를 통전하여 '외력'을 이용해 용접하는 방법으로, 비소모 용접방법이다.

✓ 용도: 레일, 보일러 파이프, 드릴 용접, 건축재료, 파이프, 각종 봉재 등 중요 부분의 용접

19

[가스용접에서 전진법과 후진법의 특징 비교]

구분	전진법	후진법
열이용률	나쁨	좋음
비드의 모양	보기 좋음	매끈하지 못함
홈의 각도	큼(약 $80°$)	작음(약 $60°$)
용접속도	느림	빠름
용접 변형	큼	작음
용접 가능 두께	두께 5mm 이하의 박판	후판
가열시간	긺	짧음
기계적 성질	나쁨	좋음
산화 정도	심함	양호함

20

정답 ①

[테르밋용접]

알루미늄과 산화철 분말을 혼합한 것을 테르밋이라고 하며, 이것을 점화시키면 강력한 화학작용으로 알루미늄은 산화철을 환원하여 유리시키고 알루미나(Al_2O_3)가 된다. 이때의 화학반응열로 $3,000℃$ 정도의 고열을 얻을 수 있어 용융된 철을 용접 부분에 주입하여 모재를 용접하는 방법이다. 특징은 다음과 같다.

• 작업이 단순하고 결과의 재현성이 높으며 전력이 필요없다.
• 용접용 기구가 간단하고 설비비가 저렴하며 장소이동이 용이하다.
• 작업 후의 변형이 적고 용접접합 강도가 낮다. 또한, 용접하는 시간이 비교적 짧다.

21

정답 ①

[직류 용접기와 교류 용접기]

직류 용접기	• 아크가 교류보다 안정되나 마그넷 블로우가 발생한다. • 무부하 전압이 교류보다 작고 전격의 위험이 교류보다 작다. • 발전형 직류 용접기는 소음이 있고 회전부 고장이 많다. • 교류 용접기에 비해 가격이 비싸고 유지·보수·점검에 시간이 더 걸린다.
교류 용접기	• 전류전압이 교변하므로 아크가 불안정하다. • 무부하 전압이 직류 용접기보다 크고 전격의 위험이 크다. • 취급이 쉽고 고장이 적다. • 값이 저렴하다.

22

[용접변형 방지방법]

- **억제법**: 일감을 가접 또는 지그 홀더 등으로 장착하고 변형의 발생을 억제하는 방법이다. 일감을 조립하는 용접 준비와 함께 많이 이용되는 방법이다. 용접 후 잔류응력을 제거하기 위해 풀림하면 더욱 좋다.
- **역변형법**: 예상되는 용접의 변형을 상쇄할 만큼 큰 변형을 주는 것으로, 용접 전에 반대 방향으로 굽혀 놓고 작업하는 방법을 말한다.
- **냉각 및 가열법**: 변형 부분을 가열한 다음 수랭하면 수축응력 때문에 다른 부분을 잡아당겨 변형이 경감된다. 이 외에도 용접 중 변형을 방지하는 '가접'과 용접 후 변형을 방지하는 '피닝' 등이 있다.
- **교정법**: 용접변형은 방지할 수 있으면 방지하면 되지만, 대책을 수립해도 허용범위를 넘는 경우가 있다. 이런 경우에는 변형교정법을 이용한다. 즉, 용접변형의 교정방법으로는 소성가공에 의한 프레스나 롤러에 의한 교정법, 선상가열법, 점상가열법이 있다.

23

[용접에서의 피복제(flux)]

용접봉은 심선과 피복제(flux)로 구성되어 있다. 용접봉에 용접입열(용접 때 공급되는 열)이 가해지게 되면 피복제가 녹으면서 가스 연기가 발생하게 된다. 그리고 이 연기가 용접이 진행되고 있는 부분을 덮어 대기 중으로부터의 산소와 질소를 차단해준다. 이러한 원리로 모재를 보호하여 산화 및 질화를 방지함으로써 산화물 또는 질화물이 발생되는 것을 막아준다. 또한, 연기가 대기와의 차단 역할을 하여 용접 부분을 보호하고 연기가 용접입열이 빠져나가는 것을 막아주기 때문에 용착금속의 냉각속도를 지연시켜 급랭을 방지해준다. 그리고 피복제가 녹아서 생긴 액체 상태의 물질을 용제라고 한다. 이 용제도 용접부를 덮어 대기 중으로부터 모재를 보호하기 때문에 불순물이 용접부에 함유되는 것을 막아 용접 결함이 발생되는 것을 막아준다. 불활성가스 아크용접(MIG 용접, TIG 용접)은 아르곤(Ar)과 헬륨(He)을 용접하는 부분 주위에 공급하여 모재를 대기 중으로부터 보호한다. 즉, 아르곤과 헬륨이 피복제 역할을 하기 때문에 불활성가스 아크용접은 용제가 필요 없다.

※ <u>모재</u>: 용접이 되는 재료(금속)

※ <u>용가재</u>: 용접봉을 의미

[용접에서의 피복제(flux)의 역할]

- 대기 중의 산소와 질소로부터 모재를 보호하여 산화 및 질화를 방지한다.
- 용착금속의 냉각 및 응고속도를 지연시켜 급랭을 방지한다.
- 용착금속에 합금원소를 첨가하여 기계적 강도를 높인다.
- 전기절연작용, 불순물 제거, 스패터의 양을 적게 하는 역할 등을 한다.
- 아크의 발생과 유지를 안정되게 한다.
- 탈산 정련작용을 한다.

24

피복제(flux)가 녹아서 생긴 액체 상태의 물질을 용제라고 한다. 이 용제도 용접부를 덮어 대기 중으로부터 모재를 보호하기 때문에 불순물이 용접부에 함유되는 것을 막아 용접 결함의 발생을 막아준다.

상세 해설 23번 해설 참조

25

정답 ①

[비소모성 전극을 사용하는 아크용접]

플래시용접, 플라스마 아크용접, 원자수소 아크용접, 탄소아크용접, TIG 용접, 가스텅스텐 아크용접 등

※ **텅스텐(Tungsten)은 가격이 비싸기 때문에 텅스텐 전극을 소모성 전극으로 사용하지 않는다. 따라서 텅스텐(T)을 사용하는 용접에서의 전극은 비소모성 전극이다.**

26

정답 ④

ㄱ. **전자빔용접**: 고진공 분위기 속에서 <u>음극</u>으로부터 방출된 전자를 고전압으로 가속시켜 피용접물에 충돌시켜 그 충돌로 인한 발열 에너지로 용접을 실시하는 방법이다.

ㄴ. **고주파용접**: 플라스틱과 같은 절연체를 고주파 전장 내에 넣으면 분자가 강하게 진동하여 발열하는 성질을 이용한 용접방법이다.

ㄷ. **테르밋용접**: 알루미늄 분말과 산화철 분말을 <u>1:3~4</u> 비율로 혼합시켜 발생되는 화학 반응열을 이용한 용접방법이다.

ㄹ. **TIG 용접**: 텅스텐 봉을 전극으로 하고 아르곤이나 헬륨 등의 불활성가스를 사용하여 알루미늄, 마그네슘, 스테인리스강의 용접에 널리 사용되는 용접방법이다.

27

정답 ④

전기저항 용접법이라고 하면 전기저항의 3대 요소를 떠올려야 한다.

※ **전기저항 용접법의 3대 요소**: 가압력, 용접전류, 통전시간

전기저항용접법은 전류를 흘려보내 열을 발생시키고 가압(압력을 가함)하여 두 모재를 접합시킨다. 따라서 **전기저항 용접법은 압접법**이다.

전기저항 용접법에서 발생하는 저항열(Q, 단위 cal) $= 0.24I^2Rt$ (줄의 법칙)

여기서, I: 용접전류, R: 전기저항, t: 통전시간

■ **압접법**: 접합 부분에 압력을 가하여 용착시키는 용접방법

전기저항 용접법	
겹치기 용접	점용접, 심용접, 프로젝션용접(점심프)
맞대기 용접	플래시용접, 업셋용접, 맞대기 심용접, 퍼커션용접

■ **용접법**: 접합부에 금속재료를 가열, 용융시켜 서로 다른 두 재료의 원자 결합을 재배열하여 결합시키는 방법

용접법의 종류
테르밋용접, 플라스마용접, 일렉트로 슬래그용접, 가스용접, 아크용접, MIG 용접, TIG 용접, 레이저용접, 전자빔용접, 서브머지드용접(불가시, 유니언멜트, 링컨, 잠호, 자동금속아크용접, 케네디법) 등

28

정답 ①

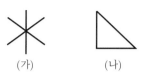

(가)   (나)   (다)   (라)

(가) 점용접, 심용접, 프로젝션용접
(나) 필릿용접
(다) 플러그용접, 슬롯용접
(라) 비드용접

29

정답 ②

[서브머지드 아크 용접(자동금속아크용접, 잠호용접, 링컨용접, 유니언멜트, 불가시용접, 케네디용접)]
노즐을 통해 용접부에 미리 도포된 용제(flux) 속에서 용접봉과 모재 사이에 아크를 발생시키는 용접법이다. 즉, 용접봉을 분말 용제 속에 꽂아 용접을 진행하는 용접법이다.
• 열에너지 효율이 좋다.
• **하향 자세로만 용접이 가능하다.**
• 강도, 충격치 등의 기계적 성질이 우수하다.
• 비드 외관이 매끄럽다.
• 용접이음부의 신뢰도가 높다.

참고

[아크용접의 종류]
스터드 아크용접, 원자수소 아크용접, 불활성가스 아크용접(MIG, TIG), 탄소 아크용접, 탄산가스(CO_2) 아크용접, 플래시용접, 플라스마 아크용접, 피복아크용접, 서브머지드 아크용접 등

[아크 용접의 키포인트 특징 분류]

열손실이 가장 적은 용접법	서브머지드 아크용접
열변형이 가장 적은 용접법	전자빔 용접
열영향부가 가장 좁은 용접법	마찰용접(마찰교반용접, 공구마찰용접)

※ **열영향부(Heat Affected Zone, HAZ)**: 용융점 이하의 온도이지만 금속의 미세조직 변화가 일어나는 부분으로 '변질부'라고도 한다.

30

정답 ③

[아크용접의 종류]
스터드 아크용접, 원자수소 아크용접, 불활성가스 아크용접(MIG, TIG), 탄소 아크용접, 탄산가스(CO_2) 아크용접, **플래시용접**, 플라스마 아크용접, 피복아크용접, 서브머지드 아크용접(자동금속 아크용접, 잠호용접, 링컨용접, 유니언멜트, 불가시용접, 케네디용접) 등

31

정답 ④

[피복제의 역할]

- **<u>용착금속의 냉각속도를 지연시킨다.</u>**
- 대기 중의 산소와 질소로부터 모재를 보호하여 산화 및 질화를 방지한다.
- 슬래그를 제거하며 스패터링을 작게 한다.
- 용착금속에 필요한 합금원소를 보충하여 기계적 강도를 높인다.
- 탈산 정련작용을 한다.
- 전기절연작용을 한다.
- 아크를 안정하게 하며 용착효율을 높인다.

32

정답 ④

[전기저항용접법]

접합하려는 두 금속 사이에 전기적 저항을 일으켜 용접에 필요한 열을 발생시키고, 그 부분에 압력을 가해 용접하는 방법이다. 압력을 가해(가압함으로써) 용접하므로 전기저항용접법은 **압접법**에 속한다.

- **전기저항용접법의 3대 요소**: 가압력, 용접전류, 통전시간

[전기저항용접법의 분류]

겹치기 용접(Lap welding)	점용접, 심용접, 프로젝션용접(돌기 용접)
맞대기 용접(butt welding)	플래시용접, 업셋용접, 맞대기 심용접, 퍼커션용접(일명 충돌용접)

33

정답 ②

32번 해설 참조

34

정답 ③

[전자빔 용접]

수많은 전자를 모재(용접할 재료)에 충돌시켜 그 충돌 발열로 접합을 실시하는 용접이다.

[특징]

- 기어 및 차축의 용접에 적합하다.
- 진공 상태에서 용접을 실시한다.
- **장비가 고가이다.**
- **용융점(융점)이 높은 금속에 적용할 수 있으며, 용입이 깊다.**
- **변형이 적고, 사용 범위가 넓다.**
- 열영향부가 좁다.

35

(가)　　　　　(나)　　　　　(다)　　　　　(라)

정답 ③

(가) 점용접, 심용접, 프로젝션용접
(나) 필릿용접
(다) 플러그용접, 슬롯용접
(라) 비드용접

36

정답 ④

고상용접 중에서 롤용접, 열간압접, 마찰용접, 폭발용접, 초음파용접 등은 공기 중에서 작업하나, 냉간압접 및 확산용접은 표면이 더러워지는 것을 방지하기 위하여 적당한 내산화막을 만들거나 진공 중에서 작업한다.

[고상용접]

2개의 깨끗하고 매끈한 금속면을 원자와 원자의 인력이 작용할 수 있는 거리에 접근시키고 기계적으로 밀착시키는 작업이다.

- 롤용접: 압연기 롤러의 압력에 의한 접합
- 냉간압접: 외부에서 기계적인 힘을 가하여 접합
- 열간압접: 접합부를 가열하고 압력 또는 충격을 가하여 접합
- 마찰용접: 접촉면의 기계적 마찰로 가열된 것에 압력을 가하여 접합
- 폭발용접: 폭발의 충격파에 의한 접합
- 초음파용접: 접합면을 가압하고 고주파 진동에너지를 가하여 접합
- 확산용접: 접합면에 압력을 가하여 밀착시키고 온도를 올려 확산시켜 하는 접합

[고상용접의 종류 암기법]

(확)(마) (초)(져)뿔라 (롤) (고)고! (폭발)
※ 초져뿔라, 조져뿔라 = 조지다.

37

정답 ⑤

36번 해설 참조

38

정답 ③

[마찰용접]

선반과 비슷한 구조로 용접할 두 표면을 회전하여 접촉시킴으로써 발생하는 마찰열을 이용하여 접합하는 용접방법으로, 마찰교반용접 및 공구마찰용접이라고 한다. 즉, 금속의 상대운동에 의한 열로 접합을 하는 용접이며 열영향부(HAZ, Heat Affected Zone)를 가장 좁게 할 수 있는 특징을 가지고 있다.

※ 열영향부(HAZ, Heat Affected Zone): 용융점 이하의 온도이지만 금속의 미세조직 변화가 일어나는 부분으로 '변질부'라고도 한다.

39

정답 ②

산소-아세틸렌 용접에서 용접에 실제로 사용되는 불꽃은 '속불꽃'이며 그 온도는 대략 3,000~3,500℃이다.

40

정답 ③

[용접봉을 표시하는 방법]

E43△□

- E: 전기저항용접법
- 43: 용착금속의 최저인장강도(kgf/mm^2)
- △: 용접자세(0, 1은 전자세, 2는 하향 및 수평자세, 3은 하향자세, 4는 전자세 및 특정자세)
- □: 피복제의 종류

41

정답 ⑤

[소모성 전극을 사용하는 아크용접]

플래시용접, 플라스마 아크용접, 원자수소 아크용접, 탄소아크용접, TIG 용접, 가스텅스텐 아크용접 등

※ 텅스텐(Tungsten)은 가격이 비싸기 때문에 텅스텐 전극을 소모성 전극으로 사용하지 않는다. 따라서 텅스텐(T)을 사용하는 용접에서의 전극은 비소모성 전극이다.

42

정답 ④

- **한 면 홈 그루브 용접**: I형, L형, U형, V형, J형
- **양면 홈 그루브 용접**: K형, J형, X형, H형

◎ 암기법 ···

한 면 홈 그루브 용접은 I LOVE YOU J.라고 암기한다. 다만, 양면 홈 그루브 용접에도 J가 있음을 참고하여 암기하면 된다.

43

정답 ①

[용접이음의 효율]

$$용접부의 \ 이음효율 = \frac{용접부의 \ 강도}{모재의 \ 강도} = 형상계수(k_1) \times 용접계수(k_2)$$

44

정답 ⑤

열손실이 가장 적은 용접법	서브머지드 아크용접
열변형이 가장 적은 용접법	전자빔 용접
열영향부(HAZ)가 가장 좁은 용접법	마찰용접(마찰교반용접, 공구마찰용접)

45

[납땜]

접합하려고 하는 금속을 용융시키지 않고, 이들 금속 사이에 모재보다 용융점이 낮은 땜납을 용융 첨가하여 접합하는 방법이다. 땜납은 모재보다 용융점이 낮아야 하며, 표면장력이 적어 모재 표면에 잘 퍼지며, 유동성이 좋아서 틈을 잘 메꿀 수 있어야 한다.

- **연납**: 융점이 450℃ 이하인 땜납재를 연납이라고 한다. 연납은 보통 주석, 주석-납, 납 또는 상황에 따라 안티몬, 은, 비소, 비스뮤트 등을 함유한다. 연납 중에서 가장 많이 사용되는 것이 주석-납 합금이며 이것을 땜납이라고 일컫는다. 연납은 경납에 비해 기계적 강도가 낮으나 용융점이 낮아 납땜이 용이한 장점을 가지고 있다.
- **경납**: 융점이 450℃ 이상인 땜납재를 경납이라고 한다. 경납은 연납에 비해 용융점이 높고, 기계적 강도도 좋아 강도를 필요로 하는 곳에 사용된다. 경납의 종류로는 황동납, 은납, 인동납, 니켈납, 알루미늄납 등이 있다.

[용제(flux)]

용제는 용가제 및 모재 표면의 산화를 방지하고 가열 중에 생성되는 금속 산화물을 녹여 액상화한다. 또한, 땜납을 이음면에 침투시키는 역할을 한다. 따라서, 융점이 땜납보다 낮고, 용제가 산화물로 되었을 때 땜납보다 가벼우며 슬래그의 유동성이 좋고 모재 및 땜납을 부식시키지 않아야 한다.

- **용접용 용제**
  - **염화아연**($ZnCl_2$): 가장 많이 사용하는 염화아연액을 만들려면, 염산은 사기그릇에 넣고 그 속에 아연을 넣어서 포화용액으로 한다.
  - **염산**(HCl): 진한 염산을 물로 희석시킨 것으로, 아연도금강판의 납땜에 사용된다.
  - **염화암모늄**(NH_4Cl): 산화물을 염화물로 만드는 작용이 있으며, 염화아연에 혼합하여 사용한다. 이 외에 송진, 페이스트, 인산 등도 사용된다.
- **경납용 용제**
  - **붕사**: 융점이 낮은 경납용 용제로 사용되며, 융점은 약 760℃이다. 붕사는 높은 온도로 가열하면 유리 모양이 되는데, 이것은 금속산화물을 용해 및 흡수하는 성질이 있다. 용해 후의 점성이 비교적 높은 결점이 있어서 붕산, 탄산나트륨, 식염 등과 혼합하여 사용된다.
  - **붕산**(H_3BO_4): 붕산은 백색 결정체로 융점은 약 875℃이다. 산화물의 제거 능력이 약하므로 일반적으로 붕산 70%에 붕사 30% 정도를 혼합하여 철강에 주로 사용된다.
  - <u>**산화제1구리**(Cu_2O): **납땜 시 사용하는 용제 중 붕사와 혼합하여 주철 납땜에 주로 사용하며 탈탄제로 작용하여 주철면의 흑연을 산화시켜 납땜을 용이하게 한다.**</u>
  - **3NaF · AlF₃**: 알루미늄, 나트륨의 불화물이며 불순물의 용해력이 강하다.
  - **식염**(NaCl): 융점이 낮고 단독으로 사용하지 못한다. 또한, 부식성이 강해 혼합제로 소량만 사용한다.
- **경금속용 용제**: 마그네슘, 알루미늄과 그 합금의 납땜에서는 모재 표면의 산화물이 매우 단단하기 때문에 용제가 산화물을 용해하여 슬래그를 제거하기 위해서는 강력한 제거작용이 필요하다. 대표적인 용제의 성분으로는 염화나트륨, 염화리튬, 염화칼륨, 염화아연, 불화리튬 등이 있고 이것을 적절히 배합하여 사용한다.

46

정답 ④

전기저항 용접법이라고 하면 전기저항의 3대 요소를 떠올려야 한다.

※ 전기저항 용접법의 3대 요소: 가압력, 용접전류, 통전시간

전기저항 용접법은 전류를 흘려보내 열을 발생시키고 가압(압력을 가함)하여 두 모재를 접합시킨다. 따라서 **전기저항 용접법은 압접법**이다.

전기저항 용접법에서 발생하는 저항열(Q, 단위 cal) $= 0.24I^2Rt$ (줄의 법칙)

여기서, I: 용접전류, R: 전기저항, t: 통전시간

■ **압접법**: 접합 부분에 압력을 가하여 용접하는 방법

전기저항 용접법	
겹치기 용접	점용접, 심용접, 프로젝션용접 ➪ 점심프
맞대기 용접	플래시용접, 업셋용접, 맞대기 심용접, 퍼커션용접

■ **융접법**: 접합부에 금속재료를 가열, 용융시켜 서로 다른 두 재료의 원자 결합을 재배열 결합시키는 방법

융접법의 종류
테르밋용접, 플라스마용접, 일렉트로 슬래그용접, 가스용접, 아크용접, MIG 용접, TIG 용접, 레이저용접, 전자빔용접, 서브머지드용접(불가시, 유니언멜트, 링컨, 잠호, 자동금속아크용접, 케네디법) 등

47

정답 ④

① **점용접(스폿용접)**: 전극 사이에 용접물을 넣고 가압하면서 전류를 통하여 그 접촉 부분의 저항열로 가압 부분을 융합시키는 방법으로, 리벳 접합은 판재에 구멍을 뚫고 리벳으로 접합시키나 스폿용접은 구멍을 뚫지 않고 접합할 수 있다.

② **심용접**: 점용접을 연속적으로 하는 것으로 전극 대신에 회전 롤러 형상을 한 전극을 사용하여 용접전류를 공급하면서 전극을 회전시켜 용접하는 방법이다.

③ **플래시용접(플래시 버트 용접, 불꽃용접)**
   • 두 모재에 전류를 공급하고 서로 가까이 하면 접합할 단면과 단면 사이에 '아크'가 발생해 고온의 상태로 모재를 길이 방향으로 압축하여 접합하는 용접방법이다. 즉, 철판에 전류를 통전하여 '외력'을 이용해 가압하는 방법으로 비소모식 용접법이다.
   • 용접할 재료를 적당한 거리에 놓고 서로 서서히 접근시켜 용접 재료가 서로 접촉하면 돌출된 부분에서 전기회로가 생겨 이 부분에 전류가 집중되어 스파크가 발생하고 접촉부가 백열 상태로 된다. 용접부를 더욱 접근시키면 다른 접촉부에도 같은 방식으로 스파크가 생겨 모재가 가열됨으로써 용융 상태가 되면 강한 압력을 가하여(가압) 압접하는 방법이다.

④ **프로젝션용접(돌기용접)**: 접합할 모재의 한쪽 판에 돌기를 만들어서 고정전극 위에 겹쳐 놓고 가동전극으로 통전과 동시에 가압하여 저항열로 가열된 돌기를 접합시키는 용접방법이다. 돌기는 열전도율이 크고 두꺼운 판 쪽에 만든다.

48

정답 ④

열손실이 가장 적은 용접법	서브머지드 아크용접(불가시 용접)
열변형이 가장 적은 용접법	전자빔 용접
열영향부(HAZ)가 가장 좁은 용접법	마찰용접(마찰교반용접, 공구마찰용접)

49

정답 ④

[전기저항 용접법]

겹치기 용접	점용접, 심용접, 프로젝션용접 ⇨ 점심프
맞대기 용접	플래시용접, 업셋용접, 맞대기 심용접, 퍼커션용접

50

정답 ③

[불활성가스 아크용접에서 사용되는 가스]
아르곤(Ar), 헬륨(He), 네온(Ne)

05 절삭이론

01	⑤	02	③	03	③	04	⑤	05	②	06	②	07	②	08	②	09	③	10	②
11	①	12	③	13	④	14	④	15	④	16	④	17	④	18	④	19	①	20	①
21	②	22	③	23	⑤	24	④	25	①										

01

정답 ⑤

[구성인선(built-up edge)]
절삭 시에 발생하는 칩의 일부가 날끝에 용착되어 마치 절삭날의 역할을 하는 현상

발생 순서	발생 → 성장 → 분열 → 탈락의 주기(발성분탈)를 반복한다.
구성인선의 특징	• 칩이 날끝에 점점 붙으면 날끝이 커지기 때문에 끝단 반경은 점점 커지게 된다[칩이 용착되어 날끝의 둥근 부분(노즈)이 커지므로]. • 구성인선이 발생하면 날끝에 칩이 달라붙어 날끝이 울퉁불퉁해지므로 표면을 거칠게 하거나 동력손실을 유발할 수 있다. • 구성인선의 경도값은 공작물이나 정상적인 칩보다 상당히 크다. • 구성인선은 공구면을 덮어 공구면을 보호하는 역할도 한다. • 구성인선이 발생하지 않을 임계속도는 120m/min이다. • 일감(공작물)의 변형경화지수가 클수록 구성인선의 발생 가능성이 크다. • 구성인선을 이용한 절삭방법은 SWC이다. 은백색을 띠며 절삭저항을 줄일 수 있는 방법이다. ※ 노즈(nose): 날끝의 둥근 부분으로 노즈의 반경은 0.8mm이다.
구성인선의 방지방법	• 절삭깊이가 크면 깎여서 발생하는 칩과 공구의 접촉면적이 넓어지기 때문에 오히려 칩이 날끝에 용착될 가능성이 더 커져 구성인선의 발생 가능성이 높아진다. 따라서 절삭깊이를 작게 하여 공구와 칩의 접촉면적을 줄여 칩이 용착되는 가능성을 줄여 구성인선을 방지할 수 있다. • 공구의 윗면 경사각을 크게 하고 칩을 얇게 절삭해야 용착되는 양이 적어져서 구성인선을 방지할 수 있다. • 30° 이상으로 바이트의 전면 경사각을 크게 한다. • 윤활성이 좋은 절삭유제를 사용한다. • 고속(120m/min 이상)으로 절삭한다. 고속으로 절삭하면 칩이 날끝에 용착되기 전에 떨어져 나가기 때문이다. • 절삭공구의 인선을 예리하게 한다. • 마찰계수가 작은 공구를 사용한다.

02

정답 ③

[테일러의 공구수명식]

$$VT^n = C$$

- V는 절삭속도, T는 공구수명이며 공구수명에 가장 큰 영향을 주는 것은 절삭속도이다.
- C는 공구수명을 1분으로 했을 때의 절삭속도이며, 일감·절삭조건·공구에 따라 변한다.
- n은 공구와 일감에 의한 지수로, 세라믹 > 초경합금 > 고속도강의 순으로 크다.
- 테일러의 공구수명식을 대수선도로 표현하면 직선으로 표현된다.

03

정답 ③

[칩브레이커]
연속형 칩(유동형 칩)과 같은 연속적인 칩을 짧게 끊어주는 안전장치이다.

[칩브레이커의 종류]
평행형, 각도형, 홈달린형

04

정답 ⑤

유동형 칩	전단형 칩	열단형 칩(경작형)	균열형 칩
연성재료(연강, 구리, 알루미늄)를 고속으로 절삭할 때, 윗면 경사각이 클 때, 절삭깊이가 작을 때, 유동성이 있는 절삭유를 사용할 때 발생하는 연속적이며 가장 이상적인 칩	연성재료를 저속절삭할 때, 윗면 경사각이 작을 때, 절삭깊이가 클 때 발생하는 칩	점성재료, 저속절삭, 작은 윗면 경사각, 절삭깊이가 클 때 발생하는 칩	주철과 같은 취성재료를 저속으로 절삭할 때 진동 때문에 날끝에 작은 파손이 생겨 채터가 발생할 확률이 크다.

05

정답 ②

[칩의 종류]
① 열단형 칩(경작형 칩): 찢어지는 형태, 즉 점성이 큰 재질을 작은 경사각의 공구로 절삭할 때 생성되는 칩의 형태
② 톱니형 칩(불균질칩 또는 마디형 칩): 전단변형률을 크게 받은 영역과 작게 받은 영역이 반복되는 반연속형 칩의 형태로 마치 톱날과 같은 형상을 가진다. 주로 티타늄과 같이 열전도도가 낮고 온도 상승에 따라 강도가 급격히 감소하는 금속의 절삭 시 생성된다.
③ 균열형 칩(공작형 칩): 주철과 같은 취성(메짐)이 큰 재료를 저속절삭할 때 순각적으로 발생하는 칩의 형태. 진동 때문에 날끝에 작은 파손이 생성되고 깎인 면도 매우 나쁘기 때문에 chatter(채터, 잔진동)가 발생할 확률이 매우 크다.
④ 유동형 칩(연속형 칩): 가장 이상적인 칩의 형태로 연강, 구리, 알루미늄과 같은 연성재료를 고속절삭할 때 발생한다. 유동형 칩이 생기는 경우는 바이트 윗면 경사각(=공구의 상면경사각)이 클 때, 절삭깊이가 작을 때, 유동성이 있는 절삭제를 사용할 때, 공구면을 매끈하게 연마하여 마찰력이 작을 때 등이다.

06

절삭깊이를 감소시키면 절삭 시 공구에 작용하는 압력과 마찰열이 줄어든다. 따라서 구성인선의 발생을 방지할 수 있다. → **구성인선이 발생하지 않으므로 표면조도가 양호하다.**

07

• 크레이터 마모: 경사면 마멸로도 불리는 크레이터 마모는 공구날의 윗면이 칩과의 마찰에 의해 오목하게 파이는 현상이다. 주원인은 공구와 칩 경계에서 원자들의 상호이동이다. 또한 공구와 칩 경계의 온도가 어떤 범위 이상이 되면 마모는 급격하게 증가하며 공구 경사면과 칩 사이의 고온·고압에 의해 발생한다.
• 플랭크 마모(flank wear): 공구의 여유면과 절삭면의 마찰로 인해 발생하는 공구불량이다.

08

[구성인선(built-up edge)]
절삭 시에 발생하는 칩의 일부가 날끝에 용착되어 마치 절삭날의 역할을 하는 현상

발생 순서	발생 → 성장 → 분열 → 탈락의 주기(발성분탈)를 반복한다.
구성인선의 특징	• 칩이 날끝에 점점 붙으면 날끝이 커지기 때문에 끝단 반경은 점점 커지게 된다[칩이 용착되어 날끝의 둥근 부분(노즈)이 커지므로]. • 구성인선이 발생하면 날끝에 칩이 달라붙어 날끝이 울퉁불퉁해지므로 표면을 거칠게 하거나 동력손실을 유발할 수 있다. • 구성인선의 경도값은 공작물이나 정상적인 칩보다 상당히 크다. • 구성인선은 공구면을 덮어 공구면을 보호하는 역할도 한다. • 구성인선이 발생하지 않을 임계속도는 120m/min이다. • 일감(공작물)의 변형경화지수가 클수록 구성인선의 발생 가능성이 크다. • 구성인선을 이용한 절삭방법은 SWC이다. 은백색을 띠며 절삭저항을 줄일 수 있는 방법이다. ※ 노즈(nose): 날끝의 둥근 부분으로 노즈의 반경은 0.8mm이다.
구성인선의 방지방법	• 절삭깊이가 크면 깎여서 발생하는 칩과 공구의 접촉면적이 넓어지기 때문에 오히려 칩이 날끝에 용착될 가능성이 더 커져 구성인선의 발생 가능성이 높아진다. 따라서 절삭깊이를 작게 하여 공구와 칩의 접촉면적을 줄여 칩이 용착되는 가능성을 줄여 구성인선을 방지할 수 있다. • 공구의 윗면 경사각을 크게 하고 칩을 얇게 절삭해야 용착되는 양이 적어져서 구성인선을 방지할 수 있다. • 30° 이상으로 바이트의 전면 경사각을 크게 한다. • 윤활성이 좋은 절삭유제를 사용한다. • 고속(120m/min)으로 절삭한다. 고속으로 절삭하면 칩이 날끝에 용착되기 전에 떨어져 나가기 때문이다. • 절삭공구의 인선을 예리하게 한다. • 마찰계수가 작은 공구를 사용한다.

09

정답 ③

[절삭가공의 특징]

장점	• 치수정확도가 우수하다. • 주조 및 소성가공으로 불가능한 외형 또는 내면을 정확하게 가공이 가능하다. • 초정밀 곡면가공이 가능하다. • 생산 개수가 적은 경우 가장 경제적인 방법이다.
단점	• 소재의 낭비가 많으므로 비경제적이다. • 주조나 소성가공에 비해 에너지와 가공시간이 많이 소요된다. • 대량생산할 경우 개당 소요되는 자본, 노동력, 가공비 등이 매우 높기 때문에 대량생산에는 비경제적이다(커터칼을 이용하여 연필 깎는 것을 생각해보면 된다).

10

정답 ②

전단각: 전단공구에 있어서, 작은 힘으로 절단할 수 있도록 아랫날에 대해서 윗날을 경사지게 하는 각도

① 전단각이 클수록 전단력(절삭력)은 작아지고 경사각은 커진다.
→ 전단각과 절삭력은 반비례 관계라 보면 된다.
② 전단각이 작아질수록 절삭력은 커지고 가공면의 치수정밀도는 나빠진다.
③ 칩두께가 커질수록 공구와 칩 사이의 마찰이 커져 전단각이 작아진다. → 전단각이 작아지면 큰 절삭력이 필요하여 칩두께가 두꺼워진다.
④ 경사각이 감소하면 전단각이 감소하고 전단변형률이 증가한다. 따라서 제거되는 재료 부피당 에너지가 증가하고 절삭력은 증가하게 된다.

11

정답 ①

절삭깊이를 작게 하여 공구와 칩의 접촉면적을 줄여 칩이 용착되는 가능성을 줄여 구성인선을 방지할 수 있다.

상세 해설 8번 해설 참조

12

정답 ③

[칩의 종류]

유동형 칩	전단형 칩	열단형 칩(경작형)	균열형 칩
연성재료(연강, 구리, 알루미늄)를 고속으로 절삭할 때, 윗면경사각이 클 때, 절삭깊이가 작을 때, 유동성이 있는 절삭유를 사용할 때 발생하는 연속적이며 가장 이상적인 칩	연성재료를 저속 절삭할 때, 윗면경사각이 작을 때, 절삭깊이가 클 때 발생하는 칩	점성재료, 저속절삭, 작은 윗면경사각, 절삭깊이가 클 때 발생하는 칩	주철과 같은 취성재료를 저속 절삭으로 절삭할 때, 진동 때문에 날끝에 작은 파손이 생겨 채터가 발생할 확률이 크다.

유동형 칩	전단형 칩	열단형 칩(경작형)	균열형 칩

13

절삭깊이를 작게 하여 공구와 칩의 접촉면적을 줄여 칩이 용착되는 가능성을 줄여 구성인선을 방지할 수 있다.

상세 해설 8번 해설 참조

14

절삭가공으로 대량생산할 경우 개당 소요되는 자본, 노동력, 가공비 등이 매우 높기 때문에 대량생산에는 비경제적이다(커터칼을 이용하여 연필 깎는 것을 생각해보면 된다).

상세 해설 9번 해설 참조

15

[윤활유]

* 윤활유는 **마찰저감작용, 냉각작용, 응력분산작용, 밀봉작용, 방청작용, 세정작용, 응착방지작용 등의 역할(★)**을 한다.
* 윤활유는 용도에 따라 공업용, 자동차용, 산업용, 선박용 등으로 구분된다.
* **SAE는 오일의 점도에 대하여 미국 자동차기술협회에서 제정한 규격으로, 전 세계 공통적으로 사용되고 있는 규격이다.(★)**
* 단급점도유는 SAE 10W, SAE 30처럼 한 숫자로만 표시하는 등급 제품을 뜻한다.
* 다급점도유는 SAE 5W30, SAE 10W40처럼 2가지 숫자 등급이 동시에 표시되는 제품이다.

✓ **다급점도유는 SAE 5W30, SAE 10W40처럼 2가지 숫자 등급이 동시에 표시되는 제품으로 W 앞의 숫자가 낮을수록 저온에서 더 우수한 유동성(흐르는 성질)을 가진다.** W는 영하의 기온에서 윤활유가 얼마나 자신의 기능을 할 수 있는가를 나타낸다.

✓ 다급점도유는 고온에서의 점도 저하가 단급점도유보다 우수하므로 단급점도유보다 우수한 경제성을 보장하며, 또한 저온에서의 유동성이 크기 때문에 내연기관 부품 수명을 연장시켜 주는 역할을 한다.

16

[구성인선(built-up edge)]
절삭 시에 발생하는 칩의 일부가 날끝에 용착되어 마치 절삭날의 역할을 하는 현상

발생 순서	발생 → 성장 → 분열 → 탈락의 주기(발성분탈)를 반복한다.
구성인선의 특징	• 칩이 날끝에 점점 붙으면 날끝이 커지기 때문에 끝단 반경은 점점 커지게 된다[칩이 용착되어 날끝의 둥근 부분(노즈)이 커지므로]. • 구성인선이 발생하면 날끝에 칩이 달라붙어 날끝이 울퉁불퉁해지므로 표면을 거칠게 하거나 동력손실을 유발할 수 있다. • 구성인선의 경도값은 공작물이나 정상적인 칩보다 상당히 크다. • 구성인선은 공구면을 덮어 공구면을 보호하는 역할도 한다. • 구성인선이 발생하지 않을 임계속도는 120m/min이다. • 일감(공작물)의 변형경화지수가 클수록 구성인선의 발생 가능성이 크다. • 구성인선을 이용한 절삭방법은 SWC이다. 은백색을 띠며 절삭저항을 줄일 수 있는 방법이다. ※ 노즈(nose): 날끝의 둥근 부분으로 노즈의 반경은 0.8mm이다.
구성인선의 방지방법	• 절삭깊이가 크면 깎여서 발생하는 칩과 공구의 접촉면적이 넓어지기 때문에 오히려 칩이 날끝에 용착될 가능성이 더 커져 구성인선의 발생 가능성이 높아진다. 따라서 절삭깊이를 작게 하여 공구와 칩의 접촉면적을 줄여 칩이 용착되는 가능성을 줄여 구성인선을 방지할 수 있다. • 공구의 윗면 경사각을 크게 하고 칩을 얇게 절삭해야 용착되는 양이 적어져서 구성인선을 방지할 수 있다. • 30° 이상으로 바이트의 전면 경사각을 크게 한다. • 윤활성이 좋은 절삭유제를 사용한다. • 고속(120m/min 이상)으로 절삭한다. 고속으로 절삭하면 칩이 날끝에 용착되기 전에 떨어져 나가기 때문이다. • 절삭공구의 인선을 예리하게 한다. • 마찰계수가 작은 공구를 사용한다.

17
정답 ④

16번 해설 참조

18
정답 ④

윤활유는 기계장치의 사용에 있어서 기계의 마찰면에 생기는 마찰력을 줄이거나 마찰면에서 발생하는 마찰열을 분산시킬 목적으로 사용하는 물질이다. 윤활유의 역할은 다음과 같다.

[윤활유의 역할]
마찰저감작용, 냉각작용, 응력분산작용, 밀봉작용, 방청작용, 세정작용, 응착방지작용 등이 있다.

19

[절삭유]

절삭유의 3대 작용		• **냉각작용**: 공구와 일감의 온도 증가 방지(가장 기본적인 목적) • **윤활작용**: 공구의 윗면과 칩 사이의 마찰 감소 • **세척작용**: 칩을 씻어주는 작용(공작물과 칩 사이의 친화력을 감소)
사용 목적		• 공구의 인선을 냉각시켜 공구의 경도 저하를 방지한다. → 공구의 날끝 온도 상승 방지 → 구성인선 발생 방지 • 가공물(공작물)을 냉각시켜 절삭열에 의한 정밀도 저하를 방지한다. • 공구의 마모를 줄이고 윤활 및 세척작용으로 가공 표면을 양호하게 한다. • 칩을 씻어주고 절삭부를 깨끗하게 하여 절삭작용을 용이하게 한다.
구비조건		• 윤활성, 냉각성이 우수해야 한다. • 화학적으로 안전하고 위생상 해롭지 않아야 한다. • 공작물과 기계에 녹이 슬지 않아야 한다. • 칩 분리가 용이하여 회수가 쉬워야 한다. • 휘발성이 없고 인화점이 높아야 한다. • 값이 저렴하고 쉽게 구할 수 있어야 한다.
종류	수용성 절삭유	광물섬유를 화학적으로 처리하여 원액과 물을 혼합하여 사용하는 것으로, 점성이 낮고 비열이 커서 냉각효과가 크므로 고속절삭 및 연삭 가공액으로 많이 사용된다.
	광유	경유, 머신오일, 스핀들 오일, 석유 및 기타의 광유 또는 그 혼합유로 윤활성은 좋으나 냉각성이 적어 경절삭에 사용된다.
	유화유	광유와 비눗물을 혼합한 것이다.
	동물성유	라드유가 가장 많이 사용되며 식물성유보다는 점성이 높아 저속절삭 시 사용된다.
	식물성유	콩기름, 올리브유, 종자유, 면실유 등을 말한다.

20

구성인선을 방지하기 위해서는 마찰계수가 작은 공구를 사용해야 한다.

상세 해설 16번 해설 참조

21

[선반의 절삭속도]

$$V[\text{m/min}] = \frac{\pi DN}{1{,}000}$$

여기서, V: 절삭속도, D: 공작물 지름(mm), N: 회전수(rpm)

$$\therefore\ V[\text{m/min}] = \frac{\pi DN}{1{,}000} = \frac{3 \times 80 \times 200}{1{,}000} = 48\text{m/min}$$

22

정답 ③

구성인선을 방지하기 위해서는 고속으로 절삭한다. 고속으로 절삭하면 칩이 날끝에 용착되기 전에 떨어져 나가기 때문이다.

상세 해설 16번 해설 참조

23

정답 ⑤

[테일러의 공구수명식]

$$VT^n = C$$

• V는 절삭속도, T는 공구수명이며 공구수명에 가장 큰 영향을 주는 것은 절삭속도이다.
• C는 공구수명을 1분으로 했을 때의 절삭속도이며 일감, 절삭조건, 공구에 따라 변한다.
• n은 공구와 일감에 의한 지수로, 세라믹 > 초경합금 > 고속도강의 순으로 크다.
• 테일러의 공구수명식을 대수선도로 표현하면 직선으로 표현된다.

24

정답 ④

[절삭온도를 측정하는 방법]
• 열전대에 의한 측정
• 복사 고온계에 의한 측정
• 시온도료에 의한 측정
• Pbs광전지를 이용한 측정
• 칩의 색깔에 의한 측정
• 열량계(칼로리미터)에 의한 측정
• 공구와 공작물 사이의 열전대 접촉에 의한 측정

25

정답 ①

$$절삭비 = \frac{절삭깊이}{칩의 두께}$$

절삭비는 가공의 용이한 정도를 나타내는 것으로, 일반적으로 1보다 작으며 1에 가까울수록 절삭성이 좋음을 의미한다.

※ A에 대한 $B = \dfrac{B}{A}$

01	④	02	④	03	③	04	⑤	05	③	06	③	07	③	08	③	09	②	10	①
11	②	12	④	13	③	14	③	15	③	16	④	17	②	18	③	19	②	20	③
21	④	22	④																

01

정답 ④

[선삭(선반가공)]

가공물(일감)이 회전운동하고 공구가 직선이송운동을 하는 가공방법으로 **척, 베드, 왕복대, 맨드릴(심봉), 심압대** 등으로 구성된 공작기계로 가공한다. 선반가공을 통해 외경절삭, 내경절삭, 테이퍼절삭, 나사깎기, 단면절삭, 곡면절삭, 널링작업 등을 할 수 있다.

02

정답 ④

[척의 종류]

- **단동척(independent chuck)**: 4개의 조가 단독으로 작동하며, 불규칙한 모양의 일감을 고정한다.
- **연동척(universal chuck)**: 스크롤척(scroll chuck)이라고도 하며, 3개의 조가 동시에 작동한다. 원형, 정삼각형의 공작물을 고정하는 데 편리하다.
  - 고정력은 단동척보다 약하며 조(jaw)가 마멸되면 척의 정밀도가 떨어진다.
  - 단면이 불규칙한 공작물은 고정이 곤란하며 편심을 가공할 수 없다.
- **양용척(combination chuck, 복동척)**: 단동척과 연동척의 두 가지 작용을 할 수 있는 것
  - 조(jaw)를 개별적으로 조절할 수 있다.
  - 전체를 동시에 움직일 수 있는 렌지장치가 있다.
- **마그네틱척(magnetic chuck)**: 원판 안에 전자석을 설치하며 얇은 일감을 변형시키지 않고 고정시킨다(비자성체의 일감 고정 불가). 마그네틱척을 사용하면 일감에 잔류 자기가 남아 탈자기로 탈자시켜야 한다.
- **콜릿척(collet chuck)**: 가는 지름의 봉재를 고정하는 데 사용하며 터릿선반이나 자동선반에서 지름이 작은 공작물이나 각봉을 대량으로 가공할 때 사용한다. 주축의 테이퍼 구멍에 슬리브를 꽂고 여기에 척을 끼워 사용한다.
- **압축공기척(compressed air operated chuck)**: 압축공기를 이용하여 조를 자동으로 작동시켜 일감을 고정하는 척이다.
  - 고정력은 공기의 압력으로 조정할 수 있다.
  - 압축공기 대신에 유압을 사용하는 유압척(oil chuck)도 있다.
  - 기계운전을 정지하지 않고 일감의 고정 또는 분리를 자동화할 수 있다.

03
정답 ③

[센터의 종류]
- 회전센터: 주축에 삽입한다.
- 정지센터: 심압대에 삽입하여 가장 정밀한 작업에 사용된다.
- 베어링센터: 대형공작물, 고속절삭에 사용되고 센터 끝이 공작물과 같이 회전한다.
- 파이프센터: 구멍이 큰 일감작업에 사용한다.

04
정답 ⑤

[왕복대]
선반의 베드 위에서 바이트에 가로 및 세로의 이송을 주는 장치이다.

[왕복대의 구성 요소(새에복공)]
새들, 에이프런, 복식 공구대, 공구대

※ **에이프런**: 나사절삭기능 및 자동이송장치가 있다.
※ 하프너트는 에이프런 속에 있다.

05
정답 ③

[선삭(선반가공)]
가공물(일감)이 회전운동하고 공구가 직선이송운동을 하는 가공방법으로 **척, 베드, 왕복대, 맨드릴(심봉),
심압대** 등으로 구성된 공작기계로 가공한다. 선반가공을 통해 외경절삭, 내경절삭, 테이퍼절삭, 나사깎기,
단면절삭, 곡면절삭, 널링작업 등을 할 수 있다.

06
정답 ③

- 탁상 선반: 정밀 소형 기계 및 시계부품을 가공할 때 사용하는 선반
- 정면 선반: 직경이 크고 길이가 짧은 공작물을 가공할 때 사용하는 선반
- 터릿 선반: 보통 선반의 심압대 대신 여러 개의 공구를 방사상으로 설치하여 공정 순서대로 공구를 차례
  로 사용할 수 있도록 만들어진 선반
- 수직 선반: 중량이 큰 대형 공작물 또는 직경이 크고 폭이 좁으며 불균형한 공작물을 가공하며, 공작물
  의 탈부착 및 고정이 쉽고 안정된 중절삭이 가능한 선반

07
정답 ③

[선반의 크기 표시방법]
- 양 센터 사이의 최대 거리
- 베드의 길이
- 베드 위의 스윙
- 왕복대 위의 스윙

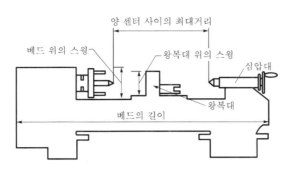

양 센터 사이의 최대거리

베드 위의 스윙

왕복대 위의 스윙

심압대

왕복대

베드의 길이

※ **스윙**: 주축에 설치할 수 있는 공작물의 최대 직경(지름)을 말한다. 의미를 파악하고 위의 그림을 보면서 이해하면 쉽게 암기할 수 있다.
• 왕복대 위의 스윙: 왕복대에 닿지 않고 주축에 설치할 수 있는 공작물의 최대 직경
• 베드 위의 스윙: 베드에 닿지 않고 주축에 설치할 수 있는 공작물의 최대 직경

08

정답 ③

[선반의 주축을 중공축으로 하는 이유]
• 긴 가공물의 고정을 편리하게 하기 위해
• 비틀림응력 및 굽힘응력의 강화를 위해
• 주축의 무게를 줄여 베어링에 작용하는 하중을 줄이기 위해

09

정답 ②

[절삭시간(가공시간, T)]

$$T = \frac{L}{NS}$$

여기서, T: 절삭시간(min), L: 길이, N: 회전수, S: 이송

풀이

$$T[\text{min}] = \frac{L}{NS} = \frac{100\text{mm}}{200\text{rpm} \times 2\text{mm/rev}} = 0.25\,\text{min} = 0.25 \times 60s = 15s = 15초$$

10

정답 ①

[선반의 1회 기준 가공시간]

$$가공시간(T) = \frac{L}{NS}$$

여기서, L: 길이, N: 회전수, S: 이송

이때, 가공시간(T)은 min(분)이 기준이므로 1회 기준으로 바꾸면 1회 가공 시 $\frac{45}{60}$ 분의 시간이 걸리게 된다. 2회 90초 → 1회 45초 → $T[\text{min}] = \frac{45}{60}$

$$\therefore N[\text{rpm}] = \frac{L}{TS} = \frac{60}{\frac{45}{60} \times 0.25} = \frac{60 \times 60 \times 4}{45} = 320\text{rpm}$$

11

정답 ②

선반 주축대: 공작물(가공물, 일감)을 고정하여 <u>절삭회전운동</u>을 하는 주축을 말한다.

① **면판(face plate):** 공작물의 형상이 불규칙하여 척의 사용이 곤란할 때 <u>주축</u>의 나사부에 고정하여 공작물의 지지에 사용되는 부속장치이다.

② **척(chuck):** 선반의 <u>주축</u> 끝에 설치하여 공작물을 고정 및 유지하는 부속장치이다. **연동척(스크롤척)은 <u>3개의 조</u>를 갖고 있으며 한 개의 조를 돌리면 3개의 조가 동시에 움직이고 중심잡기가 편리하나 조임의 힘이 약하다.**

③ **방진구(work rest):** 지름에 비해 길이($L \geq 20d$)가 긴 공작물을 절삭할 때 공작물의 자중으로 인한 휨, 처짐, 떨림 또는 절삭력에 의해 구부러지는 경우 이것을 방지하기 위해 사용되는 부속장치이다. <u>고정방진구는 베드에 설치하고, 이동방진구는 왕복대에 설치한다. 따라서 방진구는 주축대에 설치하는 선반의 부속장치가 아니다.</u>

④ **돌림판(driving plate):** 선반의 <u>주축</u>에 고정되어 공작물을 회전(주축의 회전을 공작물에 전달)시키는 데 사용되는 부속장치이다.

※ **맨드릴(심봉): 중공의 공작물 외경을 가공할 때, 구멍과 외경이 동심원이 되게 하기 위해 사용된다.**
※ **센터: 공작물을 지지한다.**

12

정답 ④

셰이퍼에 의한 평삭	• 공작물 − 직선이송운동 • 공구 − 직선절삭운동
드릴링	• 공구 − 회전절삭운동 및 직선이송운동
밀링	• 공작물 − 직선이송운동 • 공구 − 회전절삭운동
호닝	• 공구 − 회전운동과 수평왕복운동
선삭	• 공작물 − 회전절삭운동 • 공구 − 직선이송운동

※ 니블링: 연삭왕복운동으로 판재를 절단하는 기계이다.

13

정답 ③

$$\frac{p}{P} = \frac{A}{D}$$

여기서, A: 주축에 연결된 기어 잇수, D: 어미나사(리드스크루)에 연결된 기어 잇수

$$\frac{p}{P} = \frac{4 \times \dfrac{5}{127}}{\dfrac{1}{4}} = \frac{80}{127} = \frac{A}{D}$$

$$\therefore A: 80, \quad D: 127$$

문제에서는 D를 B로 표현했으므로 정답은 '$A: 80, \ B: 127$'이다.

[나사절삭작업]

주축과 리드스크루(어미나사)를 기어에 연결시켜 주축에 회전을 주면 리드스크루도 회전한다. 이때, 리드스크루에 연결된 바이트가 이송하여 나사를 깎는다.

[변환기어 계산방법]

- 2단 걸기: $\dfrac{\text{공작물(일감)의 피치}}{\text{리드스크루의 피치}} = \dfrac{\text{주축에 끼워야 할 기어의 잇수}(A)}{\text{리드스크루에 끼워야 할 기어의 잇수}(D)}$

- 4단 걸기: 4단 걸기는 아래 표를 확인한다.

★ 회전비가 1:6보다 작을 때는 단식(2단 걸기)법을 사용하고, 1:6보다 클 때는 복식(4단 걸기)법을 사용한다.

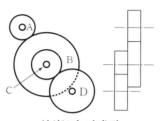

복식(4단 걸기)법

$$\frac{p}{P} = \frac{A}{D} = \frac{A}{B} \times \frac{C}{D}$$

p: 가공물(일감)의 피치(mm)
※ 인치식인 경우는 "1/1인치당 산수"로 대입!
P: 어미나사(리드스크루)의 피치(mm)
※ 인치식인 경우는 "1/1인치당 산수"로 대입!
A: 주축에 연결된 기어 잇수
B: 중간축에 연결된 기어 잇수
C: 중간축에 연결된 기어 잇수
D: 어미나사(리드스크루)에 연결된 기어 잇수

✓ 미터식 선반에서 인치나사를 절삭하거나 인치식 선반에서 미터식 나사를 절삭할 때는 127개의 기어가 필요하다. 즉, 리드스크루나 공작물 둘 중에 하나가 인치식인 경우에는 단위 환산을 위해 잇수가 127인 기어는 꼭 들어가야만 한다.

$$\frac{1 \times 5}{25.4 \times 5} = \frac{5}{127}$$

※ 영국식 선반: 리드스크루는 보통 2산/in로 되어 있다.

※ 미국식 선반: 리드스크루는 보통 4산/in, 5산/in, 6산/in 등으로 되어 있다.

14

정답 ③

[심압대의 편위량 구하는 방법]

㉠ 전체가 테이퍼일 경우

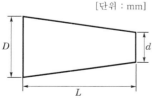

[단위 : mm]

편위량$(e) = \dfrac{D-d}{2}\,[\mathrm{mm}]$

여기서, D: 테이퍼의 큰 지름, d: 테이퍼의 작은 지름

ⓛ 일부만 테이퍼일 경우

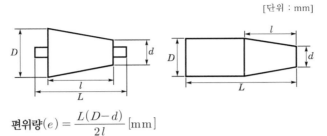

[단위 : mm]

편위량$(e) = \dfrac{L(D-d)}{2\,l}$ [mm]

여기서, D: 테이퍼의 큰 지름, d: 테이퍼의 작은 지름, l: 테이퍼부의 길이, L: 공작물의 전체 길이

풀이

문제는 "**일부만 테이퍼일 경우**"이므로 아래와 같이 심압대의 편위량을 구한다.

편위량$(e) = \dfrac{L(D-d)}{2\,l} = \dfrac{130 \times (30 - 15)}{2 \times 78} = 12.5\,\text{mm}$

15
정답 ③

[나사 절삭 시 필요한 것]
• **하프너트(스플릿너트)**: 리드스크루(어미나사)에 자동이송을 연결시켜 나사깎기작업을 할 수 있게 한다.
• **체이싱 다이얼**: 나사 절삭 시 두 번째 이후의 절삭시기를 알려준다.
• **센터 게이지**: 나사 바이트의 각도를 검사 및 측정한다.

16
정답 ④

[선반에서 사용되는 척의 종류]

연동척 (만능척, 스크롤척)	<u>3개의 조(jaw)가 1개의 나사에 의해 동시에 움직이는 척이다.</u> **[특징]** • 중심잡기가 편리하나, 조임력이 약하다.
단동척	4개의 조가 각각 단독으로 움직이는 척이다. **[특징]** • 강력한 조임이 가능하며, 편심가공이 용이하다. • 불규칙한 모양의 일감을 고정하는 데 사용된다. • 중심을 잡는 데 시간이 많이 소요된다.
양용척	연동척과 단동척의 두 가지 작용을 할 수 있는 척이다. **[특징]** • 불규칙한 공작물을 대량으로 고정할 때 편리하다.

마그네틱척	척 내부에 전자석을 설치한 척이다.
	[특징]
	• 얇은 일감을 변형시키지 않고 고정할 수 있다.
	• 비자성체의 일감은 고정하지 못하며 강력한 절삭이 곤란하다.
	• 마그네틱척을 사용하면 일감에 잔류 자기가 남아 탈자기로 탈자시켜야 한다.
콜릿척	가는 지름의 봉재를 고정하는 데 사용하는 척이다.
	[특징]
	• 터릿선반이나 자동선반에서 지름이 작은 공작물이나 각봉을 대량으로 가공할 때 사용한다.
공기척	압축공기를 이용하여 조를 자동으로 작동시켜 일감을 고정하는 척이다.
	[특징]
	• 고정력은 공기의 압력으로 조정할 수 있다.
	• 운전 중에도 작업이 가능하다.
	• 기계운전을 정지하지 않고 일감을 고정하거나 분리를 자동화할 수 있다.

17

정답 ②

[여유각]

바이트와 공작물의 상대운동 방향과 바이트 측면이 이루는 각으로, 여유각이 없으면 날로 인하여 물체에 손상을 입힐 수 있다. 그 이유는 여유각은 바이트 날이 물체와 닿는 면적을 줄여 물체와의 마찰을 감소시키고 날끝이 공작물에 파고들기 쉽게 해주는 기능이 있기 때문이다. 깊게 절삭하고 싶다면 여유각을 많이 주면 된다. 하지만 여유각을 너무 많이 주면 날끝의 강도가 약해지므로 강도가 약한 재료일 때는 여유각을 많이 줘도 상관없지만, 강도가 강한 재료일 때는 여유각을 작게 해야 한다.

18

정답 ③

[방진구(work rest)]

지름에 비해 길이($L \geq 20d$)가 긴 공작물을 절삭할 때 공작물의 자중으로 인한 휨, 처짐, 떨림 또는 절삭력에 의해 구부러지는 경우 이것을 방지하기 위해 사용되는 부속장치이다. 고정방진구는 베드에 설치하고, 이동방진구는 왕복대에 설치한다. 따라서 방진구는 주축대에 설치하는 선반의 부속장치가 아니다.

19

정답 ②

[방진구의 종류]

• 고정방진구: 긴 구멍을 가공할 때 사용하는 것으로, 조(jaw)가 3개이고 베드면에 설치한다.
• 이동방진구: 긴 축을 가공할 때 사용하는 것으로, 조(jaw)가 2개이고 왕복대에 설치한다.

20

정답 ③

[센터]
공작물을 지지할 때 사용한다.

[센터의 선단각]
• 보통 일감: 60°
• 대형 일감: 75°, 90°

✓ 센터자루는 모스테이퍼(테이퍼 1/20)로 되어 있다.

21

정답 ④

[선반가공에서 외면을 테이퍼 가공하는 방법]
• 심압대를 편위시키는 방법: 길이가 길고, 경사각이 작은 공작물에 적합한 방법이다.
• 복식공구대를 회전시키는 방법: 길이가 짧고, 경사각이 큰 공작물에 적합한 방법이다.
• 테이퍼 부속장치를 사용하는 방법
• 총형 바이트를 사용하는 방법: 테이퍼의 길이가 매우 작은 경우에 적합한 방법이다.
• 수치제어선반(NC선반)을 사용하는 방법

22

정답 ④

[센터의 종류]
• 회전센터: 주축에 삽입한다.
• 정지센터: 심압대에 삽입하여 가장 정밀한 작업에 사용된다.
• 베어링센터: 대형공작물, 고속절삭에 사용되고 센터 끝이 공작물과 같이 회전한다.
• 파이프센터: 구멍이 큰 일감작업에 사용한다.

07 밀링

01	④	02	②	03	③	04	③	05	④	06	⑤	07	③	08	③	09	④	10	③
11	①	12	①	13	②	14	④	15	④	16	③								

01
정답 ④

상향 절삭은 칩의 가장 두꺼운 위치에서 절삭이 끝나고, 하향 절삭은 칩의 가장 두꺼운 위치에서 절삭이 시작된다.

02
정답 ②

[상향 절삭]
- 커터날이 움직이는 방향과 공작물의 이송 방향이 반대인 절삭방법
- 밀링커터의 날이 공작물을 들어올리는 방향으로 작용하므로 기계에 무리를 주지 않는다.
- 절삭을 시작할 때 날에 가해지는 절삭저항이 점차적으로 증가하므로 날이 부러질 염려가 없다.
- 절삭날의 절삭 방향과 공작물의 이송 방향이 서로 반대이므로 백래시가 자연히 제거되므로 백래시 제거장치가 필요없다.
- 절삭열에 의한 치수정밀도의 변화가 작다.
- 절삭날이 공작물을 들어올리는 방향으로 작용하므로 공작물의 고정이 불안정하며 떨림이 발생하여 동력손실이 크다.
- 날의 마멸이 심하며 수명이 짧고 가공면이 거칠다.
- 칩이 잘 빠져나오므로 절삭을 방해하지 않는다.

[하향 절삭]
- 커터날이 움직이는 방향과 공작물의 이송 방향이 동일한 절삭방법
- 밀링커터의 날이 마찰작용을 하지 않아 날의 마멸이 적고 수명이 길다.
- 동력손실이 적으며 가공면이 깨끗하다.
- 절삭날이 절삭을 시작할 때 절삭저항이 크므로 날이 부러지기 쉽다.
- 치수정밀도가 불량해질 염려가 있으며 백래시 제거장치가 필요하다.

03
정답 ③

[1분간 테이블의 이송량(f)]

$$f = f_z n Z [\mathrm{mm/min}]$$

여기서, f_z: 밀링커터의 날 1개마다의 이송(mm), n: 커터의 회전수(rpm), Z: 커터날 수

풀이

$$f = 0.4 \times 4 \times 200 = 320 \mathrm{mm/min}$$

04

[밀링머신]
- 공작기계 중 가장 다양하게 사용되는 기계로, 원통면에 많은 날을 가진 커터(다인 절삭 공구)를 회전시키고 공작물(일감)을 테이블에 고정한 후, 절삭깊이와 이송을 주어 절삭하는 공작기계이다.
- 주로 '평면'을 가공하는 공작기계로 홈, 각도가공뿐만 아니라, 불규칙하고 복잡한 면을 가공할 수 있으며 드릴의 홈, 기어의 치형도 가공할 수 있다. 보통 다양한 밀링커터를 활용하여 다양하게 사용된다.
- 주로 평면절삭, 공구의 회전절삭, 공작물의 직선 이송에 사용된다.
- **주요 구성요소:** 주축, 새들, 칼럼, 오버암 등
- **부속 구성요소:** 아버, 밀링바이스, 분할대, 회전테이블(원형테이블) 등
- ※ **아버(arbor):** 밀링커터를 고정하는 데 사용하는 고정구

주축(spindle)	**공구(밀링커터) 또는 아버가 고정되며 회전하는 부분이다.** 즉, 절삭공구에 <u>회전운동</u>을 주는 부분이다.
니(knee)	새들과 테이블을 지지하고 **공작물을** <u>상하</u>로 이송시키는 부분으로 가공 시 절삭깊이를 결정한다.
새들(saddle)	테이블을 지지하며 **공작물을** <u>전후</u>로 이송시키는 부분이다.
테이블(table)	공작물을 직접 고정하는 부분으로 새들 상부의 안내면에 장치되어 <u>좌우</u>로 이동한다. 또한, 공작물을 고정하기 편리하도록 <u>T홈</u>이 테이블 상면에 파여 있다.
칼럼(column)	• 밀링머신의 **몸체**로 절삭가공 시 진동이 적고 하중을 충분히 견딜 수 있어야 한다. • 베이스를 포함하고 있는 기계의 지지틀이다. 칼럼의 전면을 칼럼면이라고 하며 니(knee)가 수직 방향으로 상하 이동할 때 니를 지지하고 안내하는 역할을 한다.
오버암(overarm)	**칼럼 상부에 설치되어 있으며, 아버 및 부속장치를 지지한다.**

📝 **암기법**
(테)(좌)야 (니) (상)여금 (세)(전) 얼마야?
→ "테이블 – 좌우", "니 – 상하", "새들 – 전후"

05

[밀링머신의 크기 표시방법]
- 테이블의 이동량(좌우×전후×상하)
- 테이블의 크기
- 주축 중심으로부터 테이블 면까지의 최대 거리(수평, 만능밀링머신)
- 주축 끝에서 테이블 면까지의 최대 거리 및 주축 헤드의 이동거리(수직밀링머신)

[밀링머신의 크기]

호칭번호		NO.0	NO.1	NO.2	NO.3	**NO.4**	NO.5
테이블의 이동거리 (mm)	전후	150	200	250	300	350	400
	좌우	450	550	700	850	1050	1250
	상하	300	400	450	450	450	500

06

정답 ⑤

[밀링머신]

공작기계 중 가장 다양하게 사용되며, 원통면에 많은 날을 가진 커터(다인 절삭공구)를 회전시키고, 테이블에 고정한 공작물에 절삭깊이와 이송을 주어 절삭하는 공작기계이다. 주로 평면절삭, 공구의 회전절삭, 공작물의 직선 이송에 이용된다.

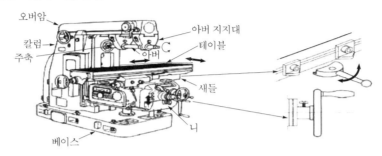

✓ 공작기계를 암기할 때는 공작기계의 공구와 공작물의 관계를 동영상이나 그림으로 살펴보면 쉽게 이해할 수 있다.

07

정답 ③

밀링머신은 주로 평면을 가공하는 공작기계로, 홈·각도 가공뿐만 아니라 불규칙하고 복잡한 면을 깎을 수 있으며, 드릴의 홈, 기어의 치형을 깎기도 한다. 다양한 밀링커터가 용도에 따라 활용된다.

[밀링커터의 종류]

- 총형 커터: 기어 또는 리머가공에 사용한다.
- 정면커터: 넓은 평면을 가공할 때 사용한다.
- 메탈소: 절단하거나 깊은 홈 가공에 사용한다.
- 엔드밀: 구멍가공, 홈, 좁은 평면, 윤곽가공 등에 사용한다.
- 볼 엔드밀링커터: 복잡한 형상의 곡면가공에 사용한다.
- 평면커터: 평면을 절삭하며 소비동력이 적고 가공면의 정도가 우수하다.
- 측면커터: 폭이 좁은 홈을 가공할 때 사용한다.

08

정답 ③

해당 문제는 분할판의 구멍 수가 30개이므로 직접분할법으로 분할 가능한 수는 2, 3, 5, 6, 10, 15, 30이다.

[분할가공 종류]

직접분할법	직접분할법으로 분할 가능한 수는 분할판의 구멍과 관계되며, 분할대는 신시내티형, 브라운 샤프형이 있고, 주로 브라운 샤프형이 많이 사용된다. 신시내티형과 브라운 샤프형에서는 분할판이 24등분되어 있어, 24의 약수인 1, 2, 3, 4, 6, 8, 12, 24의 분할이 가능하다. $$x = \frac{24}{N}$$ 여기서 x: 분할판의 구멍열 간격 수, N: 공작물(분할대 주축)의 분할 수

단, 신시내티형에서는 구멍 수가 24, 30, 36인 분할판도 있다.

분할판 구멍 수	분할 가능한 수
24	2, 3, 4, 6, 8, 12, 24
30	2, 3, 5, 6, 10, 15, 30
36	2, 3, 4, 6, 9, 12, 18, 36

단식분할법

직접분할법으로 분할할 수 없는 수 또는 분할이 정확해야 할 때 사용한다.

웜과 웜휠형 인덱스 크랭크를 사용하여 분할하고 1회전시킬 때 주축은 1/40 회전을 한다.

$$n = \frac{40}{N} \quad [n: \text{분할크랭크의 회전수}, \ N: \text{공작물의 등분 분할 수(잇수)}]$$

예 원주를 13등분

• $n = \frac{40}{13} = 3\frac{1}{13}$ 이므로 분할크랭크의 회전수 3회전과 1/13회전이 된다.

그리고 1/13회전은 $\frac{1}{13} \times \frac{3}{3} = \frac{3}{39}$ 이므로 39 구멍줄에서 3회전을 하고 13등분이 된다.

예 원주를 56등분

• 40 이상으로 등분할 때는 분할크랭크의 회전수는 1회전 이하 분수회전이 된다.

$$n = \frac{40}{56} = \frac{5}{7} \rightarrow \frac{20}{28} \ \text{or} \ \frac{30}{42}$$

분수의 분모는 분할판의 구멍 수가 되며, 분수의 분자는 크랭크가 분할판을 움직이는 구멍 수로 결정된다.

차동분할법

단식분할로 할 수 없는 수를 분할할 때 사용한다. 보통 분할대의 변환기어는 12개로 1,008등분까지 가능하다.

각도분할법

분할크랭크가 1회전하면 주축은 9° 회전한다.

$$n = \frac{D°}{9} \quad [n: \text{분할크랭크의 회전수}, \ D°: \text{분할하고자 하는 각도}]$$

예 원주면을 7.5° 분할

• $n = \frac{D°}{9} = \frac{7.5}{9} = \frac{15}{18}$ 이므로 18구멍 분할판에 15구멍씩 이동이 된다.

09

정답 ④

심압대는 선반의 구성요소이다.

[선반의 주요 구성요소]

• **주축대**: 일감을 지지하며 회전을 주는 곳으로, 중공으로 만들어져 있다.
• **심압대**: 공작물을 지지해준다.
• **왕복대**: 베드 위에서 바이트에 가로와 세로의 이송을 준다.
• **베드**: 주축대, 심압대, 왕복대를 받쳐준다.

[밀링머신의 구성요소]

• **주요 구성요소**: 주축, 새들, 칼럼, 오버암 등
• **부속 구성요소**: 아버, 밀링바이스, 분할대, 회전테이블(원형 테이블) 등

상세 해설 4번 해설 참조

10

[밀링머신 부속장치의 종류]

- **수직밀링장치**: 수평 및 밀링머신의 주축단 기둥면에 설치하여 밀링커터축을 수직 상태로 사용한다.
- **슬로팅장치**: 수평 및 만능 밀링머신의 기둥면에 설치하여 **주축의 회전운동을 공구대의 왕복운동으로 변환시키는 장치**로, 평면 위에서 임의의 각도로 경사시킬 수 있다.

  ☆ 주로 **키홈, 스플라인, 세레이션 등을 가공할 때 사용**한다.
- **만능밀링장치**: 수평 및 수직면에서 임의의 각도로 **선회**시킬 수 있으며 수평밀링머신의 테이블 위에 설치하여 사용(단, 45° **이하**에서 회전 가능)한다.
- **레크밀링장치**: 긴 레크를 깎는 데 사용되며 별도의 테이블을 요구하는 피치만큼 정확하게 이송하여 분할할 수 있는 장치

✓ 간단하게 정의가 주어지는 문제가 많아지므로 꼭 암기한다.

11

㉠ $\acute{N}$을 60으로 선택한다.

$$n = \frac{40}{\acute{N}} = \frac{40}{60} = \frac{2}{3} = \frac{2 \times 7}{3 \times 7} = \frac{14}{21}$$

분할판의 구멍 수 21을 선택해서 14구멍씩 돌린다.

㉡ 기어의 열

$$i = 40\left(\frac{N - \acute{N}}{\acute{N}}\right) = 40\left(\frac{60 - 61}{60}\right) = 40\left(\frac{-1}{60}\right) = -\frac{40}{60} = -\frac{4 \times 8}{6 \times 8} = -\frac{32}{48} = \frac{B}{A}$$

여기서, A: 마이터 기어 쪽의 변환기어 잇수, B: 주축 쪽의 변환기어 잇수

→ $i < 0$ 이므로 기어열은 2단 걸이로 한다.

[차동분할법]

- 기어 등을 절삭할 때 단식분할법으로 산출할 수 없는 수를 산출할 때 사용하는 방법
- **예** 61, 71 등의 분할(1008등분까지 가능)
- 변환기어[24(2개), 28, 32, 40, 44, 48, 56, 64, 72, 86, 100 등 12종]
- **차동분할기구의 운동**: 핸들 → 웜과 웜기어 → 변환기어 → 마이터기어 → 분할판

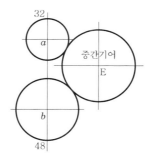

[차동분할 계산방법]

① 단식분할이 가능한 N에 가까운 수 $\acute{N}$을 가정한다.

② 다음 식으로 단식분할을 한다. $n = \dfrac{40}{\acute{N}}$

③ 변환기어의 차동기어비(i)를 계산한다.

④ 분할판을 풀어 놓고 주축과 마이터 기어의 축을 연결한다.

※ 2단걸이: $i = 40\left(\dfrac{\acute{N}-N}{\acute{N}}\right) = \dfrac{S}{M}$

※ 4단걸이: $i = 40\left(\dfrac{\acute{N}-N}{\acute{N}}\right) = \dfrac{S}{M} \times \dfrac{A}{B}$

여기서, i: 차동기어비, $\acute{N}$: 단식분할이 가능한 분할 수에 가까운 수, N: 분할 수, M: 마이터 기어 쪽의 변환기어 잇수, S: 주축 쪽의 변환기어 잇수, $\dfrac{A}{B}$: 4단걸이할 때 중간기어의 잇수비

> **참고**
>
> • **단식 차동분할법**: $i > 0$일 때, 핸들과 분할판의 회전 방향이 같다. 기어의 열은 4단 걸이로 한다.
> • **복식 차동분할법**: $i < 0$일 때, 분할판의 회전은 핸들과 반대이다. 기어의 열은 2단 걸이로 한다.

■ 차동분할 계산방법의 ②번의 세부 세항

단식분할법은 일반적으로 직접분할법으로 할 수 없을 때 활용된다. 분할 크랭크와 분할판을 사용하여 분할하는 방법으로, **분할 크랭크를 40회전시키면 주축은 1회전하는 원리**로 다음과 같은 관계식이 성립한다.

→ $n = \dfrac{40}{N}$ (브라운 샤프형, 신시내티형)

[여기서, n: 분할 크랭크의 회전수, N: 일감의 등분 분할 수]

종류	분할판	원판의 구멍 수
브라운 샤프형	No.1 No.2 No.3	5, 16, 17, 18, 19, 20, 21, 23, 27, 29, 31, 33, 37, 38, 41, 43, 47, 49
신시내티형	표면(전면) 이면(후면)	24, 25, 28, 30, 34, 37, 38, 39, 41, 42, 43, 46, 47, 49, 51, 53, 54, 57, 58, 59, 62, 66

[예시 문제로 이해하기]

ex.1 (17번 문제)

$$n = \dfrac{40}{\acute{N}} = \dfrac{40}{60} = \dfrac{2}{3} = \dfrac{2 \times 7}{3 \times 7} = \dfrac{14}{21}$$

분할판의 구멍 수 21을 선택해서 14구멍씩 돌린다.

ex.2

밀링작업에서 단식분할로 원주를 13등분하고자 할 때 사용되는 분할판의 구멍 수

→ $n = \dfrac{40}{N}$

여기서, n: 분할 크랭크의 회전수, N: 일감의 등분 분할 수

→ $n = \dfrac{40}{13} = \dfrac{120}{39}$ (분할판의 구멍 수로 맞추어야 하므로)

∴ 구멍 수 $= 39$

ex. 3

밀링작업에서 단식분할로 원주를 36등분하고자 할 때

$$\rightarrow \quad n = \frac{40}{N}$$

여기서, n: 분할 크랭크의 회전수, N: 일감의 등분 분할 수

$$\rightarrow \quad n = \frac{40}{36} = 1\frac{4}{36} = 1\frac{1}{9} = 1\left(\frac{1}{9} \times \frac{6}{6}\right) = 1\frac{6}{54} \quad \text{(분할판의 구멍 수로 맞추어야 하므로)}$$

$\therefore$ 54 구멍줄에서 1회전하고 6구멍씩 이동하면 원주가 36등분된다.

12

정답 ①

밀링가공	• 원통면에 많은 날을 가진 커터(다인공구)를 회전시켜 테이블에 고정된 공작물에 절삭깊이와 이송을 주어 절삭한다. • 여러 가공 종류 중 가장 다양한 가공을 할 수 있는 방법으로, **주로 평면을 가공**하는 가공방법이다. 홈, 각도가공뿐만 아니라 불규칙하고 복잡한 면을 깎을 수 있으며 드릴의 홈, 기어의 치형을 깎기도 한다. 다음의 밀링커터를 사용하여 다양하게 활용된다.	
	총형 커터	기어 또는 리머가공에 사용
	정면커터	넓은 평면을 가공할 때 사용
	메탈소	절단하거나 깊은 홈 가공에 사용
	엔드밀	구멍가공, 홈, 좁은 평면, 윤곽가공 등에 사용
	볼엔드밀링커터	복잡한 형상의 곡면가공에 사용
	평면커터	평면을 절삭, 소비동력이 적고 가공면 우수
	측면커터	폭이 좁은 홈을 가공할 때 사용
선반가공	가공물이 회전운동하고 공구가 직선이송운동을 하는 가공방법으로 척, 베드, 왕복대, 맨드릴(심봉), 심압대 등으로 구성된 공작기계로 가공한다.	
연삭가공	입자, 결합도, 결합제 등으로 표시된 숫돌로 연삭하는 가공으로 정밀도, 표면거칠기가 우수하며 담금질 처리가 된 강, 초경합금 등의 단단한 재료의 가공이 가능하다. 또한, 접촉면의 온도가 높으며 숫돌 날이 무뎌지면 탈락하고 새로운 날이 생성되는 자생작용이 있다.	
드릴가공	드릴로 가공하는 가공방법으로 리밍, 보링, 카운터싱킹 등의 가공을 할 수 있다.	
	리밍	리머라는 회전하는 절삭공구로, 기존 구멍 내면의 치수를 정밀하게 만드는 가공방법이다.
	보링	드릴로 이미 뚫려 있는 구멍을 넓히는 가공으로 편심을 교정하기 위한 가공이며 구멍을 축방향으로 대칭을 만드는 가공이다.
	카운터싱킹	나사머리의 모양이 접시모양일 때 테이퍼 원통형으로 절삭하는 방법이다. 즉, 접시머리나사의 머리를 묻히게 하기 위해 원뿔자리를 만드는 가공이다.
	카운터보링	볼트 또는 너트의 머리 부분이 가공물 안으로 묻히도록 드릴과 동심원의 2단 구멍을 절삭하는 방법이다.
	스폿페이싱	볼트나 너트 등의 머리가 닿는 부분의 자리면을 평평하게 만드는 가공방법이다.

래핑	랩(lap)이라는 공구와 다듬질하려고 하는 일감 사이에 랩제를 넣고 양자를 상대운동시킴으로써 매**끈한 다듬질을 얻는 가공방법**이다. 용도로는 **블록 게이지**, 렌즈, 스냅 게이지, 플러그 게이지, 프리즘, 제어기기 부품 등에 사용된다. 종류로는 습식 래핑과 건식 래핑이 있고, 보통 **습식 래핑을 먼저 한 후 건식 래핑을 실시한다.** ※ **랩제의 종류**: 다이아몬드, 알루미나, 산화크롬, 탄화규소, 산화철 **[래핑의 종류]** • **습식 래핑**: 랩제와 래핑액을 혼합해서 가공하는 방법으로 래핑능률이 높다. • **건식 래핑**: 건조 상태에서 래핑 가공을 하는 방법으로 래핑액을 사용하지 않는다. 일반적으로 더 정밀한 다듬질면을 얻기 위해 습식 래핑 후에 실시한다. • **구면래핑**: **렌즈의 끝 다듬질**에 사용되는 래핑방법이다.

래핑가공의 특징	
장점	• 다듬질면이 매끈하고 정밀도가 우수하다. • 자동화가 쉽고 대량생산을 할 수 있다. • 작업방법 및 설비가 간단하다. • 가공면은 내식성·내마멸성이 좋다.
단점	• 고정밀도의 제품 생산 시 높은 숙련이 요구된다. • 비산하는 래핑입자(랩제)에 의해 다른 기계나 제품이 부식 또는 손상될 수 있으며 작업이 깨끗하지 못하다. • 가공면에 랩제가 잔류하기 쉽고, 제품 사용 시 마멸을 촉진시킨다.

13

정답 ②

㉠ $n = \dfrac{40}{N}$ 을 사용한다. 등분 수(N)가 7이므로 식에 대입하면 다음과 같다.

→ $n = \dfrac{40}{N} = \dfrac{40}{7} = 5\dfrac{5}{7}$

㉡ 브라운 샤프형 분할판 No.2 분할에서 21구멍 분할판을 사용하면 7의 3배인 21이 있다. 따라서 $\dfrac{5}{7} = \dfrac{5 \times 3}{7 \times 3} = \dfrac{15}{21}$ 가 도출된다.

㉢ 즉, 21구멍의 분할판을 사용하여 크랭크를 5회전하고 15구멍씩 돌리면 7등분이 된다.

14

정답 ④

[브로칭]
공작물을 고정시키고 공구의 수평왕복운동으로 작업을 하는 공정이다.

[브로칭 가공의 특징]
• 기어나 풀리의 키홈, 스플라인 키홈 등을 가공하는 데 사용한다.
• 1회의 통과로 가공이 완료되므로 작업시간이 매우 짧아 대량생산에 적합하다.
• 가공 홈의 모양이 복잡할수록 가공속도를 느리게 한다.
• 절삭량이 많고 길이가 길 때는 절삭날의 수를 많게 하고, 절삭깊이가 너무 작으면 인선의 마모가 증가한

다. 또한, 깨끗한 표면정밀도를 얻을 수 있다. 다만, 공구값이 고가이다.

※ 브로칭작업에서 브로치를 운동 방향에 따라 분류하면, 인발, 압출, 회전 브로치가 있다.

✎ 암기법
(인)천 (앞)바다에서 (회) 먹자!

15
정답 ④

총형 커터 절삭법은 총형 공구를 이용한 방법으로, 제작하고자 하는 기어의 치형 사이의 공간과 동일한 형상을 한 총형 밀링커터로 절삭하는 방법이며, 나머지는 창성법에 해당한다.

[기어 제작법의 종류]

구분		설명
형판 모방 가공		• 셰이퍼 등의 테이블에 기어 윤곽 형상으로 만든 형판과 기어 소재를 설치하고 모방 가공 • 가공 정도는 낮지만, 다른 방법으로는 가공이 어려운 경우에 주로 적용
총형 커터 이용		• 총형 커터를 이용해 1피치씩 회전시키며 차례로 절삭 • 총형 바이트 또는 총형 밀링공구 이용
창성 기어 절삭	호브	• 회전하는 호브를 이용한 기어 창성 가공 • 비교적 정도가 높은 기어를 능률적으로 생산 가능 • 단치차나 내치차 가공 불가
	래크형 커터	• 여러 개의 이를 가진 래크형의 커터를 이용한 기어 창성 가공 • 비교적 정밀한 기어를 가공할 수 있으나 생산성이 낮음 • 헬리컬기어 가공은 용이하나 내치차 가공은 불가
	피니언형 커터	• 피니언형 커터를 이용한 기어 창성 가공 • 기어 셰이퍼를 사용해 능률적인 가공 가능 • 주로 자동차공업 등 대량생산이 필요한 분야에 적용 • 단치차, 내치차, 헬리컬기어 등 가공 가능

16
정답 ③

[브로치 가공]
브로치는 브로칭 머신에서 사용되는 공구로, 일감의 표면을 1회 통과시켜 필요치수로 절삭가공하는 방법이다. 브로치 공구의 피치 계산은 절삭날의 길이에 의존한다. 특징은 다음과 같다.
• 기어나 풀리의 키홈, 스플라인 키홈 등을 가공하는 데 사용한다.
• 1회의 통과로 가공이 완료되므로 작업시간이 매우 짧아 대량생산에 적합하다.
• 가공 홈의 모양이 복잡할수록 가공속도를 느리게 한다.
• 절삭량이 많고 길이가 길 때는 절삭날의 수를 많게 하고 절삭깊이가 너무 얕으면 인선의 마모가 증가한다.
• 깨끗한 표면정밀도를 얻을 수 있으나 공구값이 고가이다.

PART II 해설편

08 드릴링

01	③	02	①	03	③	04	④	05	④	06	④	07	①	08	①	09	③	10	②
11	③	12	②	13	①	14	④	15	②	16	⑤								

01
정답 ③

보기 ③에서 리밍의 가공여유는 10mm당 0.05mm이다.
• 리밍: 내면의 정밀도를 높이기 위해 내면을 다듬질하는 가공법
• 보링: 보링봉에 공구를 고정하여 원통형의 내면을 넓히는 가공법

참고

• 리밍의 가공여유는 10mm당 0.05mm
• 선삭(선반가공)으로는 키홈을 가공할 수 없다.

02
정답 ①

• 보링: 드릴로 이미 뚫려 있는 구멍을 넓히는 공정으로, 편심을 교정하기 위한 가공이며, 구멍을 축방향으로 대칭을 만드는 가공이다.
• 리밍: 드릴로 뚫은 구멍의 내면을 정밀 다듬질하는 작업이다.
• 선반(선삭): 일감을 회전시키며 공구의 수평왕복운동으로 작업하는 공정이다.
• 브로칭: 브로치를 사용하여 각종 구멍이나 홈을 가공하는 공정이다.

[브로칭가공의 특징]
• 기어나 풀리의 키홈, 스플라인의 키홈 등을 가공하는 데 사용한다.
• 1회의 통과로 가공이 완료되므로 작업시간이 매우 짧아 대량생산에 적합하다.
• 가공 홈의 모양이 복잡할수록 가공속도를 느리게 한다.
• 절삭량이 많고 길이가 길 때는 절삭날 수를 많게 하고, 절삭깊이가 너무 작으면 인선의 마모가 증가한다.
• 깨끗한 표면정밀도를 얻을 수 있다. 다만, 공구값이 고가이다.

✒️ 필수 암기

※ 표면정밀도가 높은 순서: 래핑 > 슈퍼피니싱 > 호닝 > 연삭
※ 구멍(내면)의 정밀도가 높은 순서: 호닝 > 리밍 > 보링 > 드릴링

03
정답 ③

[드릴링머신의 종류]
• 다축 드릴링머신: 다수의 구멍을 동시에 가공하며 대량생산이 가능하다.
• 탁상 드릴링머신: 작업대 위에 고정하여 사용하며 뚫을 수 있는 구멍의 최대 지름은 13mm 이하이다.

• 레이디얼 드릴링머신: 암이 360°로 회전하며 대형 공작물의 구멍을 가공하는 데 적합하다.
• 다두 드릴링머신: 여러 개의 공구를 한 번에 주축에 장착하여 순차적으로 드릴링 가공을 실시한다.

04

[드릴링머신의 가공]

드릴링	드릴을 사용하여 구멍을 뚫는 작업이다.
리밍	드릴로 뚫은 구멍을 더욱 정밀하게 다듬는 가공이다.
보링	**이미 뚫은 구멍을 넓히는 가공으로, 편심교정이 목적이다.**
태핑	탭을 이용하여 구멍에 암나사를 내는 가공이다.
카운터싱킹	접시머리나사의 머리부를 묻히게 하기 위해서 원뿔자리를 만드는 작업이다.
카운터보링	작은 나사, 둥근머리볼트의 머리 부분이 공작물에 묻힐 수 있도록 단이 있는 구멍을 뚫는 작업이다.
스폿페이싱	볼트나 너트 등을 고정할 때 접촉부가 안정되게 하기 위해 자리를 만드는 작업이다.

[드릴링 가공에 대한 추가 설명]
드릴로 가공하는 가공방법으로 리밍, 보링, 카운터싱킹 등이 있다.

리밍	리머라는 회전하는 절삭공구로 기존 구멍 내면의 치수를 정밀하게 만드는 가공방법이다.
보링	드릴로 이미 뚫려 있는 구멍을 넓히는 공정으로, 편심을 교정하기 위한 가공이며 구멍을 축 방향으로 대칭을 만드는 가공이다.
카운터싱킹	나사 머리의 모양이 접시모양일 때 테이퍼 원통형으로 절삭하는 방법이다. 즉, 접시머리나사의 머리를 묻히게 하기 위해 원뿔자리를 만드는 가공이다.
카운터보링	볼트 또는 너트의 머리 부분이 가공물 안으로 묻히도록 드릴과 동심원의 2단 구멍을 절삭하는 방법이다.
스폿페이싱	볼트나 너트 등의 머리가 닿는 부분의 자리면을 평평하게 만드는 가공방법이다.

05

[지그]
공작물의 위치를 결정하며 절삭공구를 공작물에 안내하는 역할을 한다.

[지그의 주요 구성요소]
위치결정구(locator), 클램프(clamp), 부시(bush), 몸체(body)

06

[지그보링머신]
드릴링머신 또는 보통 보링머신으로 뚫은 구멍은 중심 위치의 정밀도가 충분하지 못하다. 따라서 정밀도가 큰 일감, 특히 각종 지그(jig) 제작 및 정밀기계의 구멍가공 등에 사용하기 위한 전문기계로 지그보링머신을 사용한다. 지그보링머신은 반드시 **항온실습실(20℃)**에 설치한다.

07

정답 ①

[드릴의 각부 명칭]
- **홈**(flute): 드릴의 본체 부분에 나선형으로 파인 홈은 칩을 배출시키고 절삭유를 공급받는 통로 역할을 한다. 이 홈은 드릴의 형상에 따라 직선형도 있다.
- **절삭날**: 드릴링작업에서 가공물을 절삭하는 날 부분이다.
- **사심**: 드릴의 끝부분에서 두 절삭날이 만나는 점이다.
- **날여유면**: 절삭날이 방해를 받지 않고 원활한 드릴링작업을 하기 위한 여유각(보통 10~12°)
- **탱(자루)**: 테이퍼자루 끝부분을 납작하게 만든 부분으로, 드릴에 회전력을 전달하는 역할을 한다.
- **섕크**: 드릴을 고정시키는 부분이며, 직선형과 모스테이퍼형이 있다.
- **마진**: 드릴의 크기를 이 외경으로 정하고, 드릴의 위치를 잡아주는 역할을 한다. 또한, 마진은 드릴의 홈을 따라 좁고 높은 부분을 말한다. **예비 날의 역할을 하며, 날의 강도를 보강**한다.
- **몸통여유**: 마진 부분보다 지름이 작은 부분으로, 구멍뚫기작업을 할 때 일감이 드릴 몸통에 접촉하지 않도록 여유를 둔 부분을 말한다.
- **웨브각**: 홈과 홈 사이의 좁은 단면으로, 홈과 홈 사이를 웨브라고 하며 드릴의 척추가 되는 곳이다. 보통 **웨브각을 치즐 에지각이라고도 부르며** 웨브각은 절삭날로부터 치즐 에지가 이루는 각으로 대략 120~135°이다.
- **선단각**: 드릴 끝에서 두 개의 절삭날이 이루는 각으로 날끝각이라고 한다. 표준 드릴의 날끝 각도는 118°이다. 선단각이 너무 크면 이송이 어렵고, 너무 작으면 날끝의 수명이 짧아지므로 공작물의 재질에 따라 선단각을 적절하게 조정해야 한다.
- **비틀림각**: 드릴의 비틀림각은 일반적으로 35°이다.

08

정답 ①

[드릴가공에서의 절삭속도 V]

$$V = \frac{\pi dN}{1,000}[\text{m/min}]$$

여기서, d: 드릴의 지름(mm), N: 회전수

풀이

드릴링작업 중 드릴의 지름(d)을 2배로 하면 절삭속도도 2배가 된다. 그 이유는 위의 식에서 드릴의 지름 (d)과 절삭속도(V)가 비례 관계이기 때문이다.

09

정답 ③

[드릴링가공]
드릴로 가공하는 가공방법으로 리밍, 보링, 카운터싱킹 등이 있다.

리밍	리머라는 회전하는 절삭공구로 기존 구멍 내면의 치수를 정밀하게 만드는 가공방법이다.
보링	드릴로 이미 뚫려 있는 구멍을 넓히는 공정으로, 편심을 교정하기 위한 가공이며 구멍을 축 방향으로 대칭을 만드는 가공이다.
카운터싱킹	나사머리의 모양이 접시모양일 때 테이퍼 원통형으로 절삭하는 방법이다. 즉, 접시머리나사의 머리를 묻히게 하기 위해 원뿔자리를 만드는 가공이다.

카운터보링	볼트 또는 너트의 머리 부분이 가공물 안으로 묻히도록 드릴과 동심원의 2단 구멍을 절삭하는 방법이다.
스폿페이싱	볼트나 너트 등의 머리가 닿는 부분의 자리면을 평평하게 만드는 가공방법이다.

10 정답 ②

9번 해설 참조

11 정답 ③

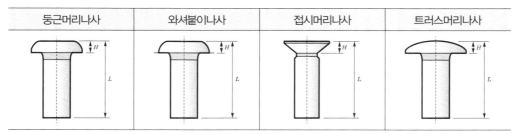

| 둥근머리나사 | 와셔붙이나사 | 접시머리나사 | 트러스머리나사 |

12 정답 ②

[드릴링머신의 가공]

드릴링	드릴을 사용하여 구멍을 뚫는 작업이다.
리밍	드릴로 뚫은 구멍을 더욱 정밀하게 다듬는 가공이다.
보링	이미 뚫은 구멍을 넓히는 가공으로, 편심교정이 목적이다.
태핑	탭을 이용하여 구멍에 암나사를 내는 가공이다.
카운터싱킹	접시머리나사의 머리부를 묻히게 하기 위해서 원뿔자리를 만드는 작업이다.
카운터보링	작은 나사, 둥근머리볼트의 머리 부분이 공작물에 묻힐 수 있도록 단이 있는 구멍을 뚫는 작업이다.
스폿페이싱	볼트나 너트 등을 고정할 때 접촉부가 안정되게 하기 위해 자리를 만드는 작업이다.

13 정답 ①

[절삭속도]
드릴가공 > 리머가공

[이송]
리머가공 > 드릴가공

14

정답 ④

[지그의 종류]

채널 지그	가공품이 지그 본체의 2면 사이에 장착되며 박스 지그의 가장 간단한 형태로, 생산성의 향상 목적과 얇은 부품의 가공이 가능하다.
앵글 플레이트 지그 (니 지그)	공작물 가공이 일정한 각도로 이루어지거나, 공작물의 측면을 가공할 경우 가공의 어려움을 해소하기 위해 사용된다.
박스 지그(상자 지그)	상자형으로 지그를 회전시키면서 모든 면의 가공이 가능하며 드릴링에서 대량생산할 때 사용하거나 복잡한 가공물에 구멍을 뚫을 때 사용한다.
리프 지그	공작물의 장착과 장탈을 용이하게 할 수 있도록 힌지된 리프를 가진 소형 박스지그로, 불규칙하고 복잡한 형태의 소형 가공품에 적합하며 한 번 장착으로 여러 면을 가공할 수 있다.
분할 지그	공작물 주위에 일정한 간격으로 구멍을 뚫거나 기타 기계가공을 하는 데 사용되는 지그이다.
테이블 지그(개방 지그)	공작물의 형태가 불규칙하나, 넓은 가공면적을 가지고 있는 대형 공작물을 가공할 때 사용되는 지그이다.
샌드위치 지그	공작물을 위아래에서 보호한 상태에서 가공되는 형태로서, 공작물이 얇거나 연질의 재료인 경우 가공 중 발생할 수 있는 변형을 방지하기 위해 사용된다.
트러니언 지그	일종의 샌드위치 또는 상자의 지그를 트러니언에 올려서 공작물을 분할해가며 가공하는 지그이다. 주로 대형 공작물이나 불규칙한 형상, 무거운 공작물의 가공에 사용된다.
형판 지그(템플레이트 지그)	1. 가공품(공작물)의 수량이 적거나 정밀도가 크게 요구되지 않는 경우에 사용되는 지그이다. 2. 가장 경제적이며, 간단하고 단순하게 생산속도를 증가시키기 위해 사용된다.
판형 지그(플레이트 지그)	형판 지그와 유사하나 간단한 위치 결정구와 공작물을 유지시키기 위해 밀착기구 및 클램핑 장치가 존재한다.

15

정답 ②

14번 해설 참조

16

정답 ⑤

브로칭은 회전하는 다인절삭공구를 공구의 축방향으로 이동하며 절삭하는 공정이다.

단인절삭공구	날이 1개(바이트 등)인 절삭공구를 말한다. • 단인절삭공구를 사용하는 공정: 선삭(선반가공), 평삭(슬로터, 셰이퍼, 플레이너 등), 형삭
다인절삭공구	날이 여러 개(2개 이상의 날)인 절삭공구를 말한다. • 다인절삭공구를 사용하는 공정: 밀링, 보링, 드릴링, 브로칭

09 연삭가공

01	④	02	④	03	②	04	②	05	④	06	②	07	③	08	②	09	④	10	③
11	④	12	②	13	④	14	③	15	②	16	④	17	⑤	18	정답 없음	19	③	20	③
21	④	22	③	23	④	24	③	25	③	26	②	27	③	28	③	29	④	30	④

01
정답 ④

$$연삭비 = \frac{연삭에\ 의해\ 제거된\ 소재의\ 체적}{숫돌의\ 마모\ 체적}$$

02
정답 ④

[연삭가공의 특징]

- 연삭입자는 입도가 클수록 입자의 크기가 작다.
- 연삭입자는 불규칙한 형상을 하고 있으며 평균적으로 **음의 경사각**을 가진다.
- 연삭속도는 절삭속도보다 빠르며 절삭가공보다 치수효과에 의해 단위체적당 가공에너지가 크다.
- 단단한 금속재료도 가공이 가능하며 치수정밀도가 높고 우수한 다듬질면을 얻는다.
- 연삭점의 온도가 높고 많은 양을 절삭하지 못한다.
- 모든 입자가 연삭에 참여하지 않는다. 각각의 입자는 절삭, 긁음, 마찰의 작용을 하게 된다.

용어정리

- **절삭**: 칩을 형성하고 제거한다.
- **긁음**: 재료가 제거되지 않고 표면만 변형시킨다. 즉, 에너지가 소모된다.
- **마찰**: 일감 표면에 접촉해 미끄럼마찰만 발생시킨다. 즉, 재료는 제거되지 않고 에너지가 소모된다.
- **연삭비**: "연삭에 의해 제거된 소재의 체적/숫돌의 마모 체적"이다.

03
정답 ②

$P(동력,\ W) = F \times v$이므로, $10,000W \times 0.3 = 300N \times v$

$\therefore\ v = 10m/s$

원주속도는 최소 10m/s 이상이 되어야 연삭가공효율을 30% 이상 나오게 할 수 있다.

04
정답 ②

[내면연삭의 특징]

내면연삭기는 숫돌이 중공일감 내부에서 회전하기 때문에 상대적으로 큰 일감이 회전하는 만큼 작은 숫돌은 더 많이 돌아야 하므로 숫돌의 회전수가 커야 하며, 이에 따라 마모가 심하다.

- 외경연삭에 비해 정밀도가 떨어진다.

- 외경연삭보다 숫돌의 마모가 크다.
- 내경연삭은 외경연삭보다 숫돌의 회전수가 빨라야 한다.
- 가공 중에는 안지름의 측정이 어렵기 때문에 자동치수 측정장치가 사용된다.
- 숫돌의 바깥지름이 구멍의 지름보다 작아야 한다.

05　　　　정답 ④

[글레이징]
- 숫돌입자가 탈락하지 않고, 마멸에 의해 납작해진 현상을 말한다.
- 결합도가 클 때 발생한다. 그 이유는 결합도가 크면 자생과정이 잘 발생하지 않아 입자가 탈락하지 않고 납작해진다.
- 숫돌의 원주속도가 빠를 때 발생한다. 원주속도가 빠르면 숫돌을 구성하는 입자들이 원심력에 의해 오밀조밀하게 모여 결합도가 강해지기 때문이다.

06　　　　정답 ②

- 로딩(눈메움=눈꿈) : 숫돌로 연삭 시 칩이 기공이나 숫돌입자 사이에 끼는 현상
- 로딩의 원인 : 숫돌의 조직이 치밀할 때, 즉 숫돌 경도 〉 공작물 경도일 때 발생함을 꼭 기억한다!

> 참고 ────────────────
> 로딩은 눈메움이며, 글레이징은 눈무딤이다.

※ 로딩에 대한 상세 해설 : 부록 p. 229 참조

07　　　　정답 ③

[크리프피드(creep-feed)]
공작물의 속도를 느리게 하는 연삭작업으로 연삭 깊이를 최대 6mm까지 깊게 할 수 있고, 숫돌은 주로 연한 결합도의 수지결합계 조직을 사용한다. 온도는 낮게 함으로써 표면정밀도를 높인다.

08　　　　정답 ②

[센터리스 연삭(무심 연삭)]
일감(공작물)을 양 센터 또는 척으로 고정하지 않고, 조정숫돌과 연삭숫돌 사이에 일감(공작물)을 삽입하고 지지판으로 지지하면서 연삭한다.

전후 이송법	연삭숫돌바퀴와 조정숫돌바퀴 사이에 송입하여 플런지컷 연삭과 같은 방법으로 연삭하는 센터리스 연삭방법 중 하나이다.
통과 이송법	일감(공작물)을 숫돌차의 축방향으로 송입하여 양 숫돌차 사이를 통과하는 동안에 연삭한다. 조정숫돌은 연삭숫돌축에 대하여 일반적으로 2~8°로 경사시킨다.

[센터리스 연삭기의 특징]

장점	• 연삭여유가 작아도 되며 작업이 자동적으로 이루어지기 때문에 숙련을 요하지 않는다. • 센터나 척으로 장착하기 곤란한 중공의 일감을 연삭하는 데 편리한 연삭법이다. • 일감(공작물)을 연속적으로 송입하여 연속작업을 할 수 있어 대량생산에 적합하다. • 센터를 낼 수 없는 작은 지름의 일감연삭에 적합하다. • 척에 고정하기 어려운 가늘고 긴 공작물을 연삭하기에 적합하다. • 내경뿐만 아니라 외경도 연삭이 가능하다.
단점	• 축방향에 키홈, 기름홈 등이 있는 일감은 연삭하기 어렵다. • **지름이 크고 길이가 긴 대형 일감은 연삭하기 어렵다.** • 연삭숫돌바퀴의 나비보다 긴 일감은 전후이송법으로 연삭할 수 없다. • **긴 홈이 있는 일감(공작물)은 연삭하기 어렵다(없다).**

09

정답 ④

[연삭숫돌의 수정]

• **드레싱(dressing)**: 연삭숫돌 내부의 예리한 입자를 표면으로 나오게 하는 작업. 연삭숫돌의 로딩(눈메움)이나 글레이징(눈무딤)이 발생하였을 때 숫돌 표면을 '드레서'로 숫돌날을 만드는 작업으로, 다이아몬드 드레서가 제일 많이 사용된다.

• **트루잉(truing, 모양고치기)**: 나사, 기어를 연삭하기 위하여 숫돌을 '나사, 기어' 형태로 만드는 작업. 트루잉을 통해 숫돌 표면을 일정한 두께만큼 제거하여 연삭숫돌 외형 형상을 바르게 수정하는 작업이다(숫돌을 원하는 모양으로 깎는 작업).

• **글레이징(glazing, 눈무딤)**: 연삭숫돌의 결합도가 지나치게 커져 자생작용이 일어나지 않아 숫돌의 입자가 탈락하지 않고 마모에 의해 납작해지는 현상을 말한다.

원인	결과
결합도 ↑	연삭 성능 ↓
숫돌의 원주속도 ↑	마찰에 의한 발열 ↑
공작물과 숫돌재질 맞지 않음	과열로 인한 변색 생성

• **로딩(loading, 눈메움)**: 구리와 같은 연한 금속을 연삭하였을 때 숫돌입자의 표면 또는 기공에 칩이 낀다. 이때 연삭성이 낮아지면 연삭숫돌의 기공부분이 너무 작아지거나, 연질금속을 연삭할 때 숫돌 표면의 기공이 칩이나 다른 재료로 메워진 상태를 말한다.

원인	결과
입도 번호 & 연삭 깊이 ↑	연삭성 불량, 다듬면 거칠어짐
숫돌의 원주속도 ↓ = 부적절한 숫돌	다듬면에 상처 생성
조직 치밀, 연삭액 부족, 드레싱 불량의 경우	숫돌입자 마모 ↑

10

정답 ③

분류	절삭가공	연삭가공
날끝의 모양 (레이크각)	칩이 나오기 쉬운 (+)의 레이크각을 가진 성형날 형태	칩이 잘 나오지 않는 (−)의 레이크각을 가진 불규칙한 날끝 형태
속도	수 m/min	1,500~3,000m/min
연삭저항	접선 저항이 크다.	법선저항이 크다.
발생열량	칩 1g당 약 100cal	칩 1g당 약 1,000cal 이상
발생열 분포	발생한 열의 약 80%가 칩에 흡수된다.	발생한 열의 약 84%가 공작물에 흡수된다.

11

정답 ④

[내면연삭의 특징]

내면연삭기는 숫돌이 중공일감 내부에서 회전하기 때문에 상대적으로 큰 일감이 회전하는 만큼 작은 숫돌은 더 많이 돌아야 하므로 숫돌의 회전수가 커야 하며, 이에 따라 마모가 심하다.

• 외경연삭에 비해 정밀도가 떨어진다.
• 외경연삭보다 숫돌의 마모가 크다.
• 내경연삭은 외경연삭보다 숫돌의 회전수가 빨라야 한다.
• 가공 중에는 안지름의 측정이 어렵기 때문에 자동치수 측정장치가 사용된다.
• 숫돌의 바깥지름이 구멍의 지름보다 작아야 한다.

12

정답 ②

• 트루잉: 나사나 기어를 연삭가공하기 위해 숫돌의 형상을 처음 형상으로 고치는 작업으로, 일명 '모양 고치기'라고 한다.
• 글레이징(눈무딤): 숫돌입자가 탈락하지 않고 마멸에 의해 납작해지는 현상을 말한다.
• 로딩(눈메움): 연삭가공으로 발생한 칩이 기공에 끼는 현상을 말한다.
• 드레싱: 로딩, 글레이징 등의 현상으로 무뎌진 연삭입자를 재생시키는 방법이다. 즉, 드레서라는 공구로 숫돌 표면을 가공하여 자생작용으로 새로운 연삭입자가 표면으로 나오게 하는 방법이다.

13

정답 ②

[연삭숫돌을 교환할 때, 숫돌을 끼우기 전에 숫돌의 파손이나 균열 여부를 판단하기 위한 검사방법]

음향검사, 진동검사, 균형검사

📎 암기법 --

(음)~ 맛이 (진)하고 (균)일하군!

※ 숫돌을 끼우기 전이므로 숫돌을 회전시킬 수 없다. 따라서 회전검사는 옳지 않다.

14

정답 ③

숫돌의 경도가 공작물의 경도보다 클 때 로딩이 발생한다.
※ 로딩에 대한 상세 해설: 부록 p. 229 참조

15

정답 ②

[연삭가공의 특징]
- 정밀도가 높고 표면거칠기가 우수하다.
- 담금질 처리가 된 강·초경합금 등 단단한 재료의 가공이 가능하다.
- 숫돌날이 무뎌지면 탈락하고 새로운 날이 생성되는 자생작용이 있다.
- 숫돌입자와 공작물의 마찰면적이 여타 공작방법보다 크기 때문에 접촉점의 온도가 비교적 높은 편이다.
- 입자끼리 결합되어 고속으로 회전하므로 숫돌 균열에 주의해야 한다.

✓ 자생과정 순서: 마멸 → 파쇄 → 탈락 → 생성

16

정답 ④

[글레이징(=눈무딤) 현상]
- 숫돌입자가 탈락하지 않고, 마멸에 의해 납작해진 현상을 말한다.
- 결합도가 클 때 발생한다. 그 이유는 결합도가 크면 자생과정이 잘 발생하지 않아 입자가 탈락하지 않고 납작해진다.
- 숫돌의 원주속도가 빠를 때 발생한다. 원주속도가 빠르면 숫돌을 구성하는 입자들이 원심력에 의해 오밀조밀하게 모여 결합도가 강해지기 때문이다.

① 드레싱: 연삭숫돌 내부의 예리한 입자를 표면으로 나오게 하는 작업을 말한다.
② 트루잉: 연삭숫돌 형상을 바르게 수정하는 작업을 말한다.
③ 로딩: 숫돌 표면의 기공이 칩이나 다른 재료로 메워진 상태를 말한다.
④ 글레이징: 입자가 탈락하지 않아 마멸에 의해 납작해지는 현상을 말한다.

17

정답 ⑤

[숫돌의 표시방법]

숫돌입자	입도	결합도	조직	결합제
WA	46	K	m	V

[숫돌의 3요소]
- 숫돌입자: 공작물을 절삭하는 날로, 내마모성과 파쇄성을 가지고 있다.
- 기공: 칩을 피하는 장소
- 결합제: 숫돌입자를 고정시키는 접착제

알루미나 (산화알루미나계_인조입자)	– A입자(암갈색, 95%): 일반강재(연강) – WA입자(백색, 99.5%): 담금질강(마텐자이트), 특수합금강, 고속도강

탄화규소계(SiC계_인조입자)	– C입자(흑자색, 97%): 주철, 비철금속, 도자기, 고무, 플라스틱 – GC입자(녹색, 98%): 초경합금
이 외의 인조입자	– B입자: 입방정계 질화붕소(CBN) – D입자: 다이아몬드 입자
천연입자	– 사암, 석영, 에머리, 코런덤

결합도는 E3-4-4-4-나머지라고 암기하면 편하다. EFG, HIJK, LMNO, PQRS, TUVWXYZ순으로 단단해진다. 즉, EFG[극히 연함], HIJK[연함], LMNO[중간], PQRS[단단], TUVWXYZ[극히 단단]! 입도는 입자의 크기를 체눈의 번호로 표시한 것으로, 번호는 Mesh를 의미하고 입도가 클수록 입자의 크기가 작다.

구분	거친 것	중간	고운 것	매우 고운 것
입도	10, 12, 14, 16, 20, 24	30, 36, 46, 54, 60	70, 80, 90, 100, 120, 150, 180	240, 280, 320, 400, 500, 600

위의 표는 암기해 둔다. **중앙공기업/지방공기업에서 모두 출제되었다. 조직은 숫돌입자의 밀도, 즉 단위체적당 입자의 양을 의미한다. C는 치밀한 조직, m은 중간, W는 거친 조직을 의미한다. 꼭 암기하자.**

[결합제의 종류와 기호]
– 유기질 결합제: R(고무), E(셸락), B(레지노이드), PVA(비닐결합제)
– 무기질 결합제: S(실리케이트), V(비트리파이드)
– 금속결합제: M(메탈)

V	S	R	B	E	PVA	M
비트리파이드	실리케이트	고무	레지노이드	셸락	비닐결합제	메탈금속

[숫돌의 자생작용]
마멸 → 파괴 → 탈락 → 생성의 순서를 거치며, 연삭 시 숫돌의 마모된 입자가 탈락하고 새로운 입자가 나타나는 현상이다.
※ 숫돌의 자생작용과 가장 관련이 있는 것은 **결합도**이다. 너무 단단하면 자생작용이 발생하지 않아, 입자가 탈락하지 않고 마멸에 의해 납작해지는 현상인 글레이징(눈무딤)이 발생할 수 있다.

18
정답 정답 없음

[연삭가공의 특징]
• 연삭입자는 입도가 클수록 입자의 크기가 작다.
• 연삭입자는 불규칙한 형상을 하고 있으며 평균적으로 **음의 경사각**을 가진다.
• 연삭속도는 절삭속도보다 빠르며 절삭가공보다 치수효과에 의해 단위체적당 가공에너지가 크다.
• 단단한 금속재료도 가공이 가능하며 치수정밀도가 높고 우수한 다듬질면을 얻는다.
• 연삭점의 온도가 높고 많은 양을 절삭하지 못한다.
• 모든 입자가 연삭에 참여하지 않는다. 각각의 입자는 절삭, 긁음, 마찰작용을 하게 된다.
  – **절삭**: 칩을 형성하고 제거한다.
  – **긁음**: 재료가 제거되지 않고 표면만 변형시킨다. 즉, 에너지가 소모된다.
  – **마찰**: 일감 표면에 접촉해 오직 미끄럼마찰만 발생시킨다. 즉, 재료가 제거되지 않고 에너지가 소모된다.

연삭비는 "연삭에 의해 제거된 소재의 체적/숫돌의 마모 체적"이다.

[산업안전보건기준]
- **지름이 50mm 이상**인 연삭숫돌이 근로자에게 위험을 미칠 우려가 있는 경우에는 그 부위에 덮개를 설치해야 한다.
- 작업을 시작하기 전에는 **1분 이상** 시운전을 해야 한다.
- 연삭숫돌을 교체한 후에는 **3분 이상** 시운전을 해야 한다.

19
정답 ③

① **트루잉(모양고치기)**: 나사와 기어의 연삭은 정확한 숫돌 모양이 필요하므로 숫돌의 형상을 수시로 교정해야 하는데, 이 교정작업을 트루잉이라고 한다.
② **글레이징(눈무딤)**: 연삭숫돌의 결합도가 지나치게 높으면 자생작용이 일어나지 않아 숫돌의 입자가 탈락하지 않고 마모에 의해 납작하게 무뎌지는 현상을 말한다.
③ **스필링(셰딩)**: 결합제의 힘이 약해서 약한 절삭력이나 충격에 의해서도 쉽게 입자가 탈락하는 현상이다.
④ **로딩(눈메움)**: 숫돌입자 사이에 또는 기공에 칩이 끼어 연삭이 불량해지는 현상이다.

20
정답 ③

[센터리스 연삭(무심 연삭)]
일감(공작물)을 양 센터 또는 척으로 고정하지 않고, 조정숫돌과 연삭숫돌 사이에 삽입하고 지지판으로 지지하면서 연삭한다.

전후 이송법	연삭숫돌바퀴와 조정숫돌바퀴 사이에 송입하여 플런지컷 연삭과 같은 방법으로 연삭하는 센터리스 연삭방법 중 하나이다.
통과 이송법	일감(공작물)을 숫돌차의 축방향으로 송입하여 양 숫돌차 사이를 통과하는 동안에 연삭한다. 조정숫돌은 연삭숫돌축에 대하여 일반적으로 $2 \sim 8°$로 경사시킨다.

[센터리스 연삭기의 특징]

장점	• 연삭여유가 작아도 되며 작업이 자동적으로 이루어지기 때문에 숙련이 불필요하다. • 센터나 척으로 장착하기 곤란한 중공의 일감을 연삭하는 데 편리한 연삭법이다. • 일감(공작물)을 연속적으로 송입하여 연속작업을 할 수 있어 대량생산에 적합하다. • 센터를 낼 수 없는 작은 지름의 일감연삭에 적합하다. • 척에 고정하기 어려운 가늘고 긴 공작물을 연삭하기에 적합하다. • 내경뿐만 아니라 외경도 연삭이 가능하다.
단점	• 축방향에 키홈, 기름홈 등이 있는 일감은 연삭하기 어렵다. • 지름이 크고 길이가 긴 대형 일감은 연삭하기 어렵다. • **연삭숫돌바퀴의 나비보다 긴 일감은 전후이송법으로 연삭할 수 없다.** • 긴 홈이 있는 일감(공작물)은 연삭하기 어렵다(없다).

21

정답 ④

[결합제의 종류와 기호]

V	S	R	B	E	PVA	M
비트리파이드	실리케이트	고무	레지노이드	셸락	비닐결합제	메탈금속

상세 해설 17번 해설 참조

22

정답 ③

[숫돌의 3요소]
- 숫돌입자: 공작물을 절삭하는 날로, 내마모성과 파쇄성을 가지고 있다.
- 기공: 칩을 피하는 장소
- 결합제: 숫돌입자를 고정시키는 접착제

상세 해설 17번 해설 참조

23

정답 ③

알루미나 (산화알루미나계_인조입자)	– A입자(암갈색, 95%): 일반강재(연강) – WA입자(백색, 99.5%): 담금질강(마텐자이트), 특수합금강, 고속도강
탄화규소계(SiC계_인조입자)	– C입자(흑자색, 97%): 주철, 비철금속, 도자기, 고무, 플라스틱 – GC입자(녹색, 98%): 초경합금
이 외의 인조입자	– B입자: 입방정계 질화붕소(CBN) – D입자: 다이아몬드 입자
천연입자	– 사암, 석영, 에머리, 코런덤

상세 해설 17번 해설 참조

24

정답 ③

입도는 입자의 크기를 체눈의 번호로 표시한 것으로, 번호는 Mesh를 의미하고 입도가 클수록 입자의 크기가 작다.

구분	거친 것	중간	고운 것	매우 고운 것
입도	10, 12, 14, 16, 20, 24	30, 36, 46, 54, 60	70, 80, 90, 100, 120, 150, 180	240, 280, 320, 400, 500, 600

상세 해설 17번 해설 참조

25

정답 ③

[유성형 내면 연삭기의 사용 용도]
내연기관의 실린더의 내면 연삭에 사용한다.

26

정답 ②

[비트리파이드(V)]
점토와 장석을 주성분으로 하며 이를 연삭입자와 배합하여 약 1,300℃의 고온에서 소결시킨 결합제이다. 특징으로는 거친연삭 및 정밀연삭에 모두 사용이 가능하나 충격에 의해 파괴되기 쉽다.

27

정답 ③

[숫돌의 자생작용]
마멸 → 파괴 → 탈락 → 생성의 순서를 거치며, 연삭 시 숫돌의 마모된 입자가 탈락하고 새로운 입자가 나타나는 현상이다.
※ 숫돌의 자생작용과 가장 관련이 있는 것은 **결합도**이다. 너무 단단하면 자생작용이 발생하지 않아 입자가 탈락하지 않고, 마멸에 의해 납작해지는 현상인 글레이징(눈무딤)이 발생할 수 있다.

28

정답 ③

① 결합제: 숫돌입자를 고정시키는 접착제이다.
② 결합도: 숫돌입자를 결합하고 있는 결합제의 세기로 숫돌의 단단함을 의미한다.
③ 조직: 숫돌의 단위체적당 입자의 양으로 숫돌입자의 밀도를 의미한다.
④ 입도: 입자의 크기를 체눈의 번호로 표시한 것으로, 번호는 Mesh를 의미하고 입도가 클수록 입자의 크기가 작다

29

정답 ④

[숫돌의 떨림 현상이 발생하는 원인]
• 숫돌의 평형상태가 불량할 때
• 연삭기 자체에서 진동이 있을 때
• 숫돌의 축이 편심되어 있을 때
• 숫돌이 불균형일 때
• 숫돌이 진원이 아닐 때
• 센터 및 방진구가 부적당할 때
• 숫돌의 측면에 무리한 압력이 가해졌을 때
• 숫돌의 결합도가 클 때
 → 숫돌의 결합도가 크면 새로운 입자가 표면에서 나오는 숫돌의 자생과정이 잘 일어나지 않기 때문에 숫돌 원주상의 숫돌입자가 고르지 못하고 울퉁불퉁하게 되어 숫돌의 축이 흔들리거나 편심되어 떨림 현상이 발생할 수 있다.

30

정답 ④

[결합도가 높은 숫돌(단단한 숫돌)]
• 숫돌의 원주속도가 느릴 때
• 연삭깊이가 작을 때
• 접촉면적이 작을 때
• 연한 재료를 연삭할 때

[결합도가 낮은 숫돌(연한 숫돌)]
• 숫돌의 원주속도가 빠를 때
• 연삭깊이가 클 때
• 접촉면적이 클 때
• 경하고 단단한 재료를 연삭할 때

※ 기계의 진리 블로그에서 '결합도'를 검색하면 해당 내용에 대해 이해하기 쉽게 설명한 글을 찾을 수 있다. 학습에 도움이 되길 바란다.

10 평삭(셰이퍼, 슬로터, 플레이너)

01

정답 ④

[절삭속도(V)]

$$V = \frac{Nl}{1,000a}\,[\text{m/min}]$$

단, N: 램의 1분간 회전수, l: 가공물의 길이, a: 행정의 시간비(급속귀환비)

풀이

$$V = \frac{Nl}{1,000a} \rightarrow N = \frac{1,000aV}{l}$$

$$\therefore N = \frac{1,000aV}{l} = \frac{1,000 \times \frac{4}{5} \times 50}{400} = 100\text{rpm}$$

02

정답 ②

기어모양의 피니언공구를 사용하면 **내접기어의 가공**이 가능하다.

펠로즈 기어 셰이퍼	피니언 커터를 사용하여 내접기어를 절삭하는 공작기계
마그식 기어 셰이퍼	랙 커터를 사용하여 기어를 절삭하는 공작기계

03

정답 ①

[평삭(평면가공)]

주로 <u>대형 공작물의 길이 방향 홈</u>이나 노치 가공에 사용되는 공정으로, 고정된 공구를 이용하여 공작물의 직선운동에 따라 <u>절삭행정과 귀환행정이 반복</u>되는 가공법이다.

셰이퍼	주로 짧은 공작물의 평면을 가공할 때 사용한다.
슬로터	셰이퍼를 수직으로 세운 형식의 공작기계로, <u>보통 홈(키홈)</u> 등을 가공할 때 사용한다.
플레이너	<u>대형 공작물의 평면을 가공</u>할 때 사용한다.

※ <u>급속귀환기구를 사용하는 공작기계</u>: 셰이퍼, 슬로터, 플레이너, 브로칭 머신

04

정답 ④

대형 공작물의 평면을 가공할 때 사용하는 것은 플레이너이다.

상세 해설 3번 해설 참조

05

정답 ④

<u>급속귀환기구를 사용하는 공작기계</u>: 세이퍼, 슬로터, 플레이너, 브로칭 머신

상세 해설 3번 해설 참조

01	④	02	③	03	①	04	②	05	③	06	③	07	③	08	②	09	①	10	②
11	②	12	④	13	②	14	②	15	④	16	모두 정답								

01

정답 ④

M코드 (보조기호)	기능	M코드 (보조기호)	기능
M00	프로그램 정지	M09	절삭유 Off
M01	선택적 프로그램 정지	M14	심압대 스핀들 전진
M02	프로그램 종료	M15	심압대 스핀들 후진
M03	주축 정회전 (주축이 시계 방향으로 회전)	M16	Air blow 2 On, 공구측정 Air
M04	주축 역회전 (주축이 반시계 방향으로 회전)	M18	Air blow 1,2 Off
M05	주축 정지	M30	프로그램 종료 후 리셋
M06	공구 교환	M98	보조 프로그램 호출
M08	절삭유 On	M99	보조 프로그램 종료 후 주 프로그램 회기

※ G 코드(준비기능)

G50: CNC 선반_좌표계 설정   G92: 머시닝센터_좌표계 설정
G40, G41, G42: 공구반경 보정   G00: 위치보간(급속 이송)
G01: 직선보간(절삭)   G02: 원호보간(시계 방향)
G03: 원호보간(반시계 방향)   G04: 일시정지(휴지 기능)
G32: 나사절삭기능   G96: 원주속도 일정제어

02

정답 ③

① M00 − 프로그램 정지
② M02 − 프로그램 종료
④ M98 − 보조 프로그램 호출

상세 해설 1번 해설 참조

03

정답 ①

G04코드에는 P, U, X가 있다. 단, U, X는 1이 1초이지만 P는 1,000이 1초이다.

04

정답 ②

[CNC 공작기계의 서보기구를 제어하는 방식]

① 개방회로방식
- 검출기나 피드백 회로를 가지지 않기 때문에 구성은 간단하지만 구동계의 정밀도에 직접 영향을 받는다.
- 볼스크루나 리드스크루를 회전시키기 위하여 스태핑 모터를 주로 사용한다.

② 반폐쇄회로방식
- 위치 검출 정보를 축의 회전각으로부터 얻는 것과 같이 물리량을 직접 검출하지 않고 다른 물리량의 관계로부터 검출하는 방식으로, 정밀하게 제작된 구동계에서 사용된다.
- AC(교류) 서보모터에 내장된 디지털형 검출기인 로터리 엔코더에서 위치정보를 피드백하고 타코제 너레이터 또는 펄스제너레이터에서 전류를 피드백하여 속도를 제어하는 방식으로, CNC 공작기계에 가장 많이 사용된다.

③ 폐쇄회로방식
- 위치를 직접 검출한 후 위치편차를 피드백하는 방식으로, 특별히 정도를 필요로 하는 정밀공작기계에 사용된다.
- 속도를 제어하고 위치정보를 피드백하는 방식으로 대형 기계의 정밀도를 해결하기 위해 고안된 방식이다.

④ 복합회로방식(하이브리드 방식)
- 고정밀도로 제어하는 방식으로 반폐쇄회로방식과 폐쇄회로방식을 결합한 것이다.

05

정답 ③

① DNC(Distributed Numerical Control, 분산수치제어): 중앙의 1대의 컴퓨터에서 여러 대의 CNC 공작기계로 데이터를 분배하여 전송함으로써 동시에 여러 대의 기계를 운전할 수 있는 시스템이다.
② FMS(Flexible Manufacturing System): 하나의 생산 공정에서 다양한 제품을 동시에 제조할 수 있는 자동화 생산시스템으로, 현재 자동차공장에서 하나의 컨베이어벨트 위에서 다양한 차종을 동시에 생산하는 시스템에 적용되고 있다. 또한, 동일한 기계에서 여러 가지 부품을 생산할 수 있고, 생산 일정의 변경이 가능하다. 하드웨어 기본요소는 작업스테이션, 자동물류시스템과 컴퓨터 제어시스템으로 구성된다.
③ CAM(Computer Aided Manufacturing, 컴퓨터응용생산): 컴퓨터를 이용한 생산시스템으로 CAD에서 얻은 설계데이터로부터 종합적인 생산 순서와 규모를 계획해서 CNC공작기계의 가공 프로그램을 자동으로 수행하는 시스템의 총칭이다.
④ CIMS(Computer Integrated Manufacturing System, 컴퓨터 통합 생산시스템): 컴퓨터에 의한 통합적 생산시스템으로 컴퓨터를 이용해서 기술개발·설계·생산·판매 및 경영까지 전체를 하나의 통합된 생산체제로 구축하는 시스템이다.

06

정답 ③

[NC 공작기계의 특징]
- 공구 수를 줄일 수 있는 장점이 있다.
- 공구가 표준화되면 공구 수를 감소시켜 가공 준비 및 작업의 효율성을 보다 증대시킬 수 있다.

- 다품종 소량생산 가공에 적합하다.
- 복잡한 형상의 부품가공 능률화가 가능하다.

07
정답 ③

③ M08 - 절삭유 공급 On

상세 해설 1번 해설 참조

08
정답 ②

[CNC 공작 프로그램의 코드]

코드	M	G	F	O	T	S	N
기능	보조기능	준비기능	이송기능	프로그램 번호	공구기능	주축기능	전개번호
암기법	엠자탈모로 인해 보조 수술이 필요	쥐(G)랄하지 말고 준비해라	이송 (Feed)	오프(Off) 프로그램 번호	공구 (Tool)	축 (Shaft)	엔진 엔진 엔진 전개

09
정답 ①

[플레이백 로봇]
사람이 직접 매니퓰레이터를 움직여서 교시한 작업 내용을 기억한 후, 그 기억정보를 토대로 제어되는 로봇이다.

10
정답 ②

① 로봇의 운동 방식: 직교좌표형, 원통형, 다관절형, 구형 등이 있다.
② 겐트리 로봇: 공장 바닥이 아닌, 프레임 위에 설치된 로봇이다.
③ 매니퓰레이터: 사람의 팔과 손목에 대응되는 운동을 하는 기구이다.
④ 앤드이펙터: 로봇의 손목 끝에 달려 있는 작업공구(용접봉, 집게, 분무총, 공구 등)를 말한다.

11
정답 ②

[CAD(Computer Aided Design)]
컴퓨터를 사용하여 설계하는 것을 의미한다. 즉, 컴퓨터에 저장된 프로그램을 이용하여 제도하고 설계하는 것으로, 제도자가 사용 프로그램에 적합한 명령어를 입력하거나 메뉴를 선택하여 모니터에 도면으로 그려지는 방식이다.

[CAD의 장단점]
- 도면의 기본 요소인 선, 원, 점의 정확한 작도가 가능하다.
- 도면 관리가 용이하고, 도면 요소의 편집 및 수정이 용이하다.
- 제도시간 단축으로 인한 생산성 및 품질이 향상된다.
- 정확하고 신속하게 계산할 수 있다.

[CAD의 효과]
• 설계시간의 단축으로 인한 설계비용을 절감할 수 있다.
• 신속함과 정확성으로 인한 납기 단축으로 생산성이 향상된다.
• 표준화, 즉 생산자와 설계자 간의 정확한 의사전달이 가능하다.
• 설계자료가 도면이 아니고 데이터로 이루어져 보관이 편리하다.
• 프로그램에서 정확하고 신속한 계산이 이루어져 질적 향상을 도모할 수 있다.
• 초기설계 및 설계변경, 편집이 신속하게 이루어져 편리하다.
• CAD 자체로도 구조해석 등이 가능하다.

[CAM]
CAM(Computer Aided Manufacturing)은 2D CAD를 기반으로 한 3D 모델링을 함으로써 제품을 제조하는데, 제품의 생산시간 단축, 품질 향상, 원가 절약 등을 통해 제조업체의 경쟁력을 향상시킨다. 그리고 제품의 생산을 최적화하는 데 사용되며 CAD 데이터를 NC 프로그램으로 만들어서 CNC 공작기계로 보내는 데 주로 사용된다.
※ CAM의 과정: 곡선 정의 – 곡면 정의 – 공구경로 생성 – NC코드 생성 – DNC 전송

참고
• DNC(Direct Numerical Control): 직접 수치제어로 PC에서 CNC로 NC 데이터를 송수신하는 S/W 이다.
• CNC(Computer Numerical Control): 컴퓨터 수치제어로 컴퓨터를 내장시켜 프로그램을 조정할 수 있어서 오류가 거의 없다. CNC를 활용한 공작기계가 CNC 공작기계이다.
• NC 공작기계: 기계를 만드는 기계인 공작기계를 자동화한 것으로, 정밀성은 좋으나 기능과 방법 등의 정보가 고정되어 오류가 발생할 수 있다.
• CAE(Computer Aided Engineering): 제품의 설계에 대한 해석을 하는 데 사용되는 것으로, CAD 데이터를 구조해석 등을 통해 검증 및 최적화한다.

12
정답 ④

[CNC 프로그래밍 관련 자주 출제되는 주소의 의미]

G00	위치보간(급속이송)	G01	직선보간	G02	원호보간(시계 방향)
G03	원호보간(반시계 방향)	G04	일시정지(휴지상태)	G32	나사절삭기능

13
정답 ②

P, U, X는 G04(일시정지=Dwell) 지령을 위한 주소로 사용된다.
예 0.5초 동안 일시 정지시키고자 할 때 G04 P500=G04_0.5=G04 U0.5

[자주 출제되는 주소의 의미]

G00	위치보간(급속이송)	G01	직선보간	G02	원호보간(시계 방향)
G03	원호보간(반시계 방향)	G04	일시정지(휴지상태)	G32	나사절삭기능
M03	주축 정회전	M04	주축 역회전	M06	공구교환
M08	절삭유 공급 On	M09	절삭유 공급 Off		

코드	종류	기능
G코드	준비기능	주요 제어장치들의 사용을 위해 공구를 준비시키는 기능
M코드	보조기능	부수 장치들의 동작을 실행하기 위한 것으로, 주로 On/Off 기능
F코드	이송기능	절삭을 위한 공구의 이송속도 지령
S코드	주축기능	주축의 회전수 및 절삭속도 지령
T코드	공구기능	공구 준비 및 공구 교체, 보정 및 오프셋량 지령

14

정답 ②

[컴퓨터응용생산, CAM(Computer Aided Manufacturing)]
2D CAD를 기반으로 한 3D 모델링을 함으로써 제품을 제조하는 데 사용되며, 제품의 생산시간 단축, 품질 향상, 원가 절약 등을 통해 제조업체의 경쟁력을 향상시킨다. 그리고 제품의 생산을 최적화하는 데 사용하며 CAD 데이터를 NC 프로그램으로 만들어서 CNC 공작기계로 보내는 데 주로 사용된다.

※ **CAM의 과정**: 곡선 정의 → 곡면 정의 → 공구경로 생성 → NC코드 생성 → DNC 전송
컴퓨터를 이용한 생산시스템으로 CAD에서 얻은 설계데이터로부터 종합적인 생산 순서와 규모를 계획해서 CNC 공작기계의 가공 프로그램을 자동적으로 수행하는 시스템의 총칭이다.

[직접수치제어, DNC(Direct Numerical control)]
중앙의 한 대의 컴퓨터에 의하여 여러 대의 NC 공작기계를 연결하고 컴퓨터로부터의 NC 지령정보나 공구정보에 의하여 공작기계를 운전 및 제어하는 방식으로, 동시에 여러 대의 기계를 운전할 수 있는 시스템이다.

[공장자동화, FA(Factory Automation)]
설계에서 제조, 출하에 이르기까지 공정을 자동화한 것이다. 초기에는 공급 위주의 소품종 대량생산 위주였으나 점차 수요 중심의 다품종 소량생산체제에 적합한 Cell 방식이 적용되고 있다. 자동화는 기업의 경쟁력을 향상시키기 위해 꼭 필요하다.

[컴퓨터 이용 공학, CAE(Computer Aided Engineering)]
제품의 설계에 대한 해석을 하는 데 사용하는 것으로, CAD 데이터를 구조해석 등을 통해 검증 및 최적화를 한다.

[유연생산시스템, FMS(Flexible Manufacturing System)]
하나의 생산공정에서 다양한 제품을 동시에 제조할 수 있는 자동화 생산 시스템으로, 현재 자동차 공장에서 하나의 컨베이어 벨트 위에서 다양한 차종을 동시에 생산하는 시스템에 적용되고 있다. 또한, 동일한 기계에서 여러 가지 부품을 생산할 수 있고, 생산일정의 변경이 가능하다. 하드웨어 기본요소는 작업스테이션, 자동물류 시스템과 컴퓨터 제어시스템으로 구성된다.

[컴퓨터 통합 생산, CIMS(Computer Intergrated Manufacturing System)]
컴퓨터에 의한 통합적 생산시스템으로 컴퓨터를 이용해서 기술개발·설계·생산·판매 및 경영까지 전체를 하나의 통합된 생산체제로 구축하는 시스템이다.

15

정답 ④

[리졸버]
NC 공작기계의 움직임을 전기적인 신호로 표시하는 일종의 회전피드백 장치이다.

※ **슬로팅 장치**
수평 및 만능밀링머신의 기둥면에 설치하여 주축의 회전운동을 공구대의 왕복운동으로 변환시키는 장치이다.

16

정답 모두 정답

코드	종류	기능
G코드	준비기능	주요 제어장치들의 사용을 위해 공구를 준비시키는 기능
M코드	보조기능	부수 장치들의 동작을 실행하기 위한 것으로, 주로 On/Off 기능
F코드	이송기능	절삭을 위한 공구의 이송속도 지령
S코드	주축기능	주축의 회전수 및 절삭속도 지령
T코드	공구기능	공구 준비 및 공구 교체, 보정 및 오프셋량 지령

12 정밀입자가공 및 특수가공

01	③	02	②	03	②	04	①	05	②	06	③	07	③	08	④	09	④	10	정답 없음
11	③	12	③	13	④	14	④	15	③	16	②	17	④	18	⑤	19	②	20	③
21	②	22	①	23	③	24	③	25	②										

01
정답 ③

① 주조
- 액체 상태의 재료를 주형틀에 부은 후, 응고시켜 원하는 모양의 제품을 만드는 방법을 말한다. 즉, 노(furnace) 안에서 철금속 또는 비철금속 따위를 가열하여 용해된 쇳물을 거푸집(mold) 또는 주형틀 속에 부어 넣은 후 냉각 응고시켜 원하는 모양의 제품을 만드는 방법이다.
- 원하는 모양으로 만들어진 거푸집의 공동에 용융된 금속을 주입하여 성형시킨 뒤 용융된 금속이 냉각 응고되어 굳으면 모형과 동일한 금속물체(제품)가 된다.

② **용접**: 같은 종류나 다른 종류의 금속재료에 열을 가해 녹인 후, 압력을 가해 접합시키는 방법이다.

③ **래핑(정밀입자가공)**
랩(lap)이라는 공구와 다듬질하려고 하는 일감 사이에 랩제를 넣고 양자를 상대운동시킴으로써 매끈한 다듬질을 얻는 가공방법이다. 용도로는 **블록 게이지**, 렌즈, 스냅 게이지, 플러그 게이지, 프리즘, 제어기기 부품 등에 사용된다. 종류로는 습식 래핑과 건식 래핑이 있고 보통 <u>**습식 래핑을 먼저 하고 건식 래핑을 실시한다.**</u>
  ※ **랩제의 종류**: 다이아몬드, 알루미나, 산화크롬, 탄화규소, 산화철
  - **습식 래핑**: 랩제와 래핑액을 혼합해서 가공하는 방법으로 래핑능률이 높다.
  - **건식 래핑**: 건조 상태에서 래핑 가공을 하는 방법으로 래핑액을 사용하지 않는다. 일반적으로 더 정밀한 다듬질면을 얻기 위해 습식 래핑 후에 실시한다.
  - **구면 래핑**: 렌즈의 끝 다듬질에 사용되는 래핑 방법이다.
  ※ <u>래핑은 정밀입자가공의 한 종류로, 정밀입자에 의해 '절삭이 이루어져' 공작물(일감)의 표면 등을 다듬질하는 방법이다.</u>

④ **압출**: 단면이 균일한 봉이나 관 등을 제조하는 가공방법으로, 선재나 관재, 여러 형상의 일감을 제조할 때 재료를 용기 안에 넣고 램으로 높은 압력을 가해 다이 구멍으로 밀어내면 재료가 다이를 통과하면서 가래떡처럼 제품이 만들어진다.

02
정답 ②

① **래핑**: 랩(lap)이라는 공구와 다듬질하려고 하는 일감 사이에 랩제를 넣고 양자를 상대운동시킴으로써 매끈한 다듬질을 얻는 가공방법이다. 용도로는 **블록 게이지**, 렌즈, 스냅 게이지, 플러그 게이지, 프리즘, 제어기기 부품 등에 사용된다. 종류로는 습식 래핑과 건식 래핑이 있고 보통 <u>습식 래핑을 먼저 하고 건식 래핑을 실시한다.</u>
  상세 해설 래핑에 대한 상세한 내용은 3번 해설 참조

② <u>**슈퍼피니싱**</u>: 입도가 작고 연한 숫돌입자를 공작물 표면에 접촉시킨 후, 낮은 압력과 미세한 진동을 주어 고정밀도의 표면으로 다듬질하는 가공방법이며 원통면, 평면, 구면에 적용시킬 수 있다.

③ **호닝**: 회전운동 + 왕복운동을 하는 숫돌로 공작물(일감)의 내면을 정밀하게 다듬질하는 가공방법이다. 물론, 최근에는 외면을 다듬질하는 호닝방법도 사용되고 있다.

④ **리밍**: 리머라는 회전하는 절삭공구로 기존 구멍 내면의 치수를 정밀하게 만드는 가공방법이다.

> 참고
> • 내면의 구멍 가공 정밀도가 높은 순서: 호닝 > 리밍 > 보링 > 드릴링
> • 표면의 정밀도가 높은 순서: 래핑 > 슈퍼피니싱 > 호닝 > 연삭

03
정답 ②

[래핑]

랩(lap)이라는 공구와 다듬질하려고 하는 일감 사이에 랩제를 넣고 양자를 상대운동시킴으로써 매끈한 다듬질을 얻는 가공방법이다. 용도로는 **블록 게이지**, 렌즈, 스냅 게이지, 플러그 게이지, 프리즘, 제어기기 부품 등에 사용된다. 종류로는 습식 래핑과 건식 래핑이 있고 보통 <u>**습식 래핑을 먼저 하고 건식 래핑을 실시한다.**</u>

※ **랩제의 종류**: 다이아몬드, 알루미나, 산화크롬, 탄화규소, 산화철

[래핑의 종류]

• **습식 래핑**: 랩제와 래핑액을 혼합해서 가공하는 방법으로 래핑능률이 높다.

• **건식 래핑**: 건조 상태에서 래핑 가공을 하는 방법으로 래핑액을 사용하지 않는다. 일반적으로 더 정밀한 다듬질면을 얻기 위해 습식 래핑 후에 실시한다.

• **구면 래핑**: **렌즈의 끝 다듬질**에 사용되는 래핑방법이다.

[래핑가공의 특징]

장점	• 다듬질면이 매끈하고 정밀도가 우수하다. • 자동화가 쉽고 대량생산을 할 수 있다. • 작업방법 및 설비가 간단하다. • 가공면은 내식성, 내마멸성이 좋다.
단점	• 고정밀도의 제품 생산 시 높은 숙련이 요구된다. • 비산하는 래핑입자(랩제)에 의해 다른 기계나 제품이 부식 또는 손상될 수 있으며 작업이 깨끗하지 못하다. • **가공면에 랩제가 잔류하기 쉽고, 제품 사용 시 마멸을 촉진시킨다.**

04
정답 ①

[플라스마 가공]

대기압 근처의 고온의 플라스마를 이용한 가공법으로, 플라스마 제트가공과 플라스마 아크가공이 있다. 플라스마 제트가공은 아크 방전 플라스마를 대기 중에 제트 모양으로 분출시켜 지속하고, 이때 발생하는 고온·고속의 에너지를 사용하여 재료의 절삭이나 절단 등을 하는 가공법이다.

특징	• <u>모든 금속에 적용할 수 있고 절단속도가 빠르다.</u> • 절단 후 재료의 변형이 작고 형상절단이 용이하다. • 가스절단으로는 곤란한 알루미늄이나 스테인리스강도 절단할 수 있다. • 절단면이 수직이 아니고 절단가능두께가 가스절단에 비해 매우 작다. • 가스절단보다 절단폭이 크고 초기 시설비가 비싸다.
장점	• 미세한 고정밀도의 가공이 된다. • 공정을 간략화 및 자동화하기 쉽다. • 공정이 공기 중에 이루어져 다루기 용이하다. • 언더컷이 적어서 표면거칠기 및 치수정도가 높다.

05

정답 ②

[방전가공 전극재료의 조건]
• 기계가공이 쉬우며, 열전도도 및 전기전도도가 높을 것
• 방전 시 가공전극의 소모가 적어야 하며, 내열성이 우수할 것
• 공작물보다 경도가 낮으며, 융점이 높을 것
• 가공 정밀도와 가공속도가 클 것

06

정답 ③

• 내면의 구멍 가공 정밀도가 높은 순서: 호닝 > 리밍 > 보링 > 드릴링
• 표면의 정밀도가 높은 순서: 래핑 > 슈퍼피니싱 > 호닝 > 연삭

07

정답 ③

[방전가공의 종류]
코로나가공, 아크가공, 스파크가공

📝 암기법
(코) (아)파 (스)발!

08

정답 ④

• 전해 연마: 전해액을 이용하여 전기 화학적인 방법으로 공작물을 연삭하는 가공법이다.
• 호닝: 드릴링, 보링, 리밍 등으로 1차 가공한 재료를 더욱 정밀하게 연삭하는 가공법으로, 각봉 형상의 세립자로 만든 공구를 공작물에 스프링이나 유압으로 접촉시키면서 회전운동과 왕복운동을 동시에 주어 매끈하고 정밀한 제품을 만드는 가공법이다. 주로 내연기관의 실린더와 같이 구멍의 진원도와 진직도, 표면거칠기 향상을 위해 사용한다.
• 래핑: 주철이나 구리, 가죽, 천 등으로 만들어진 랩과 공작물의 다듬질할 면 사이에 랩제를 넣고 적당한 압력으로 누르면서 상대운동을 하면 절삭입자가 공작물의 표면으로부터 극히 소량의 칩을 깎아내어 표면을 다듬는 가공법이다. 주로 게이지 블록의 측정면을 가공할 때 사용한다.
• 폴리싱: 알루미나 등의 연마입자가 부착된 연마 벨트로 제품 표면의 이물질을 제거하여 제품의 표면을

매끈하고 광택이 나게 만드는 가공법으로, 버핑 가공의 전 단계에서 실시한다.
• **슈퍼피니싱**: 입도와 결합도가 작은 숫돌을 낮은 압력으로 공작물에 접촉하고 가볍게 누르면서 분당 수백에서 수천의 진동과 수 mm의 진폭으로 왕복운동을 하면서 공작물을 회전시켜 제품의 가공면을 단시간에 매우 평활한 면으로 다듬는 가공방법이다. 원통면과 평면, 구면을 미세하게 다듬질하고자 할 때 주로 사용한다.

09 정답 ④

선삭(선반가공), 밀링, 드릴링, 평삭(플레이너, 셰이퍼, 슬로터)은 소재(재료)를 절삭하는 가공방법들이다. 방전가공은 공작물(일감, 가공물)의 경도, 강도, 인성에 아무런 관계없이 가공이 가능하다. 왜냐하면 방전가공은 기계적 에너지를 사용하여 절삭력을 얻어 가공하는 공구절삭가공방법이 아니다. 즉, 공구를 사용하지 않기 때문에 아크로 인한 기화폭발로 금속의 미소량을 깎아내는 특수 절삭가공법이다. 따라서 〈보기〉에 나열된 가공들은 모두 절삭가공에 속한다.

10 정답 정답 없음

[배럴가공(배럴다듬질)]
충돌가공방식으로 회전 또는 진동하는 상자에 가공품과 숫돌입자, 공작액, 컴파운드 등을 함께 넣어 서로 부딪히게 하거나 마찰로 가공물 표면의 요철을 제거하고 평활한 다듬질면을 얻는 가공법이다. 고무 라이닝을 한 회전상자를 배럴(barrel)이라고 한다.

[특징]
• 금속, 비금속 모두 가공이 가능하다.
• 형상이 복잡하더라도 각부를 동시에 가공할 수 있다.
• 다량의 제품이라도 한 번에 품질이 일정하게 공작될 수 있다.
• 작업이 간단하고 기계설비가 저렴하다.

11 정답 ③

[비절삭가공]
칩(chip)을 발생시키지 않고 필요한 제품의 형상을 가공하는 방법으로, 종류로는 주조, 소성가공, 용접, 특수 비절삭가공(버니싱, 숏 블래스트)이 있다.

12 정답 ③

[전해연마]
양극(+)에 연마해야 할 금속을 연결하여 전해액 안에서 행하는 표면다듬질 작업이다. 전기도금과 반대되는 개념으로, 광활한 면을 얻기 위한 다듬질법으로 사용된다.

[특징]
• 가공 표면의 변질층이 생기지 않으며, 방향성이 없는 깨끗한 면이 만들어진다.
• 복잡한 모양의 연마에 유리하다.
• 광택이 매우 좋고, 내마모성·내부식성이 증가한다.

- 연마량이 적어 깊은 상처의 제거는 곤란하다.
- 불균일한 조직 또는 두 종류 이상의 재질은 다듬질이 곤란하다.
- 알루미늄, 구리 등도 용이하게 연마할 수 있다.

13
정답 ④

[초음파가공]
물이나 경유(가공액) 등에 연삭입자(랩제)를 혼합한 가공액을 공구의 진동면과 일감 사이에 주입시켜 초음파에 의한 상하진동으로 표면을 다듬는 가공방법이다.

[특징]
- 전기에너지를 기계적 진동에너지로 변화시켜 가공한다.
  → 전기의 양도체, 부도체 여부에 관계없이 가공이 가능하다.
- 경질재료 및 비금속재료의 가공에 적합하다.
- 공작물 가공변형이 거의 없다.
- 공구 이외에 부품 마모가 거의 없다.
- 초경합금, 보석류, 반도체, 세라믹 등 비금속 또는 귀금속의 구멍 뚫기, 절단, 평면가공, 표면 다듬질 가공에 사용한다.
- 초음파 가공에 사용되는 연삭입자의 종류는 탄화붕소, 탄화규소, 산화알루미나 등이 있다.

14
정답 ④

ㄱ. **슈퍼피니싱**: 가공물 표면에 미세하고 **비교적 연한 숫돌을 낮은 압력**으로 접촉시켜 진동을 주어 가공하는 고정밀 가공방법이다.

ㄷ. **래핑**: 금속이나 비금속재료의 랩(lap)과 일감 사이에 절삭분말입자인 랩제(abrasives)를 넣고 상대운동을 시켜 공작물을 미소한 양으로 깎아 매끈한 다듬질면을 얻는 정밀가공방법으로, 절삭량이 매우 적고 표면의 정밀도가 매우 우수하며 블록 게이지 등의 다듬질 가공에 많이 사용된다. 종류로는 습식 래핑과 건식 래핑이 있고, **습식 래핑을 먼저 하고 건식 래핑을 실시한다.**
  - **습식법(습식 래핑)**: 랩제와 래핑액을 혼합해서 가공하는 방법으로 **래핑능률이 높다.**
  - **건식법(건식 래핑)**: **건조 상태**에서 래핑 가공을 하는 방법으로 래핑액을 사용하지 않는다. 일반적으로 **더 정밀한 다듬질면을 얻기 위해 습식 래핑 후에 실시**한다.

15
정답 ③

정밀입자가공의 종류로는 호닝, 액체호닝, 슈퍼피니싱, 래핑 등이 있다.
① 호닝(honing): 분말입자를 가공하는 것이 아니라 연삭숫돌로 공작물을 가볍게 문질러 정밀 다듬질하는 기계가공법이다. 특히 구멍 내면을 정밀 다듬질하는 방법 중 가장 우수한 가공법이다.
② 래핑(lapping): 공작물과 랩(lap)공구 사이에 미세한 분말상태의 랩제와 윤활유를 넣고 공작물을 누르면서 상대운동을 시켜 매끈한 다듬질면을 얻는 가공법이다. 래핑은 표면거칠기(=표면정밀도)가 가장 우수하므로 다듬질면의 정밀도가 가장 우수하다.
④ 버핑: 모, 직물 등으로 닦아내는 작업으로 윤활제를 사용하여 광택을 내는 것이 주목적인 가공법이다. 버핑은 주로 폴리싱작업을 한 뒤에 가공한다.

※ **버니싱**: 1차로 이미 가공된 가공물의 안지름보다 큰 강구를 압입 통과시켜 가공물의 표면을 소성변형 시킴으로써 매끈하고 정밀도가 높은 면을 얻는 가공방법이다.

16

정답 ③

[기계적 특수가공]

샌드블라스트, 그릿블라스트, 버니싱, 버핑, 숏피닝 등

[화학적 특수가공]

전해연마, 전해가공, 방전가공, 초음파가공 등

17

정답 ④

① **버핑**: 직물, 가죽, 고무 등으로 제작된 부드러운 회전 원반에 연삭입자를 접착제로 고정 또는 반고정 부착시킨 상태에서 고속 회전시키고, 여기에 공작물을 밀어 붙여 아주 작은 양의 금속을 제거함으로써 가공면을 다듬질하는 가공방법이다. 치수정밀도는 우수하지 않지만 간단한 설비로 쉽게 광택이 있는 매끈한 면을 만들 수 있어 도금한 제품의 광택내기에 주로 사용된다.

② **슈퍼피니싱**: 치수 변화 목적보다는 고정밀도를 목적으로 하는 가공법으로, 공작물의 표면에 입도가 고운 숫돌을 가벼운 압력으로 눌러 좌우로 진동시키면서 공작물에는 회전이송운동을 주어 공작물 표면을 다듬질하는 방법이다. 그리고 방향성 없는 표면을 단시간에 얻을 수 있다.

③ **방전가공**: 두 전극 사이에 방전을 일으킬 때 생기는 물리적, 기계적 작용을 이용해서 가공하는 방법으로, 일반적으로 금속 재질에 대한 구멍 파기, 특수 모양의 가공에는 스파크 가공이, 금속 절단에는 아크 가공이, 비금속재의 드릴링에는 코로나 가공이 이용된다. 방전 가공은 재료의 강도에 무관하며, 평면, 입체의 복잡한 형상의 가공이 용이하다. 표면 가공 시 길이 $0.1 \sim 0.2[\mu m\,MaX]$까지 가공이 가능하며, 열에 의한 표면 변질이 적어 특수 가공에 많이 이용된다.

④ **전해연마**: 전기분해할 때 양극의 금속 표면에 미세한 볼록 부분이 다른 표면 부분에 비해 선택적으로 용해되는 것을 이용한 금속 연마법이다. 연마하려는 금속을 양극으로 하고, 전해액 속에서 고전류 밀도로 단시간에 전해하면 금속 표면의 더러움이 없어지고 볼록 부분이 용해되므로 기계 연마에 비해 이물질이 부착되지 않고 보다 평활한 면을 얻는다. 전기 도금의 예비 처리에 많이 사용되며, 정밀기계 부품, 화학장치 부품, **드릴의 홈, 주사침**과 같은 금속 및 합금 제품에 응용된다.

18

정답 ⑤

[액체호닝]

연마제를 가공액과 혼합한 후, 압축공기를 이용하여 노즐로 고속 분사시켜 고운 다듬질면을 얻는 습식정밀 가공방법이다.

[특징]

• 단시간에 매끈하고 광택이 없는 다듬질면을 얻을 수 있다.
• 피닝효과가 있으며 피로한계를 높일 수 있다.
• 가공면에 방향성이 존재하지 않으며 복잡한 형상의 일감도 다듬질이 가능하다.
• 형상정밀도가 낮다.

19

정답 ②

[방전가공(EDM, Electric Discharge Machining)]

- 높은 경도의 금형가공에 많이 적용되는 방법으로, 전극의 형상을 절연성 있는 가공액 중에서 금형에 전사하여 원하는 치수와 형상을 얻는 가공법이다.
- 절연액 속에서 음극과 양극 사이의 거리를 접근시킬 때 발생하는 스파크 방전을 이용하여 공작물을 가공하며 방전 전극의 소모현상을 이용한 특수 절삭가공이다.

20

정답 ③

- 방전가공: 경유, 휘발유, 등유 등의 부도체(전기가 안 통함)를 사용하는 가공
- 전해가공: 식염수 등의 양도체(전기가 통함)를 사용하는 가공

※ **방전가공은 절연액 속에서 음극과 양극 사이의 거리를 접근시킬 때 발생하는 스파크 방전을 이용하여 공작물(일감)을 가공하는 방법으로, 공작물(일감)을 가공할 때 전극이 소모된다. 또한, 콘덴서의 용량이 적으면 가공시간은 느리지만, 가공면과 치수정밀도가 좋아진다.**

21

정답 ②

레이저의 종류		파장 영역
고체레이저	YAG	$1.06\mu m$(적외선)
	$CaWO_4$	315~400nm
	루비	692.9nm, 694.3nm
기체레이저	He-Ne	634.8nm
	CO_2	$10.6\mu m$(적외선)
	Ar	488nm

- He-Ne: 방출하는 레이저의 파장은 $3.39\mu m$, $1.15\mu m$, 634.8nm, 543.5nm 4가지가 있는데 대부분의 He-Ne 레이저는 634.8nm의 빛을 발산한다.

  헬륨과 네온을 10:1로 섞은 혼합기체를 레이저 물질로 사용한다. 여기서 네온은 레이저 활동을 하며, 헬륨은 네온을 여기시키는 역할을 한다. 보통 고전압에 의해 전극에서 발생되는 전자가 헬륨과의 충돌에 의해 헬륨을 여기시키고, 이 헬륨 원자가 네온과 충돌하여 네온을 여기시킨다. 그리고 네온 원자가 기저상태로 떨어지면서 레이저가 발생한다.
- Ar: 488nm의 파장 영역을 가지고 있다.
- $CaWO_4$ (회중석): 유리질, 금강질을 갖는 광물로 자외선을 쪼이면 푸르스름한 흰색 형광빛을 발산한다. 회중석의 화학성분은 $CaWO_4$이며, 정방추 결정을 나타내고 괴상·입상으로 산출된다. 일반적으로 백색으로 반투명한 것이 많다. 텅스텐의 주요 광석으로 장파장의 자외선(315~400nm)으로 청록색을 발하는 특징이 있다.
- ✓ **형광광물**: 자외선을 쪼이면 형광빛이 나는 광물을 말한다. 짧은 파장의 자외선을 형광광물에 쪼이면 광물을 이루는 원소의 원자가 이 자외선을 흡수하고 긴 파장의 가시광선 에너지로 바꾸어 내보내면서 형광빛이 나타난다. 대표적인 형광광물로 루비, 형석, 회중석, 암염, 방해석, 애더마이트, 윌레마이트 등이 있다.

22

[전해연삭]

공작물(일감)은 양극(+), 전극숫돌은 음극(−)에 접속하며 그 사이에 전기를 통하면서 가공하는 방법으로, 숫돌의 입자가 공작물에 접촉하여 숫돌의 연삭작업에 의한 가공보다는 **전해작용에 의한 가공이 지배적인 가공방법**이다(전해작용+기계연삭작용).

[특징]

• 경도가 큰 재료일수록 연삭능률은 기계연삭보다 높다.

→ 재료의 경도가 높아질수록 기계연삭은 연삭하기 점점 힘들어져 연삭능률이 낮아진다. 하지만, 기계적 연삭보다 전해작용에 의한 연삭작용이 더 큰 비중을 차지하는 전해연삭의 경우, 재료의 경도가 높아져도 연삭하는 데 큰 무리가 없으므로 경도가 큰 재료일수록 연삭능률은 기계연삭보다 높다.

• 박판이나 복잡한 형상의 일감을 변형 없이 연삭이 가능하다.

• 연삭저항이 적어 연삭열의 발생이 적으며 숫돌의 수명이 길다.

• 정밀도는 기계연삭보다 좋지 못하다.

23

22번 해설 참조

24

[슈퍼피니싱]

치수 변화 목적보다는 고정밀도를 목적으로 하는 가공법으로, 공작물의 표면에 입도가 고운 숫돌을 가벼운 압력으로 눌러 좌우로 진동시키면서 공작물에는 회전이송운동을 주어 공작물 표면을 다듬질하는 방법이다. 방향성 없는 표면을 단시간에 얻을 수 있다.

25

[버니싱]

1차로 이미 가공된 가공물의 안지름보다 큰 강구를 압입 통과시켜 가공물의 표면을 소성변형시킴으로써 매끈하고 정밀도가 높은 면을 얻는 가공방법이다.

① **버핑**: 직물, 가죽, 고무 등으로 제작된 부드러운 회전 원반에 연삭입자를 접착제로 고정 또는 반고정 부착시킨 상태에서 고속 회전시키고, 여기에 공작물을 밀어 붙여 아주 작은 양의 금속을 제거함으로써 가공면을 다듬질하는 가공방법으로, 치수정밀도는 우수하지 않지만 간단한 설비로 쉽게 광택이 있는 매끈한 면을 만들 수 있어 도금한 제품의 광택내기에 주로 사용된다.

③ **화학연마**: 산용액 중에서 공작물(가공물, 일감)을 침지시키고 열에너지를 주어 화학반응을 촉진시킴으로써 매끈하고 광택이 있는 가공 표면을 얻는 방법이다.

④ **배럴가공**: 공작물과 숫돌입자, 콤파운드 등을 회전하는 통 속이나 진동하는 통 속에 넣고 서로 마찰 충돌시켜 표면의 녹, 흠집 등을 제거하는 공정이다.

13 신속조형법(쾌속조형법)

| 01 | ③ | 02 | ② | 03 | ② | 04 | ④ | 05 | ② | | | | | |

01

정답 ③

[신속조형법(쾌속조형법)]

3차원 형상 모델링으로 그린 제품 설계 데이터를 사용하여 제품 제작 전에 실물 크기 모양의 입체 형상을 신속하고 경제적으로 제작하는 방법을 말한다.

융해용착법 (fused deposition molding)	**열가소성**인 필라멘트선으로 된 **열가소성 일감**을 노즐 안에서 가열하여 용해하고 이를 짜내어 조형 면에 쌓아 올려 제품을 만드는 방법이다. "이 방법으로 제작된 제품은 경사면이 계단형이다. 또한, 융해용착법은 돌출부를 지지하기 위한 별도의 구조물이 필요하다."
박판적층법 (laminated object manufacturing)	가공하고자 하는 단면에 레이저빔을 부분적으로 쏘아 절단하고 **종이**의 뒷면에 부착된 접착제를 사용하여 아래층과 압착시키고 한 층씩 적층해나가는 방법이다.
선택적 레이저 소결법 (selective laser sintering)	**금속 분말가루나 고분자 재료**를 한 층씩 도포한 후 여기에 레이저빔을 쏘아 소결시키고 다시 한 층씩 쌓아 올려 형상을 만드는 방법이다.
광조형법(stereolithography)	액체 상태의 **광경화성 수지**에 레이저빔을 부분적으로 쏘아 적층해 나가는 방법으로 큰 부품 처리가 가능하다. 또한, 정밀도가 높고 액체 재료이기 때문에 후처리가 필요하다.
3차원 인쇄 (three dimentional printing)	분말 가루와 접착제를 뿌리면서 형상을 만드는 방법으로 **3D 프린터**를 생각하면 된다.

※ 초기 재료가 분말형태인 신속조형방법: 선택적 레이저 소결법(SLS), 3차원 인쇄(3DP)

02

정답 ②

초기 재료가 분말형태인 신속조형방법: 선택적 레이저 소결법(SLS), 3차원 인쇄(3DP)

상세 해설 1번 해설 참조

03

정답 ②

열가소성인 필라멘트선으로 된 **열가소성 일감**을 노즐 안에서 가열하여 용해하고 이를 짜내어 조형 면에 쌓아 올려 제품을 만드는 방법은 융해용착법(fused deposition molding)이다.

상세 해설 1번 해설 참조

04

정답 ④

분말 가루와 접착제를 뿌리면서 형상을 만드는 방법은 차원 인쇄(three dimentional printing)이다.

상세 해설　1번 해설 참조

05

정답 ②

② 융해융착법 – 열가소성 플라스틱

상세 해설　1번 해설 참조

01	③	02	④	03	②	04	④	05	④	06	④	07	④	08	②	09	①	10	④
11	④	12	②	13	①	14	③	15	①	16	①	17	③	18	③	19	①	20	③
21	①	22	⑤	23	④	24	③	25	①	26	②	27	④	28	③	29	③	30	①

01

정답 ③

[방전가공(EDM, Electric Discharge Machining)]
절연액 속에서 음극과 양극 사이의 거리를 접근시킬 때 발생하는 스파크 방전을 이용하여 공작물(일감)을 가공하는 방법이다. 공작물(일감)을 가공할 때 전극이 소모된다.

방전가공은 공작물(일감, 가공물)의 경도, 강도, 인성과 관계없이 가공이 가능하다. 왜냐하면 방전가공은 기계적 에너지를 사용하여 절삭력을 얻어 가공하는 공구절삭가공방법이 아니다. 즉, 공구를 사용하지 않기 때문에 아크로 인한 기화폭발로 금속의 미소량을 깎아내는 특수절삭가공법이며, 소재제거율에 영향을 미치는 요인은 주파수와 아크방전에너지이다.

[방전가공의 특징]
• 스파크 방전에 의한 침식을 이용한다.
• 전도체이면 어떤 재료도 가공할 수 있다.
  → 아크릴은 전기가 통하지 않는 부도체이므로 가공할 수 없다.
• 전류밀도가 클수록 소재제거율은 커지나 표면거칠기는 나빠진다.
• 콘덴서의 용량이 적으면 가공 시간은 느리지만, 가공면과 치수정밀도가 좋다.
• 절연액은 냉각제의 역할을 할 수도 있다.
• 공구 전극의 재료로 흑연, 황동 등이 사용된다.
• 공작물을 가공 시 전극이 소모된다.

02

정답 ④

[윗면 경사각]
칩과의 마찰 및 흐름을 좌우한다. 즉, 칩의 유출 방향에 가장 영향을 미치는 각이다.

03

정답 ②

[용접에서 발생하는 내부 결함]
은점, 인클루전(슬래그 혼입), 개재물, 선상 조직 등

[용접에서 발생하는 표면 결함]
표면 기공, 오버랩, 언더컷 등

04

[널링가공]
선반가공에서 가공면의 미끄러짐을 방지하기 위해 요철형태로 가공하는 **소성가공**이다.

05

① 척: 공작물(일감)을 고정시키는 부속기구로 크기는 척의 바깥지름으로 표시한다.
② 선반: 가공물(일감)이 회전운동하고 공구가 직선이송운동을 하는 가공방법으로 **척, 베드, 왕복대, 맨드릴(심봉), 심압대** 등으로 구성된 공작기계로 가공한다.
③ 선반의 크기는 베드 위의 스윙, 왕복대 위의 스윙, 베드의 길이, 양 센터 간의 최대거리로 표시한다.
④ 선반의 주축은 비틀림응력과 굽힘응력에 대응하기 위해 **중공축**으로 만든다.

참고

[선반 주축을 중공축으로 하는 이유]
• 긴 가공물 고정을 편리하게 하여 가공을 용이하게 하기 위해
• 비틀림응력 및 굽힘응력에 대한 강화를 위해
• 주축 무게를 줄여 베어링에 작용하는 하중을 줄이기 위해

06

침재법은 목재의 건조방법 중 하나이다. '재'가 들어가면 모두 건조법이다.
• 아세틸렌 발생방법: 주수식, 침지식, 투입식

참고

• 아세틸렌은 무색무취의 기체이며, 불안정하여 폭발의 위험성이 있다. 또한 물에 카바이드를 사용하여 발생시키며, 공기보다 가볍다.
• 순수한 카바이드 1kg으로 발생되는 아세틸렌은 348L임을 꼭 기억하자.

07

• **압출**: 상온 또는 가열된 금속을 용기 내의 다이를 통해 밀어내어 봉이나 관 등을 만든다.
• **인발**: 금속봉이나 관 등을 다이를 통해 축방향으로 잡아당겨 지름을 줄이는 가공법이다.
• **압연**: 열간, 냉간에서 금속을 회전하는 두 개의 롤러 사이를 통과시켜 두께나 지름을 줄인다.
• **전조**: 재료와 공구를 각각 또는 함께 회전시켜 재료 내부나 외부에 공구의 형상을 새기는 특수 압연법이다. 대표적인 제품으로는 나사와 기어가 있으며, 절삭칩이 발생하지 않아 표면이 깨끗하고 재료의 소실이 거의 없다. 또한 강인한 조직을 얻을 수 있고, 가공속도가 빨라서 대량생산에 적합하다.

08

절삭유는 수용성(물에 섞어 사용)과 비수용성(원액 그대로 사용), 고체 윤활제로 구분된다.
수용성은 냉각작용이 우수하고, 비수용성은 윤활작용이 우수하며, 등유·경유·기계유 등은 비수용성 절삭유에 속하고, 그리스는 고체 윤활제에 속한다.

[절삭유의 작용]
- 공구의 경도 저하 방지
- 윤활작용으로 공구의 마모 완화
- 절삭부 세척으로 가공 표면을 매끄럽게 함
- 공작물을 냉각시켜 정밀도 저하 방지

참고

[절삭유]

절삭유의 3대 작용		• **냉각작용:** 공구와 일감의 온도 증가 방지(가장 기본적인 목적) • 윤활작용: 공구의 윗면과 칩 사이의 마찰 감소 • 세척작용: 칩을 씻어주는 작용(공작물과 칩 사이의 친화력을 감소)
사용 목적		• 공구의 인선을 냉각시켜 공구의 경도 저하를 방지한다. → 공구의 날끝 온도 상승 방지 → 구성인선 발생 방지 • 가공물(공작물)을 냉각시켜 절삭열에 의한 정밀도 저하를 방지한다. • 공구의 마모를 줄이고 윤활 및 세척작용으로 가공 표면을 양호하게 한다. • 칩을 씻어주고 절삭부를 깨끗하게 하여 절삭작용을 용이하게 한다.
구비조건		• 윤활성·냉각성이 우수해야 한다. • 화학적으로 안전하고 위생상 해롭지 않아야 한다. • 공작물과 기계에 녹이 슬지 않아야 한다. • 칩 분리가 용이하여 회수가 쉬워야 한다. • 휘발성이 없고 인화점이 높아야 한다. • 값이 저렴하고 쉽게 구할 수 있어야 한다.
종류	수용성 절삭유	광물섬유를 화학적으로 처리하여 원액과 물을 혼합하여 사용하는 것으로, 점성이 낮고 비열이 커서 냉각효과가 크므로 고속절삭 및 연삭가공액으로 많이 사용된다.
	광유	경유, 머신오일, 스핀들 오일, 석유 및 기타의 광유 또는 그 혼합유로 윤활성은 좋으나 냉각성이 적어 경절삭에 사용된다.
	유화유	광유와 비눗물을 혼합한 것이다.
	동물성유	라드유가 가장 많이 사용되며 식물성유보다는 점성이 높아 저속절삭 시 사용된다.
	식물성유	콩기름, 올리브유, 종자유, 면실유 등을 말한다.

09
정답 ①

① L-렌치: 세트 나사를 풀고 잠글 때
② 링 스패너: 너트를 세게 조일 때, 사용 중에 자주 돌릴 때, 파이프 등으로 암을 길게 하여 조일 때, 스패너의 한쪽을 망치로 두들겨서 조일 때
③ 갈고리 스패너: 둥근 너트를 돌릴 때
④ 박스 스패너: 파이프 등으로 암을 길게 하여 조일 때

10

정답 ④

[역화의 원인]
- 아세틸렌의 공급량이 적을 때
- 팁이 너무 과열되었을 때
- 밀폐구역에서 작업할 때
- 팁 구멍에 불순물이 끼었을 때
- 토치가 불량일 때

11

정답 ④

[가스 용접에서 사용하는 가연성 가스의 종류]
아세틸렌, 수소, 프로판

📝 **암기법**

가연(아)~ (수)(프) 먹자!

참고

가연성가스	자기 자신이 타는 가스이다.
	[가연성가스의 종류] 수소(H_2), 메탄(CH_4), 일산화탄소(CO), 암모니아(NH_3), 에탄(C_2H_6), 부탄(C_4H_{10}), 프로판(C_3H_8), 아세틸렌(C_2H_2)
조연성가스	자기 자신은 타지 않고 연소를 도와주는 가스이다.
	[조연성가스의 종류] 산소(O_2), 공기, 오존(O_3), 염소(Cl), 불소(F)
불연성가스	스스로 연소하지도, 다른 물질을 연소시키지도 못하는 가스이다.
	[불연성가스의 종류] 질소(N_2), 아르곤(Ar), 이산화탄소(CO_2), 프레온, 수증기(H_2O)

12

정답 ②

[고속절삭의 특징]
- 빠른 회전속도를 사용하므로 절삭 저항이 적고 공구의 마멸이 줄어든다.
- 유동형 칩이 생성되며, 칩의 탈락 또한 빠른 속도로 이루어지므로 절삭부의 열 방출이 원활하고, 가공물이 절삭열에 의해 변형될 여지가 적다.
- 열처리된 소재나 경질 소재의 가공도 가능하다.
- 한 번의 셋업으로 가공이 가능하므로 비절삭 시간에서 오는 비효율성을 상당 부분 제거할 수 있다.

[구성인선(빌트업 에지, built-up edge)]
절삭 시에 발생하는 칩의 일부가 날끝에 용착되어 마치 절삭날의 역할을 하는 현상

발생 순서	발생 → 성장 → 분열 → 탈락의 주기를 반복한다. (발성분탈)
	※ **주의**: 자생과정의 순서는 '마멸 → 파괴 → 탈락 → 생성'이다.

특징	• 칩이 날끝에 점점 붙으면 날끝이 커지기 때문에 끝단 반경은 점점 커진다. → 칩이 용착되어 날끝의 둥근 부분(nose, 노즈)이 커지므로 • 구성인선이 발생하면 날끝에 칩이 달라붙어 날끝이 울퉁불퉁해지므로 표면을 거칠게 하거나 동력손실을 유발할 수 있다. • 구성인선의 경도값은 공작물이나 정상적인 칩보다 상당히 크다. • 구성인선은 공구면을 덮어 공구면을 보호하는 역할을 한다. • 구성인선이 발생하지 않을 임계속도는 120m/min(=2m/s)이다. • 일감(공작물)의 변형경화지수가 클수록 구성인선의 발생 가능성이 크다. • 구성인선을 이용한 절삭방법은 SWC이다. 은백색의 칩을 띠며 절삭저항을 줄일 수 있는 방법이다.
구성 인선 방지법	• **30° 이상으로 공구 경사각을 크게 한다.** → 공구의 윗면 경사각을 크게 하여 칩을 얇게 절삭해야 용착되는 양이 적어진다. • **절삭속도를 빠르게 한다.** → 고속으로 절삭한다. 고속으로 절삭하면 칩이 날끝에 용착되기 전에 칩이 떨어져 나가기 때문이다. • **절삭깊이를 작게 한다.** → 절삭깊이가 크면 깎여서 발생하는 칩과 공구의 접촉면적이 넓어지기 때문에 오히려 칩이 날끝에 용착될 가능성이 더 커져 구성인선의 발생 가능성이 높아진다. 따라서 절삭깊이를 작게 하여 공구와 칩의 접촉면적을 줄여 칩이 용착되는 가능성을 줄여 구성인선을 방지할 수 있다. • **윤활성이 좋은 절삭유를 사용한다.** • **공구반경을 작게 한다.** • **절삭공구의 인선을 예리하게 한다.** • **마찰계수가 작은 공구를 사용한다.**

13

정답 ①

[칩의 종류]

유동형 칩	전단형 칩	열단형 칩(경작형)	균열형 칩
연성재료(연강, 구리, 알루미늄)를 고속으로 절삭할 때, 윗면 경사각이 클 때, 절삭깊이가 작을 때, 유동성이 있는 절삭유를 사용할 때 발생하는 연속적이며 가장 이상적인 칩	연성재료를 저속 절삭할 때, 윗면 경사각이 작을 때, 절삭깊이가 클 때 발생하는 칩	점성재료, 저속절삭, 작은 윗면 경사각, 절삭깊이가 클 때 발생하는 칩	주철과 같은 취성재료를 저속 절삭으로 절삭할 때, 진동 때문에 날끝에 작은 파손이 생겨 채터가 발생할 확률이 크다.

14

[공작기계의 기본 운동]
- 위치조정운동
- 절삭운동
- 이송운동

15

[다이캐스팅(die casting)]
용용금속을 금형(영구주형) 내에 대기압 이상의 높은 압력으로 빠르게 주입하여 용용금속이 응고될 때까지 압력을 가하여 압입하는 주조법으로 다이주조라고도 하며, 주물 제작에 이용되는 주조법이다. 필요한 주조 형상과 완전히 일치하도록 정확하게 기계가공된 강재의 금형에 용용금속을 주입하여 금형과 똑같은 주물 을 얻는 방법으로 그 제품을 다이캐스트 주물이라고 한다.
- 사용재료: 아연(Zn), 알루미늄(Al), 주석(Sn), 구리(Cu), 마그네슘(Mg), 납(Pb) 등의 합금
  - → 고온가압실식: 납(Pb), 주석(Sn), 아연(Zn)
  - → 저온가압실식: 알루미늄(Al), 마그네슘(Mg), 구리(Cu)

[특징]
- 정밀도가 높고 주물 표면이 매끈하다.
- 기계적 성질이 우수하며, 대량생산이 가능하고 얇고 복잡한 주물의 주조가 가능하다.
- 기공이 적고 결정립이 미세화되며 치밀한 조직을 얻을 수 있다.
- 기계가공이나 다듬질할 필요가 없으므로 생산비가 저렴하다.
- 다이캐스팅된 주물재료는 얇기 때문에 주물 표면과 중심부 강도는 동일하다.
- 가압 시 공기 유입이 용이하며 열처리하면 부풀어 오르기 쉽다.
- 주형재료보다 용용점이 높은 금속재료에는 적합하지 않다.
- 시설비와 금형제작비가 비싸고 생산량이 많아야 경제성이 있다. 즉, 소량생산에는 적합하지 않다.
- 주로 얇고 복잡한 형상의 <u>비철금속제품 제작</u>에 적합하다.

다이캐스팅에서 가장 많이 틀린 보기로 나오는 것은 다음과 같다.
→ 주로 철금속 주조에 사용된다. (×)
→ 용용점이 높은 재료에 적용이 가능하다. (×)
✓ **다이캐스팅법은 사용재료를 보아 주로 비철금속 주조에 사용되는 것을 알 수 있으며, 용용점이 낮은 재료에 적용이 가능하다는 것을 알 수 있다.**

> **필수개념**
> - 영구주형을 사용하는 주조법: 다이캐스팅, 가압주조법, 슬러시주조법, 원심주조법, 스퀴즈주조법, 반용 융성형법, 진공주조법
> - 소모성 주형을 사용하는 주조법: 인베스트먼트법(로스트왁스법), 셸주조법(크로닝법)
> - 딥 드로잉: 금속판재에 원통 및 각통 등과 같이 이음매 없이 바닥이 있는 용기를 만드는 프레스 가공 법이다.

[고온 챔버 다이캐스팅]
- 사출부가 용해 금속이 가득 찬 탱크(도가니) 안에서 가열되는 방법
- 매 주조마다 챔버를 다시 채울 필요가 없어 사이클 시간이 상대적으로 짧다.

[저온 챔버 다이캐스팅]
- 매 주조마다 챔버를 다시 채워야 하므로 사이클 시간이 상대적으로 더디다.
- 고온 챔버보다는 주조 횟수가 적으나, 알루미늄합금, 특히 구리합금 등의 주조에 이용한다.

[고온/저온 챔버 다이캐스팅 장점]

고온 챔버 다이캐스팅의 장점	저온 챔버 다이캐스팅의 장점
- 탕 흐름의 우수성 - 금형 수명의 향상 - 마그네슘의 산화 방지에 효율적 - 자동화 및 에너지 절감의 우수성 - 넓은 사출 영역에서 제품을 만들 때	- 큰 제품의 생산에 용이하다. - 알루미늄을 비롯한 다양한 합금에 적용한다. - 소모품들의 가격이 저렴하다. - 칩의 전환 비용이 발생하지 않는다. - 높은 사출력과 생산성으로 광범위한 두께의 제품 생산에 적합하다.

16

정답 ①

- **압출가공**: 소재를 용기에 넣고 높은 압력을 가하여 다이 구멍으로 통과시켜 형상을 만드는 가공법이다. 또한, 선재나 관재, 여러 형상의 일감을 제조할 때 재료를 용기 안에 넣고 램으로 높은 압력을 가해 다이 구멍으로 밀어내면 재료가 다이를 통과하면서 가래떡처럼 제품이 만들어진다.
- **단조**: 소재를 일정 온도 이상으로 가열하고 해머 등으로 타격하여 모양이나 크기를 만드는 가공법이다.
- **인발가공**: 원뿔형 다이 구멍으로 통과시킨 소재의 선단을 끌어당기는 방법으로 형상을 만드는 가공법이다.
- **압연가공**: 회전하는 한 쌍의 롤 사이로 소재를 통과시켜 두께와 단면적을 감소시키고 길이 방향으로 늘리는 가공법이다.

17

정답 ③

① **코이닝(coining)**: 조각된 형판이 붙은 한 조의 다이(die) 사이에 재료를 넣고 압력을 가하여 표면에 조각 도형을 성형시키는 가공법으로, 화폐, 메달, 배지, 문자 등의 제작에 이용된다. 즉, 소재면에 요철을 내는 가공법으로, 상형·하형이 서로 관계가 없는 요철을 가지고 있으며 두께의 변화가 있는 제품를 만들 때 사용된다.

② **엠보싱(embossing)**: 요철이 있는 다이와 펀치로 판재를 눌러 판에 요철을 내는 가공으로, 일종의 shallow drawing이다. 판의 이면에는 표면과 반대의 요철이 생겨 판두께에는 변화가 거의 없으며, 장식품의 가공 또는 판의 강성을 높이는 데 사용된다.

④ **스웨이징(swaging)**: 여러 개의 회전하는 다이로 재료에 충격력을 주어 소재의 단면을 감소시키는 가공법으로, 재료의 두께를 감소시키는 작업이다.

18

정답 ③

[극압유]
절삭공구가 고온·고압 상태에서 마찰을 받을 때 사용하는 것으로, 극압유에 첨가되는 원소는 인(P), 납(Pb), 염소(Cl), 황(S)이다.

19

정답 ①

① **플로마크 현상**: 딥드로잉가공에서 성형품의 측면에 나타나는 외관 결함으로, 제품 표면에 성형 재료의 유동궤적을 나타내는 줄무늬가 생기는 성형 불량이다.

② **싱크마크 현상**: 냉각속도가 큰 부분의 표면에 오목한 형상이 발생하는 불량이다. 이 결함을 제거하려면 성형품의 두께를 균일하게 하거나 러너와 게이트를 크게 하여 금형 내의 압력이 균일하도록 해야 한다.

③ **웰드마크 현상(웰드라인)**: 플라스틱 성형 시 흐르는 재료들의 합류점에서 재료의 융착이 불완전하여 나타나는 줄무늬 불량이다.

④ **플래시 현상**: 금형의 파팅라인(parting line)이나 이젝터핀(ejector pin) 등의 틈에서 흘러나와 고화 또는 경화된 얇은 조각 모양의 수지가 생기는 것을 말하는 것으로 이를 방지하기 위해서는 금형 자체의 밀착성을 좋게 하도록 체결력을 높여야 한다.

20

정답 ③

[스피닝]

선반의 주축에 제품과 같은 형상의 다이를 장착하고 심압대로 소재를 다이와 밀착시킨 후 함께 회전시키면서 강체 공구나 롤러로 소재의 외부를 강하게 눌러서 축에 대칭인 원형의 제품을 만드는 박판 성형가공법이다.

[스피닝의 종류]

• **보통 스피닝**: 평판 및 예비 가공된 원형 판재를 회전하는 돔의 형상인 원형의 맨드릴에 걸고 강체인 공구로 변형시키면서 맨드릴의 형상대로 가공하는 방법이다.

• **전단 스피닝**: 동력 스피닝, 하이드로 스피닝, 스핀 단조라고도 하며, 소재의 직경을 일정하게 유지하면서 원추형 및 곡선 형상의 축대칭 제품을 가공하는 방법이다. 롤러를 한 개만 사용할 수도 있지만 맨드릴에 작용하는 반경 방향 하중의 평형을 위해서는 두 개의 롤러를 사용하는 것이 바람직하다. 로켓의 모터 케이싱과 미사일의 머리 부분 제작 등에 이용된다.

• **관재 스피닝**: 맨드릴과 롤러로 관재를 스피닝하여 그 두께를 줄이는 공정이며, 관재의 내부 및 외부를 가공할 수 있다. 또한, 압력용기, 자동차부품, 로켓 및 미사일 부품 등의 제작에 이용된다.

21

정답 ①

탄화칼슘은 화학식이 CaC_2로, 탄소와 칼슘이 결합된 물질이다. 칼슘 카바이드 또는 카바이드라고 불린다. 생석회(산화칼슘 CaO)와 탄소 성분을 혼합하여 높은 온도에서 가열하면 만들어진다.

$CaO + 3C \rightarrow CaC_2 + CO$, 일반적으로 탄산칼슘($CaCO_3$)이 주성분인 원료 석회석을 석탄 코크스를 혼합해 높은 온도로 가열하면 석회석이 열분해되어 생석회가 만들어지고, 그 생석회가 탄소 덩어리인 코크스와 반응하여 탄화칼슘이 만들어진다. 통상, 탄화칼슘은 비교적 싸고 구하기 쉽고 다루기 쉬운 화학물질로, 물과 반응시켜 아세틸렌가스 C_2H_2를 얻는 데 주로 사용한다.

$CaC_2 + 2H_2O \rightarrow Ca(OH)_2 + C_2H_2$, 아세틸렌가스는 산소와 혼합하여 태우면 많은 열을 내어 3,000°C 이상을 얻어 용접에 사용하기도 한다.

참고

[아세틸렌 제조방법]

• **주수식**: 카바이드에 물을 주입하는 방식으로 불순가스 발생량이 많다.

- **침지식**: 물과 카바이드를 소량씩 접촉하는 방식으로 위험성이 크다.
- **투입식**: 물에 카바이드를 넣는 방식으로 대량생산에 적합하다.

[아세틸렌 용기 압력기준]
- **내압시험압력**: 최고충전압력의 3배
- **기밀시험압력**: 최고충전압력의 1.8배

22
정답 ⑤

연삭기는 절삭운동을 하는 대상이 숫돌이다. 나머지 슬로터, 셰이퍼, 플레이너, 밀링머신은 절삭운동을 하는 대상이 절삭공구(커터 등)이다.

23
정답 ④

[산소 가스 용접의 특징]
- 전력이 필요 없고, 변형이 크다. 그리고 일반적으로 박판에 적용한다.
- 열의 집중성이 낮아 열효율이 낮다. 따라서 아크용접보다 용접속도가 느리다.
- 용접 휨은 전기용접이 가스용접보다 작다. 작업이 간단하고 가열 조절이 자유롭다.
- **열영향부(HAZ, 변질부)가 넓다.**

24
정답 ③

① 탁상 선반: 정밀 소형 기계 및 시계 부품을 가공할 때 사용하는 선반
② 정면 선반: 직경이 크고 길이가 짧은 공작물을 가공할 때 사용하는 선반
③ **터릿 선반**: 보통 선반의 심압대 대신 여러 개의 공구를 방사상으로 설치하여 공정 순서대로 공구를 차례로 사용할 수 있도록 만들어진 선반
④ 수직 선반: 중량이 큰 대형 공작물 또는 직경이 크고 폭이 좁으며 불균형한 공작물을 가공하며, 공작물의 탈부착 및 고정이 쉽고 안정된 중절삭이 가능한 선반

25
정답 ①

24번 해설 참조

26
정답 ②

[공차의 종류]

모양공차(형상공차)	진직도, 평면도, 진원도, 원통도, 선의 윤곽도, 면의 윤곽도
자세공차	직각도, 경사도, 평행도
위치공차	위치도, 동심도(동축도), 대칭도
흔들림 공차	원주 흔들림, 온 흔들림

※ 모양공차(형상공차)는 데이텀 표시가 필요 없으며 자세공차, 위치공차, 흔들림 공차는 데이텀 표시가 필요하다.

27

| 원통도 | 진원도 | 평면도 | 위치도 | 대칭도 | 직각도 | 평행도 | 동심도(동축도) |

28

[치핑]
절삭날의 강도가 절삭 저항에 견디지 못하고 날끝이 탈락되는 현상이다.

29

주조	㉠ 액체 상태의 재료를 주형틀에 부은 후, 응고시켜 원하는 모양의 제품을 만드는 방법을 말한다. 즉, 노(furnace) 안에서 철금속 또는 비철금속 따위를 가열하여 용해된 쇳물을 거푸집(mold) 또는 주형틀 속에 부어 넣은 후 냉각 응고시켜 원하는 모양의 제품을 만드는 방법이다. ㉡ 원하는 모양으로 만들어진 거푸집의 공동에 용융된 금속을 주입하여 성형시킨 뒤 용융된 금속이 냉각 응고되어 굳으면 모형과 동일한 금속 물체(제품)가 된다.
가주성	㉠ 쇠붙이가 녹는점이 낮고 유동성이 좋아 녹여서 거푸집에 부어 물건을 만들기에 알맞은 성질을 말한다. ㉡ 가열했을 때 유동성을 증가시켜 주물(제품)로 할 수 있는 성질이다. ㉢ 용융금속의 주조의 난이도를 말한다.
담금질	**담금질 처리를 하면 재질이 경화되어 재료의 경도가 증가하므로 단단해진다. 단단해지기 때문에 가공 및 변형시키기 어려워진다.**
플랜징 가공	플랜징(flanging) 가공은 소재의 단부를 직각으로 굽히는 작업으로 프레스 가공법에 포함되며 굽힘선의 형상에 따라 3가지(스트레이트 플랜징, 스트레치 플랜징, 슈링크 플랜징)로 분류된다.

30

밀링에도 테이블이 회전하는 밀링머신이 있지만 문제에서는 밀링(일반 밀링, 기본적인 밀링)에 대해 물어보는 문제이므로 답은 ①번이다.

셰이퍼에 의한 평삭	• 공작물 – 직선이송운동 • 공구 – 직선절삭운동
드릴링	• 공구 – 회전절삭운동 및 직선이송운동
밀링	• 공작물 – 직선이송운동 • 공구 – 회전절삭운동
호닝	• 공구 – 회전운동과 수평왕복운동
선삭	• 공작물 – 회전절삭운동 • 공구 – 직선이송운동

문제를 풀고 해설을 학습하느라 정말 고생 많았습니다.
많은 도움이 되셨으면 합니다.
항상 응원합니다.
By 기계의 진리

Truth of Machine

부 록

01 꼭 알아야 할 필수 내용

1 기계 위험점 6가지

① 절단점
회전하는 운동부 자체, 운동하는 기계 부분 자체의 위험점(날, 커터)

② 물림점
회전하는 2개의 회전체에 물려 들어가는 위험점(롤러기기)

③ 협착점
왕복 운동 부분과 고정 부분 사이에 형성되는 위험점(프레스, 창문)

④ 끼임점
고정 부분과 회전하는 부분 사이에 형성되는 위험점(연삭기)

⑤ 접선 물림점
회전하는 부분의 접선 방향으로 물려 들어가는 위험점(밸트-풀리)

⑥ 회전 말림점
회전하는 물체에 머리카락이나 작업봉 등이 말려 들어가는 위험점

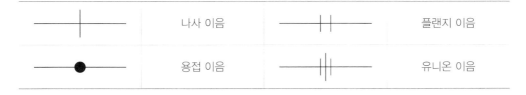

2 기호

• 밸브 기호

	일반밸브		게이트밸브
	체크밸브		체크밸브
	볼밸브		글로브밸브
	안전밸브		앵글밸브
	팽창밸브		일반 콕

• 배관 이음 기호

	나사 이음		플랜지 이음
	용접 이음		유니온 이음

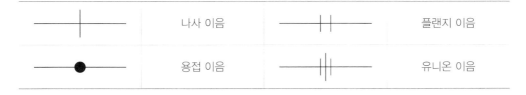

3 신축 이음

관 속 유체의 온도 변화에 따라 배관이 열팽창 또는 수축하는데, 이를 흡수하기 위해 신축 이음을 설치한다. 따라서 직선 길이가 긴 배관에서는 배관의 도중에 일정 길이마다 신축 이음쇠를 설치한다.

❖ 신축 이음의 종류

① 슬리브형(미끄러짐형): 단식과 복식이 있고 물, 증기, 가스, 기름, 공기 등의 배관에 사용한다. 이음쇠 본체와 슬리브 파이프로 구성되어 있으며, 관의 팽창 및 수축은 본체 속을 미끄러지는 이음쇠 파이프에 의해 흡수된다. 특징으로는 신축량이 크고, 신축으로 인한 응력이 발생하지 않는다. 직선 이음으로 설치 공간이 작다. 배관에 곡선 부분이 있으면 신축 이음재에 비틀림이 생겨 파손의 원인이 된다. 장시간 사용 시 패킹재의 마모로 누수의 원인이 된다.

② 벨로우즈형(팩레스 이음): 벨로우즈의 변형으로 신축을 흡수한다. 설치 공간이 작고 자체 응력 및 누설이 없다는 특징이 있다. 보통 벨로우즈의 재질은 부식이 되지 않는 황동이나 스테인리스강을 사용한다. 고온 배관에는 부적당하다.

③ 루프형(신축 곡관형): 고온, 고압의 옥외 배관에 사용하는 신축 곡관으로 강관 또는 동관을 루프 모양으로 구부려 배관의 신축을 흡수한다. 즉, 관 자체의 가요성을 이용한 것이다. 설치 공간이 크고, 고온 고압의 옥외 배관에 많이 사용한다. 자체 응력이 발생하지만, 누설이 없다. 곡률 반경은 관경의 6배이다.

④ 스위블형: 증기, 온수 난방에 주로 사용하는 스위블형은 2개 이상의 엘보를 사용하여 이음부 나사의 회전을 이용해 신축을 흡수한다. 쉽게 설치할 수 있고, 굴곡부에 압력이 강하게 생긴다. 신축성이 큰 배관에는 누설 염려가 있다.

⑤ 볼조인트형: 증기, 물, 기름 등의 배관에서 사용되는 볼조인트형은 볼조인트 신축 이음쇠와 오프셋 배관을 이용해서 관의 신축을 흡수한다. 2차원 평면상의 변위와 3차원 입체적인 변위까지 흡수하고, 어떤 형태의 변위에도 배관이 안전하고 설치 공간이 작다.

⑥ 플랙시블 튜브형: 가요관이라고 하며, 배관에서 진동 및 신축을 흡수한다. 구체적으로 플렉시블 튜브는 인청동 및 스테인리스강의 가늘고 긴 벨로스의 바깥을 탄성력이 풍부한 철망, 구리망 등으로 피복하여 보강한 것으로, 배관 중 편심이 심하거나 진동을 흡수할 목적으로 사용된다.

❖ 신축 허용 길이가 큰 순서

루프형 > 슬리브형 > 벨로우즈형 > 스위블형

4 관 이음쇠 종류

① 관을 도중에서 분기할 때

Y배관, 티, 크로스티

② 배관 방향을 전환할 때

엘보, 밴드

③ 같은 지름의 관을 직선 연결할 때

소켓, 니플, 플랜지, 유니온

④ 이경관을 연결할 때

이경티, 이경엘보, 부싱, 레듀셔

※ 이경관: 지름이 서로 다른 관과 관을 접속하는 데 사용하는 관 이음쇠

⑤ 관의 끝을 막을 때

플러그, 캡

⑥ 이종 금속관을 연결할 때

CM어댑터, SUS소켓, PB소켓, 링 조인트 소켓

5 수격 현상(워터 헤머링)

배관 속 유체의 흐름을 급히 차단시켰을 때 유체의 운동에너지가 압력에너지로 전환되면서 배관 내에 탄성파가 왕복하게 된다. 이에 따라 배관이 파손될 수 있다.

❖ 원인

• 펌프가 갑자기 정지될 때

• 급히 밸브를 개폐할 때

• 정상 운전 시 유체의 압력에 변동이 생길 때

❖ 방지

• 관로의 직경을 크게 한다.

• 관로 내의 유속을 낮게 한다(유속은 1.5~2m/s로 보통 유지).

• 관로에서 일부 고압수를 방출한다.

• 조압 수조를 관선에 설치하여 적정 압력을 유지한다.
 (부압 발생 장소에 공기를 자동적으로 흡입시켜 이상 부압을 경감한다.)

• 펌프에 플라이 휠을 설치하여 펌프의 속도가 급격하게 변화하는 것을 막는다.
 (관성을 증가시켜 회전수와 관 내 유속의 변화를 느리게 한다.)

• 펌프 송출구 가까이에 밸브를 설치한다.
 (펌프 송출구에 수격을 방지하는 체크밸브를 달아 역류를 막는다.)

• 에어챔버를 설치하여 축적하고 있는 압력에너지를 방출한다.

• 펌프의 속도가 급격히 변하는 것을 방지한다(회전체의 관성 모멘트를 크게 한다.).

6 공동 현상(캐비테이션)

펌프의 흡입측 배관 내의 물의 정압이 기존의 증기압보다 낮아져서 기포가 발생되는 현상으로, 펌프와 흡수면 사이의 수직 거리가 너무 길 때 관 속을 유동하고 있는 물속의 어느 부분이 고온일 수록 포화 증기압에 비례하여 상승할 때 발생한다.

• 소음과 진동 발생, 관 부식, 임펠러 손상, 펌프의 성능 저하를 유발한다.

• 양정 곡선과 효율 곡선의 저하, 깃의 침식, 펌프 효율 저하, 심한 충격을 발생시킨다.

❖ 방지
• 실양정이 크게 변동해도 토출량이 과대하게 증가하지 않도록 주의한다.

• 스톱밸브를 지양하고, 슬루스밸브를 사용하며, 펌프의 흡입 수두를 작게 한다.

• 유속을 3.5m/s 이하로 유지시키고, 펌프의 설치 위치를 낮춘다.

• 마찰 저항이 작은 흡인관을 사용하여 흡입관 손실을 줄인다.

• 펌프의 임펠러 속도(회전수)를 작게 한다(흡입 비교 회전도를 낮춘다.).

• 펌프의 설치 위치를 수원보다 낮게 한다.

• 양흡입 펌프를 사용한다(펌프의 흡입측을 가압한다.).

• 관 내 물의 정압을 그때의 증기압보다 높게 한다.

• 흡입관의 구경을 크게 하며, 배관을 완만하고 짧게 한다.

• 펌프를 2개 이상 설치한다.

• 유압 회로에서 기름의 정도는 800ct를 넘지 않아야 한다.

• 압축 펌프를 사용하고, 회전차를 수중에 완전히 잠기게 한다.

맥동 현상(서징 현상)

펌프, 송풍기 등이 운전 중 한숨을 쉬는 것과 같은 상태가 되어 펌프인 경우 입구와 출구의 진공계, 압력계의 지침이 흔들리고 동시에 송출 유량이 변화하는 현상이다. 즉, 송출 압력과 송출 유량 사이에 주기적인 변동이 발생하는 현상이다.

❖ 원인
- 펌프의 양정 곡선이 산고 곡선이고, 곡선의 산고 상승부에서 운전했을 때
- 배관 중에 수조가 있을 때 또는 기체 상태의 부분이 있을 때
- 유량 조절 밸브가 탱크 뒤쪽에 있을 때
- 배관 중에 물탱크나 공기탱크가 있을 때

❖ 방지
- 바이패스 관로를 설치하여 운전점이 항상 우향 하강 특성이 되도록 한다.
- 우향 하강 특성을 가진 펌프를 사용한다.
- 유량 조절 밸브를 기체 상태가 존재하는 부분의 상류에 설치한다.
- 송출측에 바이패스를 설치하여 펌프로 송출한 물의 일부를 흡입측으로 되돌려 소요량만큼 전방으로 송출한다.

8 축 추력

단흡입 회전차에 있어 전면 측벽과 후면 측벽에 작용하는 정압에 차이가 생기기 때문에 축 방향으로 힘이 작용하게 된다. 이것을 축 추력이라고 한다.

❖ 축 추력 방지법

• 양흡입형의 회전차를 사용한다.

• 평형공을 설치한다

• 후면 측벽에 방사상의 리브를 설치한다.

• 스러스트베어링을 설치하여 축추력을 방지한다.

• 다단 펌프에서는 단수만큼의 회전차를 반대 방향으로 배열하여 자기 평형시킨다.

• 평형 원판을 사용한다.

9 증기압

어떤 물질이 일정한 온도에서 열평형 상태가 되는 증기의 압력

- 증기압이 클수록 증발하는 속도가 빠르다.

- 분자의 운동이 커지면 증기압이 증가한다.

- 증기 분자의 질량이 작을수록 큰 증기압을 나타내는 경향이 있다.

- 기압계에 수은을 이용하는 것이 적합한 이유는 증기압이 낮기 때문이다.

- 쉽게 증발하는 휘발성 액체는 증기압이 높다.

- 증기압은 밀폐된 용기 내의 액체 표면을 탈출하는 증기의 양이 액체 속으로 재침투하는 증기의 양과 같을 때의 압력이다.

- 유동하는 액체 내부에서 압력이 증기압보다 낮아지면 액체가 기화하는 공동 현상이 발생한다.

- 액체의 온도가 상승하면 증기압이 증가한다.

- 증발과 응축이 평형상태일 때의 압력을 포화증기압이라고 한다.

🔟 냉동 능력, 미국 냉동톤, 제빙톤, 냉각톤, 보일러 마력

① 냉동 능력

단위 시간에 증발기에서 흡수하는 열량을 냉동 능력[kcal/hr]

- 냉동 효과: 증발기에서 냉매 1kg이 흡수하는 열량
- 1냉동톤(냉동 능력의 단위): 0도의 물 1톤을 24시간 이내에 0도의 얼음으로 바꾸는 데 제거해야 할 열량 및 그 능력

② 1USRT

32°F의 물 1톤(2,000lb)을 24시간 동안에 32°F의 얼음으로 만드는 데 제거해야 할 열량 및 그 능력

- 1미국 냉동톤(USRT): 3,024kcal/hr

③ 제빙톤

25℃의 물 1톤을 24시간 동안에 −9℃의 얼음으로 만드는 데 제거해야 할 열량 또는 그 능력(열손실은 20%로 가산한다)

- 1제빙톤: 1.65RT

④ 냉각톤

냉동기의 냉동 능력 1USRT당 응축기에서 제거해야 할 열량으로, 이때 압축기에서 가하는 엔탈피를 860kcal/hr라고 가정한다.

- 1 CRT: 3,884kcal/hr

⑤ 1보일러 마력

100℃의 물 15.65kg을 1시간 이내에 100℃의 증기로 만드는 데 필요한 열량

- 100℃의 물에서 100℃의 증기까지 만드는 데 필요한 증발 잠열: 539kcal/kg
- 1보일러 마력: $539 \times 15.65 = 8435.35$kcal/hr

❖ 용빙조: 얼음을 약간 녹여 탈빙하는 과정
❖ 얼음의 융해열: 0℃ 물 → 0℃ 얼음 또는 0℃ 얼음 → 0℃ 물 (79.68kcal/kg)

열전달 방법

두 물체의 온도가 평형이 될 때까지 고온에서 저온으로 열이 이동하는 현상이 열전달이다.

전도

물체가 접촉되어 있을 때 온도가 높은 물체의 분자 운동이 충돌이라는 과정을 통해 분자 운동이 느린 분자를 빠르게 운동시킨다. 즉, 열이 물체 속을 이동하는 일이다. 결국 고체 속 분자들의 충돌로 열을 전달시킨다(열전도도 순서는 고체, 액체, 기체의 순으로 작게 된다.).
• 고체 물체 내에서 발생하는 유일한 열전달이며, 고체, 액체, 기체에서 모두 발생할 수 있다.
• 철봉 한쪽을 가열하면 반대쪽까지 데워지는 것을 전도라고 한다.
• 매개체인 고체 물질, 즉 매질이 있어야 열이 이동할 수 있다.
• $Q = KA\left(\dfrac{dT}{dx}\right)$ (단, x: 벽 두께, K: 열전도계수, dT: 온도차)

대류

물질이 열을 가지고 이동하여 열을 전달하는 것이다.
• 라면을 끓일 때 냄비의 물을 가열하는 것, 방 안의 공기가 뜨거워지는 것
• 액체 또는 기체 상태의 물질이 열을 받으면 운동이 빨라지고 부피가 팽창하여 밀도가 작아진다. 상대적으로 가벼워지면서 상승하고, 반대로 위에 있던 물질은 상대적으로 밀도가 커 내려오는 현상을 말한다. 즉, 대류의 원인은 밀도차이다.
• $Q = hA(T_w - T_f)$ (단, h: 열대류 계수, A: 면적, T_w: 벽 온도, T_f: 유체의 온도)

복사

전자기파에 의해 열이 매질을 통하지 않고 고온 물체에서 저온 물체로 직접 열이 전달되는 현상이다. 그리고 온도차가 클수록 이동하는 열이 크다.
• 액체나 기체라는 매질 없이 바로 열만 이동하는 현상
• 태양열이 대표적 예이며, 태양열은 공기라는 매질 없이 지구에 도달한다. 즉, 우주 공간은 공기가 존재하지 않지만 지구의 표면까지 도달한다.

❖ 보온병의 원리
• 열을 차단하여 보온병의 물질 온도를 유지시킨다. 즉, 단열이다(열 차단).
• 열을 차단하여 단열한다는 것은 전도, 대류, 복사를 모두 막는 것이다.
① 보온병 속 유리로 된 이중벽이 진공 상태를 유지하므로 대류로 인한 열 출입이 없다.
② 유리병의 고정 지지대는 단열 물질로 만들어져 있다.
③ 보온병 내부는 은도금을 하여 복사에 의한 열을 최대한 줄인다.
④ 보온병의 겉부분은 금속이나 플라스틱 재질로 열전도율을 최소화시킨다.
⑤ 보온병의 마개는 단열 재료로 플라스틱 재질을 사용한다.

무차원 수

레이놀즈 수	관성력 / 점성력	누셀 수	대류계수 / 전도계수
프루드 수	관성력 / 중력	비오트 수	대류열전달 / 열전도
마하 수	속도 / 음속, 관성력 / 탄성력	슈미트 수	운동량계수 / 물질전달계수
코시 수	관성력 / 탄성력	스토크 수	중력 / 점성력
오일러 수	압축력 / 관성력	푸리에 수	열전도 / 열저장
압력계 수	정압 / 동압	루이스 수	열확산계수 / 질량확산계수
스트라홀 수	진동 / 평균속도	스테판 수	현열 / 잠열
웨버 수	관성력 / 표면장력	그라쇼프스	부력 / 점성력
프란틀 수	소산 / 전도 운동량전달계수 / 열전달계수	본드 수	중력 / 표면장력

• 레이놀즈 수
  충류와 난류를 구분해 주는 척도(파이프, 잠수함, 관 유동 등의 역학적 상사에 적용)

• 프루드 수
  자유 표면을 갖는 유동의 역학적 상사 시험에서 중요한 무차원 수
  (수력 도약, 개수로, 배, 댐, 강에서의 모형 실험 등의 역학적 상사에 적용)

• 마하 수
  풍동 실험의 압축성 유동에서 중요한 무차원 수

• 웨버 수
  물방울의 형성, 기체−액체 또는 비중이 서로 다른 액체−액체의 경계면, 표면 장력, 위어, 오
  리피스에서 중요한 무차원 수

• 레이놀즈 수와 마하 수
  펌프나 송풍기 등 유체 기계의 역학적 상사에 적용하는 무차원 수

• 그라쇼프 수
  온도 차에 의한 부력이 속도 및 온도 분포에 미치는 영향을 나타내거나 자연 대류에 의한 전열
  현상에 있어서 매우 중요한 무차원 수

• 레일리 수
  자연 대류에서 강도를 판별해 주거나 유체층 속에서 열대류가 일어나는지의 여부를 결정해 주
  는 매우 중요한 무차원 수

하중의 종류, 피로 한도, KS 규격별 기호

❖ 하중의 종류

① 사하중(정하중): 크기와 방향이 일정한 하중
② 동하중(활하중)
  • 연행 하중: 일련의 하중(등분포 하중), 기차 레일이 받는 하중
  • 반복 하중(편진 하중): 반복적으로 작용하는 하중
  • 교번 하중(양진 하중): 하중의 크기와 방향이 계속 바뀌는 하중(가장 위험한 하중)
  • 이동 하중: 작용점이 계속 바뀌는 하중(움직이는 자동차)
  • 충격 하중: 비교적 짧은 시간에 갑자기 작용하는 하중
  • 변동 하중: 주기와 진폭이 바뀌는 하중

❖ 피로 한도에 영향을 주는 요인

① **노치 효과**: 재료에 노치를 만들면 피로나 충격과 같은 외력이 작용할 때 집중응력이 발생하여 파괴되기 쉬운 성질을 갖게 된다.
② **치수 효과**: 취성 부재의 휨 강도, 인장 강도, 압축 강도, 전단 강도 등이 부재 치수가 증가함에 따라 저하되는 현상이다.
③ **표면 효과**: 부재의 표면이 거칠면 피로 한도가 저하되는 현상이다.
④ **압입 효과**: 노치의 작용과 내부 응력이 원인이며, 강압 끼워맞춤 등에 의해 피로 한도가 저하되는 현상이다.

❖ KS 규격별 기호

KS A	KS B	KS C	KS D
일반	기계	전기	금속
KS F	KS H	KS W	
토건	식료품	항공	

14 충돌

❖ 반발 계수에 대한 기본 정의

• 반발 계수: 변형의 회복 정도를 나타내는 척도이며, 0과 1 사이의 값이다.

• 반발 계수$(e) = \dfrac{\text{충돌 후 상대 속도}}{\text{충돌 전 상대 속도}} = -\dfrac{V_1' - V_2'}{V_1 - V_2} = \dfrac{V_2' - V_1'}{V_1 - V_2}$

$$\begin{pmatrix} V_1: \text{충돌 전 물체 1의 속도}, \ V_2: \text{충돌 전 물체 2의 속도} \\ V_1': \text{충돌 후 물체 1의 속도}, \ V_2': \text{충돌 후 물체 2의 속도} \end{pmatrix}$$

❖ 충돌의 종류

• 완전 탄성 충돌$(e = 1)$
 충돌 전후 전체 에너지가 보존된다. 즉, 충돌 전후의 운동량과 운동에너지가 보존된다.
 (충돌 전후 질점의 속도가 같다.)

• 완전 비탄성 충돌(완전 소성 충돌, $e = 0$)
 충돌 후 반발되는 것이 전혀 없이 한 덩어리가 되어 충돌 후 두 질점의 속도는 같다. 즉, 충돌
 후 상대 속도가 0이므로 반발 계수가 0이 된다. 또한, 전체 운동량은 보존되지만, 운동에너지는
 보존되지 않는다.

• 불완전 탄성 충돌(비탄성 충돌, $0 < e < 1$)
 운동량은 보존되지만, 운동에너지는 보존되지 않는다.

PART III 부록

열역학 법칙

❖ **열역학 제0법칙 [열평형 법칙]**

물체 A가 B와 서로 열평형 상태에 있다. 그리고 B와 C의 물체도 각각 서로 열평형 상태에 있다. 따라서 결국 A, B, C 모두 열평형 상태에 있다고 볼 수 있다.

❖ **열역학 제1법칙 [에너지 보존 법칙]**

고립된 계의 에너지는 일정하다는 것이다. 에너지는 다른 것으로 전환될 수 있지만 생성되거나 파괴될 수는 없다. 열역학적 의미로는 내부 에너지의 변화가 공급된 열에 일을 빼준 값과 동일하다는 말과 같다. 열역학 제1법칙은 제1종 영구 기관이 불가능함을 보여준다.

❖ **열역학 제2법칙 [에너지 변환의 방향성 제시]**

어떤 닫힌계의 엔트로피가 열적 평형 상태에 있지 않다면 엔트로피는 계속 증가해야 한다는 법칙이다. 닫힌계는 점차 열적 평형 상태에 도달하도록 변화한다. 즉, 엔트로피를 최대화하기 위해 계속 변화한다. 열역학 제2법칙은 제2종 영구 기관이 불가능함을 보여준다.

❖ **열역학 제3법칙**

어떤 방법으로도 어떤 계를 절대 온도 0K로 만들 수 없다. 즉, 카르노 사이클 효율에서 저열원의 온도가 0K라면 카르노 사이클 기관의 열효율은 100%가 된다. 하지만 절대 온도 0K는 존재할 수 없으므로 열효율 100%는 불가능하다. 즉, 절대 온도가 0K에 가까워지면, 계의 엔트로피도 0에 가까워진다.

❖ **열역학 제4법칙**

온사게르의 상반 법칙이라고 한다. 즉, 작용이 있으면 반작용이 있다는 것으로, 빛과 그림자에 대한 이야기를 말한다.

이 문제집을 풀면서 **열역학 법칙**에 관해 나온 모든 표현들을
꼭 이해하고 **암기**하길 바랍니다.

16 기타

❖ SI 기본 단위

차원	길이	무게	시간	전류	온도	몰질량	광도
단위	meter	kilogram	second	Ampere	Kelvin	mol	candella
표시	m	kg	s	A	K	mol	cd

❖ 단위의 지수

지수	10^{-24}	10^{-21}	10^{-18}	10^{-15}	10^{-12}	10^{-9}	10^{-6}	10^{-3}	10^{-2}	10^{-1}	10^0
접두사	yocto	zepto	atto	fento	pico	nano	micro	mili	centi	deci	
기호	y	z	a	f	p	n	μ	m	c	d	
지수	10^1	10^2	10^3	10^6	10^9	10^{12}	10^{15}	10^{18}	10^{21}	10^{24}	
접두사	deca	hecto	kilo	mega	giga	tera	peta	exa	zetta	yotta	
기호	da	h	k	M	G	T	P	E	Z	Y	

❖ 온도계의 예

현상	상태 변화	온도계 종류
복사 현상	열복사량	파이로미터(복사 온도계)
물질 상태 변화	물리적 및 화학적 상태	액정 온도계
형상 변화	길이 팽창, 체적 팽창	바이메탈, 이상기체, 유리막대 온도계
전기적 성질 변화	전기 저항 및 기전력	열전대, 서미스터, 저항 온도계

❖ 시스템의 종류

	경계를 통과하는 질량	경계를 통과하는 에너지 / 열과 일
밀폐계(폐쇄계)	×	○
고립계(절연계)	×	×
개방계	○	○

PART Ⅲ 부록

02 Q&A 질의응답

냉매의 임계온도가 높아야 하는 이유가 무엇인가요?

냉매는 증발기에서 피냉각물체의 열을 빼앗아 자신이 증발되고 피냉각물체는 열을 빼앗겨 온도가 감소해 냉동됩니다. 이것이 증발기에서 일어나는 냉동 과정입니다. 즉, 냉매는 피냉각물체로부터 빼앗는 열이 더 많으면 많을수록 냉동 효율이 좋은 것이기 때문에 냉매의 증발잠열은 커야 됩니다.

여기서 생각해봅시다.

임계온도는 임계점의 온도입니다. 만약에 냉매의 임계온도가 낮다면, 적당한 열을 가해 온도를 높여도 쉽게 임계점에 도달하게 될 것입니다. 즉, 임계점에 도달할수록 증발잠열은 0에 가까워질 것이고, 임계점을 넘어가면 증발구간 없이 바로 과열냉매증기로 상변화하게 될 것입니다. 다시 말해, 임계온도가 낮으면 적당한 열로도 임계점에 쉽게 도달하기 때문에 증발잠열이 작아지고 이 말은 증발구간 없이 바로 과열냉매증기로 될 가능성이 크다는 이야기입니다. 증발잠열이 작아지고 증발구간이 없다면, 냉매는 증발기에서 피냉각물체의 열을 빼앗을 수 있을까요? 없습니다. 즉, 냉매가 증발기에서 제 역할을 하지 못한다는 것이고 이는 냉동기의 효율을 저하시키게 될 것입니다.

Q

냉매의 구비조건에서 증발압력이 대기압보다 높은 이유가 무엇인가요? 냉매는 왜 대기압 이상에서 증발해야 하나요?

A

산에 올라가면 올라갈수록, 즉 높은 곳으로 올라갈수록 압력은 감소하게 됩니다. 보통 사람이 대기압하에 있다고 했을 때, 사람이 받는 압력은 사람 어깨 면적에 작용하는 공기 기둥의 무게라고 보시면 됩니다. 보통 공기가 대략 지면으로부터 10km 높이까지 분포해있다고 가정하면, 높이가 10km인 공기 기둥의 무게가 우리의 어깨 면적에 작용하고 있는 것입니다. 이것이 바로 우리가 받는 대기압이며 대기압하에 있다고 보는 것입니다. 이때, 우리가 높은 곳에 올라갈수록 10km였던 공기 기둥의 높이는 점점 감소하게 될 것입니다. 예를 들어, 1km의 산에 올라가면 우리 어깨 면적에 작용하는 공기 기둥의 높이는 9km가 되는 것입니다. 따라서 높이 올라갈수록, 공기 기둥의 높이가 작아져 공기 기둥의 무게가 감소하게 되고 이에 따라 압력이 감소하게 되는 것입니다.

그리고 포화압력과 포화온도는 비례 관계입니다. 물론, 선형적인 비례 관계는 아닙니다. 즉, 압력이 감소하게 되면, 포화온도가 낮아져 증발이 빨리 일어나게 됩니다. 그래서 산에서 밥을 지으면 물이 금방 끓어 밥이 설익게 되는 것이며, 뚜껑 위에 돌을 올려두어 압력을 높이면 이와 같은 현상을 방지할 수 있습니다.

자 그럼 냉매의 구비조건에서 증발압력이 대기압보다 높아야 하는 이유는 무엇일까요?

냉매는 냉동기 사이클을 돌면서 증발과 압축을 반복하게 되므로 상변화가 용이해야 합니다. 증발기에서 실질적인 냉동이 이루어집니다. 즉, 냉매액은 증발기에서 피냉각물체의 열을 빼앗아 자신은 증발하고 피냉각물체의 온도를 떨어뜨립니다. 여기서 만약, 증발압력이 대기압보다 낮다면, 포화온도가 낮아져 증발이 빨리 일어나게 되고 냉매액이 증발기에 들어가기 전에 외부의 미열로 인해 배관 내에서 냉매액 일부가 증발하게 될 가능성이 있습니다. 즉, 액체 상태로 증발기에 들어가야 할 냉매가 일부 증발되어 증발기에 들어가므로 피냉각물체로부터 열을 빼앗는 능력이 저하되게 됩니다. 따라서 증발기에서 냉동이 제대로 이루어지지 않습니다.

따라서 냉매의 구비조건에서 증발압력이 대기압보다 높아야 합니다.

강에 탄소함유량이 증가하면 왜 단단해질까요?

합금은 강도, 경도가 증가하지만 용융점, 전기전도도, 열전도도가 저하됩니다. 합금은 순금속에 특수 합금원소를 첨가하여 만든 것입니다. 즉, 탄소함유량이 증가했을 때, 용융점, 전기전도도, 열전도도가 저하되는 이유와 비슷하다고 보시면 됩니다.

그렇다면 왜 탄소함유량이 증가하면 경도, 강도가 커져 단단해질까요? 가장 큰 이유는 고용경화가 일어나기 때문입니다. 예를 들어, 18K 금반지와 24K 금반지 중에서 누가 더 단단할까요? 18K 금반지가 더 단단합니다. 이것과 관련된 현상이 바로 고용경화입니다. 고용경화는 순금속에 합금 원소를 첨가하여 고용체로 만들었을 때 현저하게 강도와 경도가 증가하는 현상입니다.

즉, 탄소함유량이 증가하면 경도, 강도가 커져 단단해지는 이유는 합금에서 고용경화가 발생하는 이유와 비슷합니다.

탄소함유량이 증가하면 왜 용융점이 저하되는 걸까요?

일반적으로 탄소함유량이 증가하면, 금속 내부에 불순물(≒탄소)이 많아진다고 생각하면 이해하기 쉽습니다. 순금속은 일반적으로 원자의 배열이 질서정연하지만, 탄소가 증가할수록 질서정연한 원자의 배열에 불순물(≒탄소)이 침입하여 불규칙한 배열이 됩니다. 따라서 열을 가했을 때 기존 질서정연한 원자의 배열보다 불규칙한 원자의 배열을 끊기 쉽습니다. 즉, 배열을 끊기 쉽다는 이야기는 녹이기 쉽다는 이야기이므로 탄소함유량이 증가하면 용융점이 저하되는 것입니다.

Q 순철의 유동성이 작은 이유는 무엇인가요?

A 순철의 용융점은 1,538℃으로, 열을 가해 녹이기 어렵습니다. 주철의 경우는 탄소함유량이 2.11~6.68%이므로 순철에 비해 용융점이 낮아 열을 가해 녹이기 쉽고, 이에 따라 주형틀에 녹여 흘려보내기 용이합니다. 그렇기 때문에 주철이 주물재료로 많이 사용되고, 반대로 순철은 용융점이 높아 녹이기 어려워 주형틀에 흘려보내기 곤란하고, 유동성이 작습니다.

또한 탄소함유량이 많아지면, 기존 순금속에 불순물(≒탄소)이 많아진다고 생각하시면 이해하기 편합니다. 순철은 탄소함유량이 0.02% 이하이기 때문에 불순물(≒탄소)이 적어 전기와 열이 통하는 데 큰 저항을 받지 않아 전기와 열이 잘 통하게 됩니다. 따라서 순철은 전기재료로 많이 사용됩니다.

Q 순철은 왜 열처리가 불량한가요?

A 열처리는 사용 목적에 따라 가열과 냉각을 반복해서 기계적 성질을 개선시키는 것입니다.

열처리의 목적은 그 종류에 따라 경화, 강인성 부여, 연화 등이 있지만, 궁극적인 목적은 재질을 경화시키는 것입니다. 순철은 탄소함유량이 0.02%이므로 열처리를 아무리 해도 재질의 경화 효과가 미미하기 때문에 열처리가 불량하며, 탄소함유량이 적어 물렁물렁한 성질(전연성)이 우수합니다.

피복제가 정확히 무엇인가요?

용접봉은 심선과 피복제(Flux)로 구성되어 있습니다. 그리고 피복제의 종류는 가스 발생식, 반가스 발생식, 슬래그 생성식이 있습니다.

우선, 용접입열이 가해지면 피복제가 녹으면서 가스 연기가 발생하게 됩니다. 그리고 그 연기가 용접하고 있는 부분을 덮어 대기 중으로부터의 산소와 질소로부터 차단해 주는 역할을 합니다. 따라서 산화물 또는 질화물이 발생하는 것을 방지해 줍니다. 또한, 대기 중으로부터 차단하여 용접 부분을 보호하고, 연기가 용접입열이 빠져나가는 것을 막아 주어 용착 금속의 냉각 속도를 지연시켜 급랭을 방지해 줍니다.

그리고 피복제가 녹아서 생긴 액체 상태의 물질을 용제라고 합니다. 이 용제도 용접부를 덮어 대기 중으로부터 보호하기 때문에 불순물이 용접부에 함유되는 것을 막아 용접 결함이 발생하는 것을 막아 주게 됩니다.

불활성 가스 아크 용접은 아르곤과 헬륨을 용접하는 부분 주위에 공급하여 대기로부터 보호합니다. 즉, 아르곤과 헬륨이 피복제의 역할을 하기 때문에 용제가 필요 없는 것입니다.

※ **용가제**: 용접봉과 같은 의미로 보면 됩니다.
※ **피복제의 역할**: 탈산 정련 작용, 전기 절연 작용, 합금 원소 첨가, 슬래그 제거, 아크 안정, 용착 효율을 높인다, 산화·질화 방지, 용착 금속의 냉각 속도 지연 등

Q

주철의 특징들을 어떻게 이해하면 될까요?

A

- 주철의 탄소함유량 2.11~6.68%부터 시작하겠습니다.

- 탄소함유량이 2.11~6.68% 이상이므로 용융점이 낮습니다. 우선 순철일수록 원자의 배열이 질서정연하기 때문에 녹이기 어렵습니다. 따라서 상대적으로 탄소 함유량이 많은 주철은 용융점이 낮아 녹이기 쉬워 유동성이 좋고, 이에 따라 주형 틀에 넣고 복잡한 형상으로 주조 가능합니다. 그렇기 때문에 주철이 주물 재료로 많이 사용되는 것입니다. 또한, 주철은 담금질, 뜨임, 단조가 불가능합니다. (🖊 암기: ㄷㄷㄷ ×)

- 탄소함유량이 많으므로 강, 경도가 큰 대신 취성이 발생합니다. 즉, 인성이 작고 충격값이 작습니다. 따라서 단조 가공 시 헤머로 타격하게 되면 취성에 의해 깨질 위험이 있습니다. 또한, 취성이 있어 가공이 어렵습니다. 가공은 외력을 가해 특정한 모양을 만드는 공정이므로 주철은 외력에 의해 깨지기 쉽기 때문입니다.

- 주철 내의 흑연이 절삭유의 역할을 하므로 주철은 절삭유를 사용하지 않으며, 절삭성이 우수합니다.

- 압축 강도가 우수하여 공작기계의 베드, 브레이크 드럼 등에 사용됩니다.

- 마찰 저항이 우수하며, 마찰차의 재료로 사용됩니다.

- 위에 언급했지만, 탄소함유량이 많으면 취성이 발생하므로 헤머로 두들겨서 가공하는 단조는 외력을 가하는 것이기 때문에 깨질 위험이 있어 단조가 불가능합니다. 그렇다면 단조를 가능하게 하려면 어떻게 해야 할까요? 취성을 줄이면 됩니다. 즉 인성을 증가시키거나 재질을 연화시키는 풀림 처리를 하면 됩니다. 따라서 가단 주철을 만들면 됩니다. 가단 주철이란 보통 주철의 여리고 약한 인성을 개선하기 위해 백주철을 장시간 풀림처리하여 시멘타이트를 소실시켜 연성과 인성을 확보한 주철을 말합니다.

※ 단조를 가능하게 하려면 "가단[단조를 가능하게] 주철을 만들어서 사용하면 됩니다."

마찰차의 원동차 재질이 종동차 재질보다 연한 재질인 이유가 무엇인가요?

마찰차는 직접 전동 장치, 직접적으로 동력을 전달하는 장치입니다.
즉, 원동차는 모터(전동기)로부터 동력을 받아 그 동력을 종동차에 전달합니다.

마찰차의 원동차를 연한 재질로 설계를 해야 모터로부터 과부하의 동력을 받았을 때 연한 재질로써 과부하에 의한 충격을 흡수할 수 있습니다. 만약 경한 재질이라면, 흡수보다는 마찰차가 파손되는 손상을 입거나 베어링에 큰 무리를 주게 됩니다.

결국, 원동차를 연한 재질로 만들어 마찰계수를 높이고 위와 같은 과부하에 의한 충격 등을 흡수하게 됩니다.

또한, 연한 재질뿐만 아니라 마찰차는 이가 없는 원통 형상의 원판을 회전시켜 동력을 전달하는 것이기 때문에 미끄럼이 발생합니다. 이 미끄럼에 의해 과부하에 의한 다른 부분의 손상을 방지할 수도 있다는 점을 챙기면 되겠습니다.

마찰차에서 축과 베어링 사이의 마찰이 커서 동력 손실과 베어링 마멸이 큰 이유는 무엇인가요?

원동차에 연결된 모터가 원동차에 공급하는 에너지를 100이라고 가정하겠습니다. 마찰차는 이가 없이 마찰로 인해 동력을 전달하는 직접 전동 장치이므로 미끄럼이 발생하게 됩니다. 따라서 동력을 전달하는 과정 중에 미끄럼으로 인한 에너지 손실이 발생할텐데, 그 손실된 에너지를 50이라고 가정하겠습니다. 이 손실된 에너지 50이 축과 베어링 사이에 전달되어 축과 베어링 사이의 마찰이 커지게 되고 이에 따라 베어링에 무리를 주게 됩니다.

※ 이가 없는 모든 전동 장치들은 통상적으로 대부분 미끄럼이 발생합니다.
※ 이가 있는 전동 장치(기어 등)는 이와 이가 맞물리기 때문에 미끄럼 없이 일정한 속비를 얻을 수 있습니다.

로딩(눈메움) 현상에 대해 궁금합니다.

로딩이란 기공이나 입자 사이에 연삭 가공에 의해 발생된 칩이 끼는 현상입니다. 따라서 연삭 숫돌의 표면이 무뎌지므로 연삭 능률이 저하되게 됩니다. 이를 개선하려면 드레서 공구로 드레싱을 하여 숫돌의 자생 과정을 시켜 새로운 예리한 숫돌 입자가 표면에 나올 수 있도록 유도하면 됩니다. 그렇다면, 로딩 현상의 원인을 알아보도록 하겠습니다.

김치찌개를 드시고 있다고 가정하겠습니다. 너무 맛있게 먹었기 때문에 이빨 틈새에 고춧가루가 끼겠습니다. '이빨 사이의 틈새＝입자들의 틈새'라고 보시면 됩니다.

이빨 틈새가 크다면 고춧가루가 끼지 않고 쉽게 통과하여 지나갈 것입니다. 하지만 이빨 사이의 틈새가 좁은 사람이라면, 고춧가루가 한 번 끼면 잘 빠지지도 않아 이쑤시개로 빼야 할 것입니다. 이것이 로딩입니다. 따라서 로딩은 조직이 미세하거나 치밀할 때 발생하게 됩니다. 또한, 원주 속도가 느릴 경우에는 입자 사이에 낀 칩이 잘 빠지지 않습니다. 원주 속도가 빨라야 입자 사이에 낀 칩이 원심력에 의해 밖으로 빠져나가 분리가 잘 되겠죠?

그리고 조직이 미세 또는 치밀하다는 것은 경도가 높다는 것과 동일합니다. 즉, 연삭 숫돌의 경도가 높을 때입니다. 실제 시험에서 공작물(일감)의 경도가 높을 때라고 보기에 나온 적이 있습니다. 틀린 보기입니다. 숫돌의 경도＞공작물의 경도일 때 로딩이 발생하게 되니 꼭 알아두세요.

또한, 연삭 깊이가 너무 크다. 생각해 보겠습니다. 연삭 숫돌로 연삭하는 깊이가 크다면 일감 깊숙이 파고 들어가 연삭하므로 숫돌 입자와 일감이 접촉되는 부분이 커집니다. 따라서 접촉 면적이 커진만큼 숫돌 입자가 칩에 노출되는 환경이 훨씬 커집니다. 다시 말해 입자 사이에 칩이 낄 확률이 더 커진다는 의미와 같습니다.

글레이징(눈 무딤) 현상에 대해 궁금합니다.

글레이징이란 입자가 탈락하지 않고 마멸에 의해 납작해지는 현상을 말합니다. 입자가 탈락해야 자생 과정을 통해 예리한 새로운 입자가 표면으로 나올텐데, 글레이징이 발생하면 입자가 탈락하지 않아 자생 과정이 발생하지 않으므로 숫돌 입자가 무뎌져 연삭 가공을 진행하는 데 있어 효율이 저하됩니다.

그렇다면 글레이징의 원인은 어떻게 될까요? 총 3가지가 있습니다.

① 원주 속도가 빠를 때
② 결합도가 클 때
③ 숫돌과 일감의 재질이 다를 때(불균일할 때)

원주 속도가 빠르면 숫돌의 결합도가 상승하게 됩니다.
원주 속도가 빠르면 숫돌의 회전 속도가 빠르다는 것, 결국 빠르면 빠를수록 숫돌을 구성하고 있는 입자들은 원심력에 의해 밖으로 튕겨져 나가려고 할 것입니다. 이러한 과정이 발생하면서 입자와 입자들이 서로 밀착하게 되고, 이에 따라 조직이 치밀해지게 됩니다.
따라서 원주 속도가 빠르다 → 입자들이 치밀 → 결합도 증가

결합도는 자생 과정과 가장 관련이 있습니다. 자생 과정이란 입자가 무뎌지면 자연스럽게 입자가 탈락하고 벗겨지면서 새로운 입자가 표면에 등장하는 것입니다. 결합도가 크다면 연삭 숫돌이 단단하여 자생 과정이 잘 발생하지 않습니다. 즉, 입자가 탈락하지 않고 계속적으로 마멸에 의해 납작해져서 글레이징 현상이 발생하게 되는 것입니다.

Q

열간 가공에 대한 특징이 궁금합니다.

A

열간 가공은 재결정 온도 이상에서 가공하는 것이기 때문에 재결정을 시키고 가공하는 것을 말합니다. 재결정을 시켰다는 것은 새로운 결정핵이 생성되었다는 것을 말합니다. 새로운 결정핵은 크기도 작고 매우 무른 상태이기 때문에 강도가 약합니다. 따라서 연성이 우수한 상태이므로 가공도가 커지게 되며 가공 시간이 빨라지므로 열간 가공은 대량 생산에 적합합니다.

또한, 새로운 결정핵(작은 미세한 결정)이 발생했다는 것 자체를 조직의 미세화 효과가 있다고 말합니다. 따라서 냉간 가공은 조직 미세화라는 표현이 맞고, 열간 가공은 조직 미세화 효과라는 표현이 맞습니다. 그리고 재결정 온도 이상으로 장시간 유지하면 새로운 신결정이 성장하므로 결정립이 커지게 됩니다. 이것을 조대화라고 보며, 성장하면서 배열을 맞추므로 재질의 균일화라고 표현합니다.

Q

열간 가공이 냉간 가공보다 마찰계수가 큰 이유가 무엇인가요?

A

책에 동전을 올려두고 서서히 경사를 증가시킨다고 가정합니다. 어느 순간 동전이 미끄러질텐데, 이때의 각도가 바로 마찰각입니다. 열간 가공은 높은 온도에서 가공하므로 일감 표면이 산화가 발생하여 표면이 거칩니다. 따라서 동전이 미끄러지는 순간의 경사각이 더 클 것입니다. 즉, 마찰각이 크기 때문에 아래 식에 의거하여 마찰계수도 커지게 됩니다.

$\mu = \tan \rho$ (단, μ: 마찰계수, ρ: 마찰각)

영구 주형의 가스 배출이 불량한 이유는 무엇인가요?

금속형 주형을 사용하기 때문에 표면이 차갑습니다. 따라서 급냉이 되므로 용탕에서 발생된 가스가 주형에서 배출되기 전에 급냉으로 인해 응축되어 가스 응축액이 생깁니다. 따라서 가스 배출이 불량하며, 이 가스 응축액이 용탕 내부로 흡입되어 결함을 발생시킬 수 있으며, 내부가 거칠게 되는 것입니다.

압축 잔류 응력이 피로 한도와 피로 수명을 증가시키는 이유가 무엇인가요?

잔류 응력이란 외력을 가한 후 제거해도 재료 표면에 남아 있게 되는 응력을 말합니다. 잔류 응력의 종류에는 인장 잔류 응력과 압축 잔류 응력 2가지가 있습니다.

인장 잔류 응력은 재료 표면에 남아 표면의 조직을 서로 바깥으로 당기기 때문에 표면에 크랙을 유발할 수 있습니다.

반면에 압축 잔류 응력은 표면의 조직을 서로 밀착시키기 때문에 조직을 강하게 만듭니다. 따라서 압축 잔류 응력이 피로 한도와 피로 수명을 증가시킵니다.

Q

숏피닝에서 압축 잔류 응력이 발생하는 이유는 무엇인가요?

A

숏피닝은 작은 강구를 고속으로 금속 표면에 분사합니다. 이때 표면에 충돌하게 되면 충돌 부위에 변형이 생기고, 그 강도가 일정 에너지를 넘게 되면 변형이 회복되지 않는 소성 변형이 일어나게 됩니다. 이 변형층과 충돌 영향을 받지 않는 금속 내부와 힘의 균형을 맞추기 위해 표면에는 압축 잔류 응력이 생성되게 됩니다.

Q

냉각쇠의 역할, 냉각쇠를 주물 두께가 두꺼운 곳에 설치하는 이유, 주형 하부에 설치하는 이유는 각각 무엇인가요?

A

냉각쇠는 주물 두께에 따른 응고 속도 차이를 줄이기 위해 사용합니다. 어떤 주물을 주형에 넣어 냉각시키는 데 있어 주물 두께가 다른 부분이 있다면, 두께가 얇은 쪽이 먼저 응고되면서 수축하게 됩니다. 따라서 그 부분은 쇳물의 부족으로 인해 수축공이 발생하게 됩니다. 따라서 주물 두께가 두꺼운 부분에 냉각쇠를 설치하여 두꺼운 부분의 응고 속도를 증가시킵니다. 결국, 주물 두께 차이에 따른 응고 속도를 줄일 수 있으므로 수축공을 방지할 수 있습니다.

또한, 냉각쇠는 종류로는 핀, 막대, 와이어가 있으며, 주형보다 열흡수성이 좋은 재료를 사용합니다. 그리고 고온부와 저온부가 동시에 응고되도록 또는 두꺼운 부분과 얇은 부분이 동시에 응고되도록 하는 목적으로 설치하는 것임을 다시 설명드리겠습니다.

그리고 마지막으로 가장 중요한 것으로 냉각쇠(chiller)는 가스 배출을 고려하여 주형의 상부보다는 하부에 부착해야 합니다. 만약, 상부에 부착한다면 가스는 주형 위로 배출되려고 하다가 상부에 부착된 냉각쇠에 의해 빠르게 냉각되면서 응축하여 가스액이 되고, 그 가스액이 주물 내부로 떨어져 결함을 발생시킬 수 있습니다.

리벳 이음은 경합금과 같이 용접이 곤란한 접합에 유리하다고 알고 있습니다. 그렇다면 경합금이 용접이 곤란한 이유가 무엇인가요?

경합금은 일반적으로 철과 비교했을 때 열팽창 계수가 매우 큽니다. 그렇기 때문에 용접을 하게 된다면, 뜨거운 용접 입열에 의해 열팽창이 매우 크게 발생할 것입니다. 즉, 경합금을 용접하면 열팽창 계수가 매우 크기 때문에 열적 변형이 발생할 가능성이 큽니다. 따라서 경합금과 같은 재료는 용접보다는 리벳 이음을 활용해야 신뢰도가 높습니다.

그리고 한 가지 더 말씀드리면 알루미늄을 예로 생각해보겠습니다. 용접할 때 가열하면 금방 순식간에 녹아버릴 수 있습니다. 따라서 용접 온도를 적정하게 잘 맞춰야 하는데, 이것 또한 매우 어려운 일이므로 경합금과 같은 재료는 용접이 곤란합니다.

물론, 경합금이 용접이 곤란한 것이지 불가능한 것은 아닙니다. 노하우를 가진 숙련공들이 같은 용접 속도로 서로 반대 대칭되어 신속하게 용접하면 팽창에 의한 변형이 서로 반대에서 상쇄되므로 용접을 할 수 있습니다.

Q 터빈의 단열 효율이 증가하면 건도가 감소하는 이유가 무엇인가요?

A 우선, 터빈의 단열 효율이 증가한다는 것은 터빈의 팽창일이 증가하는 것을 의미합니다.

T−S선도에서 터빈 구간의 일이 증가한다는 것은 2~3번 구간의 길이가 늘어난다는 것을 의미합니다. 길이가 늘어남에 따라 T−S선도 상의 면적은 증가하게 될 것입니다.

T−S선도에서 면적은 열량을 의미합니다. 보일러에 공급하는 열량은 일정하기 때문에 면적도 그 전과 동일해야 합니다.

2~3번 구간의 길이가 늘어나 면적이 늘어난 만큼, 열량이 동일해야 하므로 2~3번 구간은 좌측으로 이동하게 될 것입니다. 이에 따라 3번 터빈 출구점은 습증기 구간에 들어가 건도가 감소하게 되며, 습분이 발생하여 터빈 깃이 손상됩니다.

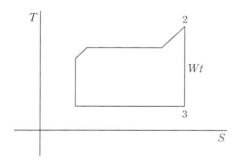

공기의 비열비가 온도가 증가할수록 감소하는 이유는 무엇인가요?

우선, 비열비＝정압 비열/정적 비열입니다.
※ **정적 비열**: 정적하에서 완전 가스 1kg을 1℃ 올리는 데 필요한 열량

온도가 증가할수록 기체의 분자 운동이 활발해져 기체의 부피가 늘어나게 됩니다.

부피가 작은 상태보다 부피가 큰 상태일 때, 열을 가해 온도를 올리기가 더 어려울 것입니다. 따라서 동일한 부피하에서 1℃ 올리는 데 더 많은 열량이 필요하게 됩니다. 즉, 온도가 증가할수록 부피가 늘어나고 늘어난 만큼 온도를 올리기 어렵기 때문에 더 많은 열량이 필요하다는 것입니다. 이 말은 정적 비열이 증가한다는 의미입니다.

따라서 비열비는 정압 비열/정적 비열이므로 온도가 증가할수록 감소합니다.

정압 비열에 상관없이 상대적으로 정적 비열의 증가분에 의한 영향이 더 크다고 보시면 되겠습니다.

Q

냉매의 구비 조건을 이해하고 싶습니다.

A

❖ **냉매의 구비 조건**
① 증발 압력이 대기압보다 크고, 상온에서도 비교적 저압에서 액화될 것
② 임계 온도가 높고, 응고온도가 낮을 것, 비체적이 작을 것
★③ 증발 잠열이 크고, 액체의 비열이 작을 것(자주 문의되는 조건)
④ 불활성으로 안전하며, 고온에서 분해되지 않고, 금속이나 패킹 등 냉동기의 구성 부품을 부식, 변질, 열화시키지 않을 것
⑤ 점성이 작고, 열전도율이 좋으며, 동작 계수가 클 것
⑥ 폭발성, 인화성이 없고, 악취나 자극성이 없어 인체에 유해하지 않을 것
⑦ 표면 장력이 작고, 값이 싸며, 구하기 쉬울 것

③ 증발 잠열이 크고, 액체의 비열이 작을 것
우선 냉매란 냉동 시스템 배관을 돌아다니면서 증발, 응축의 상변화를 통해 열을 흡수하거나 피냉각체로부터 열을 빼앗아 냉동시키는 역할을 합니다. 구체적으로 증발기에서 실질적 냉동의 목적이 이루어집니다.

냉매는 피냉각체로부터 열을 빼앗아 냉매 자신은 증발이 되면서 피냉각체의 온도를 떨어뜨립니다. 즉, 증발 잠열이 커야 피냉각체(공기 등)으로부터 열을 많이 흡수하여 냉동의 효과가 더욱 증대되게 됩니다. 그리고 액체 비열이 작아야 응축기에서 빨리 열을 방출하여 냉매 가스가 냉매액으로 응축됩니다. 각 구간의 목적을 잘 파악하면 됩니다.

※ **비열**: 어떤 물질 1kg을 1℃ 올리는 데 필요한 열량
※ **증발 잠열**: 온도의 변화 없이 상변화(증발)하는 데 필요한 열량

펌프 효율과 터빈 효율을 구할 때, 이론과 실제가 반대인 이유가 무엇인가요?

펌프 효율 $\eta_p = \dfrac{\text{이론적인 펌프일}(W_p)}{\text{실질적인 펌프일}(W_{p'})}$

터빈 효율 $\eta_t = \dfrac{\text{실질적인 터빈일}(W_{t'})}{\text{이론적인 터빈일}(W_t)}$

우선, 효율은 100% 이하이기 때문에 분모가 더 큽니다.

① 펌프는 외부로부터 전력을 받아 운전됩니다.
이론적으로 펌프에 필요한 일이 100이라고 가정하겠습니다. 이론적으로는 100이 필요하지만, 실제 현장에서는 슬러지 등의 찌꺼기 등으로 인해 배관이 막히거나 또는 임펠러가 제대로 된 회전을 할 수 없을 때도 있습니다. 따라서 유체를 송출하기 위해서는 더 많은 전력이 소요될 것입니다. 즉, 이론적으로는 100이 필요하지만 실제 상황에서는 여러 악조건이 있기 때문에 100보다 더 많은 일이 소요되게 됩니다. 결국, 펌프의 효율은 위와 같이 실질적인 펌프일이 분모로 가게 되어 효율이 100% 이하로 도출되게 됩니다.

② 터빈은 과열 증기가 터빈 블레이드를 때려 팽창일을 생산합니다.
이론적으로는 100이라는 팽창일이 얻어지겠지만, 실제 상황에서는 배관의 손상으로 인해 증기가 누설될 수 있어 터빈 출력에 영향을 줄 수 있습니다. 이러한 이유 등으로 인해 실제 터빈일은 100보다 작습니다. 결국, 터빈의 효율은 위와 같이 이론적 터빈일이 분모로 가게 되어 효율이 100% 이하로 도출되게 됩니다.

Q

체인 전동은 초기 장력을 줄 필요가 없다고 하는데, 그 이유가 무엇인가요?

A

우선 벨트 전동과 관련된 초기 장력에 대해 알아보도록 하겠습니다.

벨트 전동에서 동력 전달에 필요한 충분한 마찰을 얻기 위해 정지하고 있을 때 미리 벨트에 장력을 주고 이 상태에서 풀리를 끼웁니다. 이때 준 장력이 초기 장력입니다.

벨트 전동을 하기 전에 미리 장력을 줘야 탱탱한 벨트가 되고, 이에 따라 벨트와 림 사이에 충분한 마찰력을 얻어 그 마찰로 동력을 전달할 수 있습니다.

참고 $초기 \ 장력 = \dfrac{T_t(긴장측 \ 장력) + T_s(이완측 \ 장력)}{2}$

※ 유효 장력: 동력 전달에 꼭 필요한 회전력
참고 $유효 \ 장력 = T_t(긴장측 \ 장력) - T_s(이완측 \ 장력)$

하지만 체인 전동은 초기 장력을 줄 필요가 없어 정지 시에 장력이 작용하지 않고 베어링에도 하중이 작용하지 않습니다. 그 이유는 벨트는 벨트와 림 사이에 발생하는 마찰력으로 동력을 전달하기 때문에 정지 시에 미리 벨트가 탱탱하도록 만들어 마찰을 발생시키기 위해 초기 장력을 가하지만 체인 전동은 스프로킷 휠과 링크가 서로 맞물려서 동력을 전달하기 때문에 초기 장력을 줄 필요가 없습니다. 따라서 동력 전달 방법의 방식이 다르기 때문입니다. 또한, 체인 전동은 스프로킷 휠과 링크가 서로 맞물려 동력을 전달하므로 미끄럼이 없고, 일정한 속비도 얻을 수 있습니다.

실루민이 시효 경화성이 없는 이유가 무엇인가요?

❖ 실루민
- Al−Si계 합금
- 공정 반응이 나타나고, 절삭성이 불량하며, 시효 경화성이 없다.

❖ 실루민이 시효 경화성이 없는 이유

일반적으로 구리(Cu)는 금속 내부의 원자 확산이 잘 되는 금속입니다. 즉, 장시간 방치해도 구리가 석출되어 경화가 됩니다. 따라서 구리가 없는 Al−Si계 합금인 실루민은 시효 경화성이 없습니다.

Tip 구리가 포함된 합금은 대부분 시효 경화성이 있다고 보면 됩니다.

※ 시효 경화성이 있는 것: 황동, 강, 두랄루민, 라우탈, 알드레이, Y합금 등

Q

직류 아크 용접에서 자기 불림 현상이 발생하는 이유가 무엇인가요?

A

자기 불림(Arc blow)은 아크 쏠림 현상을 말합니다. 보통 직류 아크 용접에서 발생하는 현상입니다.

그 이유는 전류가 흐르는 도체 주변에는 용접 전류 때문에 아크 주위에 자계가 발생합니다. 이 자계가 용접봉에 비대칭 되어 아크가 특정한 한 방향으로 쏠리는 불안정한 현상이 자기 불림 현상입니다.

결국 자계가 용접 일감의 모양이나 아크의 위치에 관련하여 비대칭이 되어 아크가 특정한 한 방향으로 쏠려 불안정하게 됩니다.

간단하게 요약하자면, 자기 불림은 직류 아크 용접에서 많이 발생되며, 교류는 +, − 위 아래로 파장이 있어 아크가 한 방향으로 쏠리지 않습니다.

따라서 자기 불림 현상을 방지하려면 대표적으로 교류를 사용하면 됩니다.

지금까지 오픈 채팅방과 블로그를 통해 가장 많이 받았던 질문들로 구성하였습니다.
암기가 아닌 **이해**와 **원리**를 통해 공부하면 더욱더 재미있고
직무면접에서도 큰 도움이 될 것입니다!

03 3역학 공식 모음집

1 재료역학 공식

① 전단 응력, 수직 응력

$\tau = \dfrac{P_s}{A}$, $\sigma = \dfrac{P}{A}$ (P_s: 전단 하중, P: 수직 하중)

② 전단 변형률

$\gamma = \dfrac{\lambda_s}{l}$ (λ_s: 전단 변형량)

③ 수직 변형률

$\varepsilon = \dfrac{\Delta l}{l}$, $\varepsilon' = \dfrac{\Delta D}{D}$ (Δl: 세로 변형량, ΔD: 가로 변형량)

④ 푸아송의 비

$\mu = \dfrac{\varepsilon'}{\varepsilon} = \dfrac{\Delta l \cdot D}{l \cdot \Delta D} = \dfrac{1}{m}$ (m: 푸아송 수)

⑤ 후크의 법칙

$\sigma = E \times \varepsilon$, $\tau = G \times \gamma$ (E: 종탄성 계수, G: 횡탄성 계수)

⑥ 길이 변형량

$\lambda_s = \dfrac{P_s l}{AG}$, $\Delta l = \dfrac{Pl}{AE}$ (λ_s: 전단 하중에 의한 변형량, Δl: 수직 하중에 의한 변형량)

⑦ 단면적 변형률

$\varepsilon_A = 2\mu\varepsilon$

⑧ 체적 변형률

$$\varepsilon_v = \varepsilon(1-2\mu)$$

⑨ 탄성 계수의 관계

$$mE = 2G(m+1) = 3K(m-2)$$

⑩ 두 힘의 합성

$$F = \sqrt{F_1^2 + F_2^2 + 2F_1F_2\cos\theta}$$

⑪ 세 힘의 합성(라미의 정리)

$$\frac{F_1}{\sin\theta_1} = \frac{F_2}{\sin\theta_2} = \frac{F_3}{\sin\theta_3}$$

⑫ 응력 집중

$$\sigma_{\max} = \alpha \times \sigma_n \ (\alpha: \text{응력 집중 계수}, \ \sigma_n: \text{공칭 응력})$$

⑬ 응력의 관계

$$\sigma_w \leq \sigma_\sigma = \frac{\sigma_u}{S} \ (\sigma_w: \text{사용 응력}, \ \sigma_\sigma: \text{허용 응력}, \ \sigma_u: \text{극한 응력})$$

⑭ 병렬 조합 단면의 응력

$$\sigma_1 = \frac{PE_1}{A_1E_1 + A_2E_2}, \ \sigma_2 = \frac{PE_2}{A_1E_1 + A_2E_2}$$

⑮ 자중을 고려한 늘음량

$$\delta_w = \frac{\gamma l^2}{2E} = \frac{\omega l}{2AE} \ (\gamma: \text{비중량}, \ \omega: \text{자중})$$

⑯ 충격에 의한 응력과 늘음량

$$\sigma = \sigma_0\left\{1 + \sqrt{1 + \frac{2h}{\lambda_0}}\right\}, \ \lambda = \lambda_0\left\{1 + \sqrt{1 + \frac{2h}{\lambda_0}}\right\} \ (\sigma_0: \text{정적 응력}, \ \lambda_0: \text{정적 늘음량})$$

⑰ 탄성 에너지

$$u = \frac{\sigma^2}{2E}, \ U = \frac{1}{2}P\lambda = \frac{\sigma^2 Al}{2E}$$

⑱ 열응력

$$\sigma = E\varepsilon_{th} = E \times \alpha \times \varDelta T \ (\varepsilon_{th}: \text{열변형률}, \ \alpha: \text{선팽창 계수})$$

⑲ 얇은 회전체의 응력

$$\sigma_y = \frac{\gamma v^2}{g} \ (\gamma: \text{비중량}, \ v: \text{원주 속도})$$

⑳ 내압을 받는 얇은 원통의 응력

$$\sigma_y = \frac{PD}{2t}, \ \sigma_x = \frac{PD}{4t} \ (P: \text{내압력}, \ D: \text{내경}, \ t: \text{두께})$$

㉑ 단순 응력 상태의 경사면 전단 응력

$$\tau = \frac{1}{2}\sigma_x \sin 2\theta$$

㉒ 단순 응력 상태의 경사면 전단 응력

$$\sigma_n = \sigma_x \cos^2 \theta$$

㉓ 2축 응력 상태의 경사면 전단 응력

$$\tau = \frac{1}{2}(\sigma_x - \sigma_y)\sin 2\theta$$

㉔ 2축 응력 상태의 경사면 수직응력

$$\sigma_n{}' = \frac{1}{2}(\sigma_x + \sigma_y) + \frac{1}{2}(\sigma_x - \sigma_y)\cos 2\theta$$

㉕ 평면 응력 상태의 최대, 최소 주응력

$$\sigma_{1,\,2} = \frac{1}{2}(\sigma_x + \sigma_y) \pm \frac{1}{2}\sqrt{(\sigma_x - \sigma_y)^2 + 4\tau^2}$$

㉖ 토크와 전단 응력의 관계

$$T = \tau \times Z_p = \tau \times \frac{\pi d^3}{16}$$

㉗ 토크와 동력과의 관계

$$T = 716.2 \times \frac{H}{N} \, [\text{kg} \cdot \text{m}] \; \text{단}, \; H[\text{PS}]$$

$$T = 974 \times \frac{H'}{N} \, [\text{kg} \cdot \text{m}] \; \text{단}, \; H'[\text{kW}]$$

㉘ 비틀림각

$$\theta = \frac{TL}{GI_p} \, [\text{rad}] \; (G: \text{횡탄성 계수})$$

㉙ 굽힘에 의한 응력

$$M = \sigma Z, \; \sigma = E\frac{y}{\rho}, \; \frac{1}{\rho} = \frac{M}{EI} = \frac{\sigma}{Ee} \; (\rho: \text{주름 반경}, \; e: \text{중립축에서 끝단까지 거리})$$

㉚ 굽힘 탄성 에너지

$$U = \int \frac{M_x^2 dx}{2EI}$$

㉛ 분포 하중, 전단력, 굽힘 모멘트의 관계

$$\omega = \frac{dF}{dx} = \frac{d^2M}{dx^2}$$

㉜ 처짐 곡선의 미분 방정식

$$EIy'' = -M_x$$

㉝ 면적 모멘트법

$$\theta = \frac{A_m}{E}, \; \delta = \frac{A_m}{E}\overline{x}$$

$(\theta: \text{굽힘각}, \; \delta: \text{처짐량}, \; A_m: \text{BMD의 면적}, \; \overline{x}: \text{BMD의 도심까지의 거리})$

③④ 스프링 지수, 스프링 상수

$$C = \frac{D}{d}, \ K = \frac{P}{\delta} \ (D: \text{평균 지름}, \ d: \text{소선의 직각 지름}, \ P: \text{하중}, \ \delta: \text{처짐량})$$

③⑤ 등가 스프링 상수

$$\frac{1}{K_{eq}} = \frac{1}{K_1} + \frac{1}{K_2} \ \Rightarrow \ \text{직렬 연결}$$

$$K_{eq} = K_1 + K_2 \ \Rightarrow \ \text{병렬 연결}$$

③⑥ 스프링의 처짐량

$$\delta = \frac{8PD^3n}{Gd^4} \ (G: \text{횡탄성 계수}, \ n: \text{감김 수})$$

③⑦ 3각 판스프링의 응력과 늘음량

$$\sigma = \frac{6Pl}{nbh^2}, \ \delta_{\max} = \frac{6Pl^3}{nbh^3E} \ (n: \text{판의 개수}, \ b: \text{판목}, \ E: \text{종탄성 계수})$$

③⑧ 겹판 스프링의 응력과 늘음량

$$\eta = \frac{3Pl}{2nbh^2}, \ \delta_{\max} = \frac{3P'l^3}{8nbh^3E}$$

③⑨ 핵반경

원형 단면 $a = \dfrac{d}{8}$, 사각형 단면 $a = \dfrac{b}{6}, \ \dfrac{h}{6}$

④⓪ 편심 하중을 받는 단주의 최대 응력

$$\sigma_{\max} = \frac{P}{A} + \frac{M}{Z}$$

④① 오일러(Euler)의 좌굴 하중 공식

$$P_B = \frac{n\pi^2EI}{l^2} \ (n: \text{단말 계수})$$

⑫ 세장비

$$\lambda = \frac{l}{K} \ (l : \text{기둥의 길이}) \qquad K = \sqrt{\frac{I}{A}} \ (K : \text{최소 회전 반경})$$

⑬ 좌굴 응력

$$\sigma_B = \frac{P_B}{A} = \frac{n\pi^2 E}{\lambda^2}$$

❖ 평면의 성질 공식 정리

	공식	표현	도형의 종류		
			사각형	중심축	중공축
단면 1차 모멘트	$\bar{y} = \dfrac{A_1 y_1 + A_2 y_2}{A_1 + A_2}$ $\bar{x} = \dfrac{A_1 x_1 + A_2 x_2}{A_1 + A_2}$	$Q_y = \displaystyle\int x\,dA$ $Q_x = \displaystyle\int y\,dA$	$\bar{y} = \dfrac{h}{2}$ $\bar{x} = \dfrac{b}{2}$	$\bar{y} = \bar{x} = \dfrac{d}{2}$	내외경 비 $x = \dfrac{d_1}{d_2}$ $(d_1 : \text{내경}, \ d_2 : \text{외경})$
단면 2차 모멘트	$K_x = \sqrt{\dfrac{I_x}{A}}$ $K_y = \sqrt{\dfrac{I_y}{A}}$	$I_x = \displaystyle\int y^2\,dA$ $I_y = \displaystyle\int x^2\,dA$	$I_x = \dfrac{bh^3}{12}$ $I_y = \dfrac{hb^3}{12}$	$I_x = I_y$ $= \dfrac{\pi d^4}{64}$	$I_x = I_y$ $= \dfrac{\pi d_2^{\,4}}{64}(1 - x^4)$
극단면 2차 모멘트	$I_p = I_x + I_y$	$I_p = \displaystyle\int r^2\,dA$	$I_p = \dfrac{bh}{12}(b^2 + h^2)$	$I_p = \dfrac{\pi d^4}{32}$	$I_p = \dfrac{\pi d_2^{\,4}}{32}(1 - x^4)$
단면 계수	$Z = \dfrac{M}{\sigma_b}$	$Z = \dfrac{I_x}{e_x}$	$Z_x = \dfrac{bh^2}{6}$ $Z_y = \dfrac{hb^2}{6}$	$Z_x = Z_y$ $= \dfrac{\pi d^3}{32}$	$Z_x = Z_y$ $= \dfrac{\pi d_2^{\,3}}{32}(1 - x^4)$
극단면 계수	$Z_p = \dfrac{T}{\tau_a}$	$Z_p = \dfrac{I_p}{e_p}$	-	$Z_p = \dfrac{\pi d^4}{16}$	$Z_p = \dfrac{\pi d_2^{\,3}}{16}(1 - x^4)$

❖ 보의 정리

보의 종류	반력	최대 굽힘 모멘트 $M_{\max}$	최대 굽힘각 $\theta_{\max}$	최대 처짐량 $\delta_{\max}$
M_0 (캔틸레버, 끝모멘트)	–	M_0	$\dfrac{M_0 l}{EI}$	$\dfrac{M_0 l^2}{2EI}$
P (캔틸레버, 끝하중)	$R_b = P$	Pl	$\dfrac{Pl^2}{2EI}$	$\dfrac{Pl^3}{3EI}$
ω (캔틸레버, 등분포)	$R_b = \omega l$	$\dfrac{\omega l^2}{2}$	$\dfrac{\omega l^3}{6EI}$	$\dfrac{\omega l^4}{8EI}$
M_0 (단순보, 끝모멘트)	$R_a = R_b = \dfrac{M_0}{l}$	M_0	$\theta_A = \dfrac{M_0 l}{3EI}$ $\theta_B = \dfrac{M_0 l}{6EI}$	$x = \dfrac{l}{\sqrt{3}}$ 일 때 $\dfrac{M_0 l^2}{9\sqrt{3}EI}$
P (단순보, 중앙집중)	$R_a = R_b = \dfrac{P}{2}$	$\dfrac{Pl}{4}$	$\dfrac{Pl^2}{16EI}$	$\dfrac{Pl^3}{48EI}$
P, C, a, b (단순보, 편심집중)	$R_a = \dfrac{Pb}{l}$ $R_b = \dfrac{Pa}{l}$	$\dfrac{Pab}{l}$	$\theta_A = \dfrac{Pab(l+b)}{6lEI}$ $\theta_B = \dfrac{Pab(l+a)}{6lEI}$	$\delta_c = \dfrac{Pa^2 b^2}{3lEI}$
ω (단순보, 등분포)	$R_a = R_b = \dfrac{\omega l}{2}$	$\dfrac{\omega l^2}{8}$	$\dfrac{\omega l^3}{24EI}$	$\dfrac{5\omega l^4}{384EI}$
ω (단순보, 삼각분포)	$R_a = \dfrac{\omega l}{6}$ $R_b = \dfrac{\omega l}{3}$	$\dfrac{\omega l^2}{9\sqrt{3}}$	–	–

보의 종류	반력	최대 굽힘 모멘트 $M_{\max}$	최대 굽힘각 $\theta_{\max}$	최대 처짐량 $\delta_{\max}$
	$R_a = \dfrac{5P}{16}$ $R_b = \dfrac{11P}{16}$	$M_B = M_{\max}$ $= \dfrac{3}{16}Pl$	–	–
	$R_a = \dfrac{3\omega l}{8}$ $R_b = \dfrac{5\omega l}{8}$	$\dfrac{9\omega l^2}{128}$, $x = \dfrac{5l}{8}$일 때	–	–
	$R_a = \dfrac{Pb^2}{l^3}(3a+b)$	$M_A = \dfrac{Pb^2 a}{l^2}$ $M_B = \dfrac{Pa^2 b}{l^2}$	$a=b=\dfrac{l}{2}$일 때 $\dfrac{Pl^2}{64EI}$	$a=b=\dfrac{l}{2}$일 때 $\dfrac{Pl^3}{192EI}$
	$R_a = R_b = \dfrac{\omega l}{2}$	$M_a = M_b = \dfrac{\omega l^2}{12}$ 중간 단의 모멘트 $= \dfrac{\omega l^2}{24}$	$\dfrac{\omega l^3}{125EI}$	$\dfrac{\omega l^4}{384EI}$
	$R_a = R_b = \dfrac{3\omega l}{16}$ $R_c = \dfrac{5\omega l}{8}$	$M_c = \dfrac{\omega l^2}{32}$	–	–

2 열역학 공식

① 열역학 0법칙, 열용량

$Q = Gc\Delta T$ (G: 중량 또는 질량, c: 비열, ΔT: 온도차)

② 온도 환산

$C = \dfrac{5}{9}(F - 32)$

$T(\text{K}) = T(\text{℃}) + 273.15$

$T(\text{R}) = T(\text{F}) + 460$

③ 열량의 단위

$1\,\text{kcal} = 3.968\,\text{BTU} = 2.205\,\text{CHU} = 4.1867\,\text{kJ}$

④ 비열의 단위

$\left[\dfrac{1\,\text{kcal}}{\text{kg}\cdot\text{℃}}\right] = \left[\dfrac{1\,\text{BTU}}{\text{Ib}\cdot\text{°F}}\right] = \left[\dfrac{1\,\text{CHU}}{\text{Ib}\cdot\text{℃}}\right]$

⑤ 평균 비열, 평균 온도

$C_m = \dfrac{1}{T_2 - T_1}\int C dT, \ T_m = \dfrac{m_1 C_1 T_1 + m_2 C_2 T_2}{m_1 C_1 + m_2 C_2}$

⑥ 일과 열의 관계

$Q = AW$ (A: 일의 열 상당량 $= 1\,\text{kcal}/427\,\text{kgf}\cdot\text{m}$)

$W = JQ$ (J: 열의 일 상당량 $= 1/A$)

⑦ 동력과 열량과의 관계

$1\,\text{Psh} = 632.3\,\text{kcal}, \ 1\,\text{kWh} = 860\,\text{kcal}$

⑧ 열역학 1법칙의 표현

$\delta q = du + Pdv = C_p dT + \delta W = dh + vdP = C_p dT + \delta Wt$

⑨ 열효율

$$\eta = \frac{정미\ 출력}{저위\ 발열량 \times 연료\ 소비율}$$

⑩ 완전 가스 상태 방정식

$PV = mRT$ (P: 절대 압력, V: 체적, m: 질량, R: 기체 상수, T: 절대 온도)

⑪ 엔탈피

$H = U + pv =$ 내부 에너지 + 유동 에너지

⑫ 정압 비열(C_p), 정적 비열(C_v)

$$C_p = \frac{kR}{k-1},\ C_v = \frac{R}{k-1}$$

비열비 $k = \dfrac{C_p}{C_v}$, 기체 상수 $R = C_p - C_v$

⑬ 혼합 가스의 기체 상수

$$R = \frac{m_1 R_1 + m_2 R_2 + m_3 R_3}{m_1 + m_2 + m_3}$$

⑭ 열기관의 열효율

$$\eta = \frac{\Delta Wa}{Q_H} = \frac{Q_H - Q_L}{Q_H} = 1 - \frac{T_L}{T_H}$$

⑮ 냉동기의 성능 계수

$$\varepsilon_r = \frac{Q_L}{W_C} = \frac{Q_L}{Q_H - Q_L} = \frac{T_L}{T_H - T_L}$$

⑯ 열펌프의 성능 계수

$$\varepsilon_H = \frac{Q_H}{W_a} = \frac{Q_H}{Q_H - Q_L} = \frac{T_H}{T_H - T_L} = 1 + \varepsilon_r$$

PART Ⅲ 부록

⑰ 엔트로피

$$ds = \frac{\delta Q}{T} = \frac{mcdT}{T}$$

⑱ 엔트로피 변화

$$\varDelta S = C_V \ln\frac{T_2}{T_1} + R\ln\frac{V_2}{V_1} = C_P \ln\frac{T_2}{T_1} - R\ln\frac{P_2}{P_1} = C_P \ln\frac{V_2}{V_1} + C_V\ln\frac{P_2}{P_1}$$

⑲ 습증기의 상태량 공식

$$v_x = v' + x(v'' - v') \qquad\qquad h_x = h' + x(h'' - h')$$
$$s_x = s' + x(s'' - s') \qquad\qquad u_x = u' + x(u'' - u')$$

건도 $x = \dfrac{\text{습증기의 중량}}{\text{전체 중량}}$

(v', h', s', u': 포화액의 상대값, v'', h'', s'', u'': 건포화 증기의 상태값)

⑳ 증발 잠열(잠열)

$$\gamma = h'' - h' = (u'' - u') + P(u'' - u')$$

㉑ 고위 발열량

$$H_h = 8,100\,\mathrm{C} + 34,000\left(\mathrm{H} - \frac{\mathrm{O}}{8}\right) + 2,500\,\mathrm{S}$$

㉒ 저위 발열량

$$H_c = 8,100\,\mathrm{C} - 29,000\left(\mathrm{H} - \frac{\mathrm{O}}{8}\right) + 2,500\,\mathrm{S} - 600W = H_h - 600(9\mathrm{H} + W)$$

㉓ 노즐에서의 출구 속도

$$V_2 = \sqrt{2g(h_1 - h_2)} = \sqrt{h_1 - h_2}$$

❖ 상태 변화 관련 공식

변화	정적 변화	정압 변화	정온 변화	단열 변화	폴리트로픽 변화
p, v, T 관계	$v=C,$ $dv=0,$ $\dfrac{P_1}{T_1}=\dfrac{P_2}{T_2}$	$P=C,$ $dP=0,$ $\dfrac{v_1}{T_1}=\dfrac{v_2}{T_2}$	$T=C,$ $dT=0,$ $Pv=P_1v_1$ $=P_2v_2$	$Pv^k=c,$ $\dfrac{T_2}{T_1}=\left(\dfrac{v_1}{v_2}\right)^{k-1}$ $=\left(\dfrac{P_2}{P_1}\right)^{\frac{k-1}{k}}$	$Pv^n=c,$ $\dfrac{T_2}{T_1}=\left(\dfrac{v_1}{v_2}\right)^{n-1}$
(절대일) 외부에 하는 일 $_1\omega_2$ $=\int pdv$	0	$P(v_2-v_1)$ $=R(T_2-T_1)$	$P_1v_1\ln\dfrac{v_2}{v_1}$ $=P_1v_1\ln\dfrac{P_1}{P_2}$ $=RT\ln\dfrac{v_2}{v_1}$ $=RT\ln\dfrac{P_1}{P_2}$	$\dfrac{1}{k-1}(P_1v_1-P_2v_2)$ $=\dfrac{RT_1}{k-1}\left(1-\dfrac{T_2}{T_1}\right)$ $=\dfrac{RT_1}{k-1}$ $\left[\left(1-\dfrac{v_1}{v_2}\right)^{k-1}\right]$ $=C_v(T_1-T_2)$	$\dfrac{1}{n-1}(P_1v_1-P_2v_2)$ $=\dfrac{P_1v_1}{n-1}\left(1-\dfrac{T_2}{T_1}\right)$ $=\dfrac{R}{n-1}(T_1-T_2)$
공업일 (압축일) $\omega_1=$ $-\int vdp$	$v(P_1-P_2)$ $=R(T_1-T_2)$	0	ω_{12}	$k_1\omega_2$	$n_1\omega_2$
내부 에너지의 변화 u_2-u_1	$C_v(T_2-T_1)$ $=\dfrac{R}{k-1}(T_2-T_1)$ $=\dfrac{v}{k-1}(P_2-P_1)$	$C_v(T_2-T_1)$ $=\dfrac{P}{k-1}(v_2-v_1)$	0	$C_v(T_2-T_1)$ $=-_1W_2$	$-\dfrac{(n-1)}{k-1}{}_1W_2$
엔탈피의 변화 h_2-h_1	$C_p(T_2-T_1)$ $=\dfrac{kR}{k-1}(T_2-T_1)$ $=\dfrac{kv}{k-1}(P_2-P_1)$ $=k(u_2-u_1)$	$C_p(T_2-T_1)$ $=\dfrac{kR}{k-1}(T_2-T_1)$ $=\dfrac{kv}{k-1}(P_2-P_1)$	0	$C_p(T_2-T_1)$ $=-W_t$ $=-k_1W_2$ $=k(u_2-u_1)$	$-\dfrac{(n-1)}{k-1}{}_1W_2$
외부에서 얻은 열 $_1q_2$	u_2-u_1	h_2-h_1	$_1W_2-W_t$	0	$C_n(T_2-T_1)$
n	∞	0	1	k	$-\infty$에서 $+\infty$

변화	정적 변화	정압 변화	정온 변화	단열 변화	폴리트로픽 변화
비열 C	C_v	C_p	∞	0	$C_n = C_v \dfrac{n-k}{n-1}$
엔트로피의 변화 $s_2 - s_1$	$C_v \ln \dfrac{T_2}{T_1}$ $= C_v \ln \dfrac{P_2}{P_1}$	$C_p \ln \dfrac{T_2}{T_1}$ $= C_p \ln \dfrac{v_2}{v_1}$	$R \ln \dfrac{v_2}{v_1}$	0	$C_n \ln \dfrac{T_2}{T_1}$ $= C_v \dfrac{n-k}{n} \ln \dfrac{P_2}{P_1}$

❖ 열역학 사이클

1. 카르노 사이클 = 가역 이상 열기관 사이클

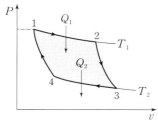
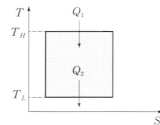

카르노 사이클의 효율

$$\eta_c = \frac{W_a}{Q_H} = \frac{Q_H - Q_L}{Q_H}$$

$$= \frac{T_H - T_L}{T_H} = 1 - \frac{T_L}{T_H}$$

2. 랭킨 사이클 = 증기 원동소 사이클의 기본 사이클

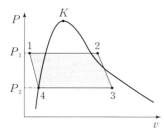
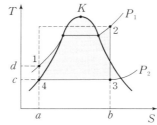

랭킨 사이클의 효율

$$\eta_R = \frac{W_a}{Q_H} = \frac{W_T - W_P}{Q_H}$$

터빈일 $W_T = h_2 - h_3$

펌프일 $W_P = h_1 - h_4$

보일러 공급 열량 $Q_H = h_2 - h_1$

3. 재열 사이클

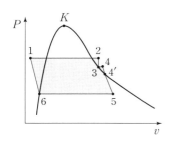
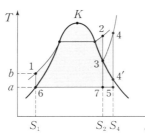

재열 사이클의 효율

$$\eta_R = \frac{W_a}{Q_H + Q_R} = \frac{W_{T_1} + W_{T_2} - W_P}{Q_H + Q_R}$$

터빈1의 일 $= h_2 - h_3$

터빈2의 일 $= h_4 - h_5$

펌프의 일 $= h_1 - h_6$

보일러 공급 열량 $Q_H = h_2 - h_1$

재열기 공급 열량 $Q_R = h_4 - h_3$

4. 오토 사이클 = 정적 사이클 = 가솔린 기관의 기본 사이클

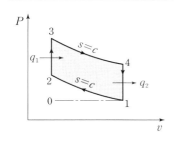
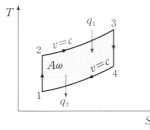

$$\eta_O = \frac{q_1 - q_2}{q_1} = 1 - \frac{q_2}{q_1}$$

$$= 1 - \frac{C_v(T_4 - T_1)}{C_v(T_3 - T_2)}$$

$$= 1 - \left(\frac{1}{\varepsilon}\right)^{k-1}$$

압축비 $\varepsilon = \dfrac{\text{실린더 체적}}{\text{연료실 체적}}$

5. 디젤 사이클 = 정압 사이클 = 저중속 디젤 기관의 기본 사이클

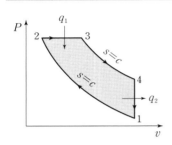 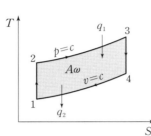

$$\eta_O = \frac{q_1 - q_2}{q_1} = 1 - \frac{q_2}{q_1}$$

$$= 1 - \frac{C_v(T_4 - T_1)}{C_P(T_3 - T_2)}$$

$$= 1 - \left(\frac{1}{\varepsilon}\right)^{k-1} \frac{\sigma^k - 1}{k(\sigma - 1)}$$

체절비 $\sigma = \dfrac{V_3}{V_2}$

6. 사바테 사이클 = 복합 사이클 = 고속 디젤 사이클의 기본 사이클

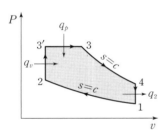 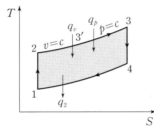

사바테 사이클의 효율

$$\eta_S = \frac{q_p + q_v - q_v}{q_p + q_v}$$

$$= 1 - \frac{q_v}{q_p + q_v}$$

$$= 1 - \frac{C_v(T_4 - T_1)}{C_P(T_3 - T'_3) + C_V(T'_3 - T_2)}$$

$$= 1 - \left(\frac{1}{\varepsilon}\right)^{k-1} \frac{\rho\sigma^k - 1}{(\rho - 1) + k\rho(\sigma - 1)}$$

7. 브레이튼 사이클 = 가스 터빈의 기본 사이클

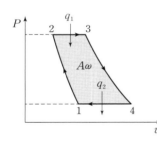 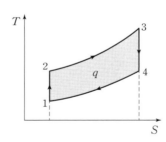

$$\eta_B = \frac{q_1 - q_2}{q_1}$$

$$= \frac{C_P(T_3 - T_2) - C_P(T_4 - T_1)}{C_P(T_3 - T_2)}$$

$$= 1 - \left(\frac{1}{\rho}\right)^{\frac{k-1}{k}}$$

압력 상승비 $\rho = \dfrac{P_{max}}{P_{min}}$

8. 증기 냉동 사이클

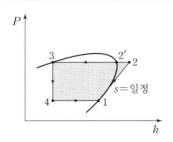 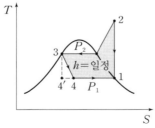

$$\eta_R = \frac{Q_L}{W_a} = \frac{Q_L}{Q_H - Q_L}$$

$$= \frac{(h_1 - h_4)}{(h_2 - h_3) - (h_1 - h_4)}$$

(Q_L: 저열원에서 흡수한 열량)

냉동 능력 $1\,\mathrm{RT} = 3.86\,\mathrm{kW}$

3 유체역학 공식

① 뉴턴의 운동 방정식

$$F = ma = m\frac{dv}{dt} = \rho Q v$$

② 비체적(v)

단위 질량당 체적 $v = \dfrac{V}{M} = \dfrac{1}{\rho}$

단위 중량당 체적 $v = \dfrac{V}{W} = \dfrac{1}{\gamma}$

③ 밀도(ρ), 비중량(γ)

밀도 $\rho = \dfrac{M(질량)}{V(체적)}$

비중량 $\gamma = \dfrac{W(무게)}{V(체적)}$

④ 비중(S)

$$S = \frac{\gamma}{\gamma_\omega},\ \gamma_\omega = \frac{1,000\ \text{kgf}}{\text{m}^3} = \frac{9,800\ \text{N}}{\text{m}^3}$$

⑤ 뉴턴의 점성 법칙

$$F = \mu\frac{uA}{h},\ \frac{F}{A} = \tau = \mu\frac{du}{dy}\ (u:\ 속도,\ \mu:\ 점성\ 계수)$$

⑥ 점성계수(μ)

$$1\text{Poise} = \frac{1\ \text{dyne} \cdot \text{sec}}{\text{cm}^2} = \frac{1\ \text{g}}{\text{cm} \cdot \text{s}} = \frac{1}{10}\ \text{Pa} \cdot \text{s}$$

⑦ 동점성계수(ν)

$$\nu = \frac{\mu}{\rho}\ (1\ \text{stoke} = 1\ \text{cm}^2/\text{s})$$

⑧ 체적 탄성 계수

$$K = \frac{\Delta p}{\frac{\Delta v}{v}} = \frac{\Delta p}{\frac{\Delta r}{r}} = \frac{1}{\beta} \ (\beta: \text{압축률})$$

⑨ 표면 장력

$$\sigma = \frac{\Delta P d}{4} \ (\Delta P: \text{압력 차이}, \ d: \text{직경})$$

⑩ 모세관 현상에 의한 액면 상승 높이

$$h = \frac{4\sigma \cos \beta}{\gamma d} \ (\sigma: \text{표면 장력}, \ \beta: \text{접촉각})$$

⑪ 정지 유체 내의 압력

$$P = \gamma h \ (\gamma: \text{유체의 비중량}, \ h: \text{유체의 깊이})$$

⑫ 파스칼의 원리

$$\frac{F_1}{A_1} = \frac{F_2}{A_2} \ (P_1 = P_2)$$

⑬ 압력의 종류

$$P_{abs} = P_O + P_G = P_O - P_V = P_O(1-x)$$

(x: 진공도, P_{abs}: 절대 압력, P_O: 국소 대기압, P_G: 게이지압, P_V: 진공압)

⑭ 압력의 단위

$1 \text{ atm} = 760 \text{ mmHg} = 10.332 \text{ mAq} = 1.0332 \text{ kgf/cm}^2 = 101,325 \text{ Pa} = 1.0132 \text{ bar}$

⑮ 경사면에 작용하는 유체의 전압력, 전압력이 작용하는 위치

$$F = \gamma \overline{H} A, \ y_F = \overline{y} + \frac{I_G}{A\overline{y}}$$

(γ: 비중량, H: 수문의 도심까지의 수심, $\overline{y}$: 수문의 도심까지의 거리, A: 수문의 면적)

⑯ 부력

$F_B = \gamma V$ (γ: 유체의 비중량, V: 잠겨진 유체의 체적)

⑰ 연직 등가속도 운동을 받을 때

$$P_1 - P_2 = \gamma h\left(1 + \frac{a_y}{g}\right)$$

⑱ 수평 등가속도 운동을 받을 때

$$\tan\theta = \frac{a_x}{g}$$

⑲ 등속 각속도 운동을 받을 때

$$\Delta H = \frac{V_0^2}{2g}$$ (V_0: 바깥 부분의 원주 속도)

⑳ 유선의 방정식

$v = ui + vj + wk \qquad ds = dxi + dyj + dzk$

$v \times ds = 0 \qquad \dfrac{dx}{u} = \dfrac{dy}{u} = \dfrac{dz}{w}$

㉑ 체적 유량

$Q = A_1 V_1 = A_2 V_2$

㉒ 질량 유량

$\dot{M} = \rho A V = \text{Const}$ (ρ: 밀도, A: 단면적, V: 유속)

㉓ 중량 유량

$\dot{G} = \gamma A V = \text{Const}$ (γ: 비중량, A: 단면적, V: 유속)

㉔ 1차원 연속 방정식의 미분형

$$\frac{d\rho}{\rho} + \frac{dv}{v} + \frac{dA}{A} = 0 \text{ 또는 } d(\rho A V) = 0$$

㉕ 3차원 연속 방정식

$$\frac{\partial u}{\partial x} + \frac{\partial v}{\partial y} + \frac{\partial w}{\partial z} = 0$$

㉖ 오일러 방정식

$$\frac{dP}{\rho} + V dV + g dz = 0$$

㉗ 베르누이 방정식

$$\frac{P}{\gamma} + \frac{v^2}{2g} + z = H$$

㉘ 높이 차가 H인 구멍 부분의 속도

$$v = \sqrt{2gH}$$

㉙ 피토 관을 이용한 유속 측정

$$v = \sqrt{2g\Delta H} \ (\Delta H : \text{피토관을 올라온 높이})$$

㉚ 피토 정압관을 이용한 유속 측정

$$V = \sqrt{2g\Delta H \left(\frac{S_0 - S}{S} \right)} \ (S_0 : \text{액주계 내의 비중}, \ S : \text{관 내의 비중})$$

㉛ 운동량 방정식

$$F dt = m(V_2 - V_1) \ (F dt : \text{역적}, \ mV : \text{운동량})$$

㉜ 수직 평판이 받는 힘

$$F_x = \rho Q(V - u) \ (V : \text{분류의 속도}, \ u : \text{날개의 속도})$$

㉝ 고정 날개가 받는 힘

$$F_x = \rho Q V(1 - \cos\theta), \ F_y = -\rho Q V \sin\theta$$

㉞ 이동 날개가 받는 힘

$F_x = \rho Q V (1 - \cos \theta),\ F_y = -\rho Q V \sin \theta$

㉟ 프로펠러 추력

$F = \rho Q (V_4 - V_1)$ (V_4: 유출 속도, V_1: 유입 속도)

㊱ 프로펠러의 효율

$\eta = \dfrac{\text{출력}}{\text{입력}} = \dfrac{\rho Q V_1}{\rho Q V} = \dfrac{V_1}{V}$

㊲ 프로펠러를 통과하는 평균 속도

$V = \dfrac{V_4 + V_1}{2}$

㊳ 탱크에 달려 있는 노즐에 의한 추진력

$F = \rho Q V = P A V^2 = \rho A 2gh = 2Ah\gamma$

㊴ 로켓 추진력

$F = \rho Q V$

㊵ 제트 추진력

$F = \rho_2 Q_2 V_2 - \rho_1 Q_1 V_1 = \dot{M}_2 V_2 - \dot{M}_1 V_1$

㊶ 원관에서의 레이놀드 수

$Re = \dfrac{\rho V D}{\mu} = \dfrac{V D}{\nu}$ (2,100 이하: 층류, 4,000 이상: 난류)

㊷ 수평 원관에서의 층류 운동

유량 $Q = \dfrac{\Delta P \pi D^4}{128 \mu L}$ (ΔP: 압력 강하, μ: 점성, L: 길이, D: 직경)

㊸ 층류 유동일 때의 경계층 두께

$$\delta = \frac{5x}{\sqrt{Re}}$$

㊹ 동압에 의한 항력

$$D = C_D \frac{\gamma V^2}{2g} A = C_D \times \frac{\rho V^2}{2} A$$ (C_D: 항력 계수)

㊺ 동압에 의한 양력

$$L = C_L \frac{\gamma V^2}{2g} A = C_L \times \frac{\rho V^2}{2} A$$ (C_L: 양력 계수)

㊻ 스토크 법칙에서의 항력

$D = 6R\mu V\pi$ (R: 구의 반지름, V: 속도, μ: 점성 계수)

㊼ 층류 유동에서의 관 마찰 계수

$$f = \frac{64}{Re}$$

㊽ 원형관 속의 손실 수두

$$H_L = f\frac{l}{d} \times \frac{V^2}{2g}$$ (f: 관 마찰 계수, l: 관의 길이, d: 관의 직경)

㊾ 수력 반경

$$R_h = \frac{A(\text{유동 단면적})}{P(\text{접수 길이})} = \frac{d}{4}$$

㊿ 비원형관에서의 손실 수두

$$H_L = f \times \frac{l}{4R_h} \times \frac{V^2}{2g}$$

(51) 버킹햄의 π정리

$\pi = n - m$ (π: 독립 무차원 수, n: 물리량 수, m: 기본 차수)

㉒ 최량수로 단면

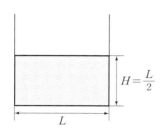

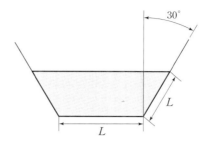

㉓ 부차적 손실 수두

돌연 확대관의 손실 수두 $H_L = \dfrac{(V_1 - V_2)^2}{2g}$

돌연 축소관의 손실 수두 $H_L = \dfrac{V_2{}^2}{2g}\left(\dfrac{1}{C_c} - 1\right)^2$

관 부속품의 손실 수두 $H_L = K\dfrac{V^2}{2g}$

(K: 관 부속품의 부차적 손실 계수, C_c: 수축 계수)

㉔ 음속

$a = \sqrt{kRT}$ (k: 비열비, R: 기체상수, T: 절대온도)

㉕ 마하각

$\sin\phi = \dfrac{1}{Ma}$ (Ma: 마하 수)

❖ 단위계

	구분	거리	질량	시간	힘	동력
절대 단위	MKS	m	kg	sec	N	$1\text{kW} = 102\,\text{kgf} \cdot \text{m/s}$
	CGS	cm	g	sec	dyne	W
중력 단위계	공학 단위계	m cm mm	$\dfrac{1}{9.8}\,\text{kgf} \cdot \text{s}^2/\text{m}$	sec min	kgf	$1\,\text{PS} = 75\,\text{kgf} \cdot \text{m/s}$

❖ 무차원 수

명칭	정의	물리적 의미	적용 범위
레이놀드 수	$Re = \dfrac{\rho V L}{\mu}$	관성력 / 점성력	• 점성이 고려되는 유동의 상사 법칙 • 관 속의 흐름, 비행기의 양력·항력, 잠수함
프라우드 수	$F_r = \dfrac{L}{\sqrt{Lg}}$	관성력 / 중력	• 자유 표면을 갖는 유동(댐) • 개수로 수면 위 배 조파 저항
웨버 수	$W_e = \dfrac{\rho L V^2}{\sigma}$	관성력 / 표면장력	표면장력에 관계되는 상사 법칙 적용
마하 수	$Ma = \dfrac{V}{C}$	속도 / 음속	풍동 문제, 유체 기체
코시 수	$Co = \dfrac{\rho V^2}{K}$	관성력 / 탄성력	—
오일러 수	$Eu = \dfrac{\Delta P}{\rho V^2}$	압축력 / 관성력	압축력이 고려되는 유동의 상사 법칙
압력 계수	$P = \dfrac{\Delta P}{\rho V^2/2}$	정압 / 동압	—

❖ 유체 계측

비중량 측정	비중병, 비중계, u자관
점성 측정	낙구식 점도계, 맥미첼 점도계, 스토머 점도계, 오스트발트 점도계, 세이볼트 점도계
정압 측정	피에조미터, 정압관
유속 측정	피트우트관−정압관 $V = C_v \sqrt{2gR\left(\dfrac{S_o}{S} - 1\right)}$ 시차 액주계, 열선 풍속계
유량 측정	벤츄리미터, 노즐, 오리피스, 로타미터 사각 위어 $Q = kH^{\frac{3}{2}}$ 삼각 위어$= V$, 놋치 위어 $Q = kH^{\frac{5}{2}}$

PART Ⅲ 부록

저 자 소 개

장태용

- 공기업 기계직 전공필기 연구소
- 전, 서울교통공사 근무
- 전, 5대 발전사(한국중부발전) 근무
- 전, 서울시설공단 근무
- 공기업 기계직렬 시험에 직접 응시하여 최신 경향 파악

공기업 기계직 전공필수 기계공작법 372제

기계의 진리 01

2022. 10. 5. 초 판 1쇄 인쇄
2022. 10. 12. 초 판 1쇄 발행

지은이 | 공기업 기계직 전공필기 연구소 장태용
펴낸이 | 이종춘
펴낸곳 | **BM** ㈜도서출판 **성안당**

주소 | 04032 서울시 마포구 양화로 127 첨단빌딩 3층(출판기획 R&D 센터)
　　　 10881 경기도 파주시 문발로 112 파주 출판 문화도시(제작 및 물류)
전화 | 02) 3142-0036
　　　 031) 950-6300
팩스 | 031) 955-0510
등록 | 1973. 2. 1. 제406-2005-000046호
출판사 홈페이지 | **www.cyber.co.kr**
ISBN | 978-89-315-3355-2 (13550)
정가 | **22,900원**

이 책을 만든 사람들

기획 | 최옥현
진행 | 이희영
본문 디자인 | 신성기획
표지 디자인 | 박원석
홍보 | 김계향, 이보람, 유미나, 이준영
국제부 | 이선민, 조혜란, 권수경
마케팅 | 구본철, 차정욱, 오영일, 나진호, 강호묵
마케팅 지원 | 장상범, 박지연
제작 | 김유석

www.cyber.co.kr
성안당 Web 사이트